国家出版基金项目
NATIONAL PUBLICATION FOUNDATION

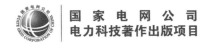

国 家 电 网 公 司
电力科技著作出版项目

KEY TECHNOLOGY AND APPLICATION FOR
POWER TRANSMISSION AND TRANSFORMATION EQUIPMENT

输变电装备关键技术与应用丛书

换流阀及控制保护

主　编 ◉ 姚为正

副主编 ◉ 胡四全　张爱玲　范彩云　曹　森　陶　瑜
　　　　聂定珍　沈　刚

参　编 ◉ 韩　坤　董朝阳　肖　晋　常忠廷　刘　堃
　　　　李　娟　魏　卓　洪　波　李　申　胡永雄
　　　　李生林　孟学磊　黄永瑞　杜玉格　才利存
　　　　郝俊芳　戴国安　张绍军　孙巍峰　吴庆范
　　　　康建爽　罗　磊　曾丽丽　饶国辉　张浩然
　　　　付　艳　唐　俊　王永平　邹　强　周　强
　　　　罗　鹏　王晓民　李旭升　王宇丁　胡秋玲
　　　　李　凯　毕延河　张志刚　王帅卿　毛志云
　　　　宋全刚　柴卫强　樊宏伟　贾艳玲　焦洋洋
　　　　徐　涛　吕学平　浮明军　李松合

中国电力出版社
CHINA ELECTRIC POWER PRESS

内 容 提 要

本书对输变电系统中的晶闸管换流阀及直流输电控制系统的设备、关键技术与应用进行了系统介绍，阐述了晶闸管换流阀及直流输电控制系统结构，详细说明了晶闸管换流阀的设备构成、控制系统、冷却系统、试验技术、维护技术及其他关键技术，以及直流输电控制系统的分层结构、保护系统分区、设备、通信及其他关键技术。本书系统介绍了晶闸管换流阀关键元器件、主回路设计、绝缘设计、电流应力及热应力分析、结构设计、防火设计、仿真技术、触发监视、光通信回路、型式试验、例行试验、现场试验及直流输电换流站系统、控制系统、保护系统、运行人员控制系统、接地极线路监视系统、对时系统、实时仿真系统、通信系统、保护系统的分层结构及关键技术，并给出了具体的工程应用案例。本书作者均来自晶闸管换流阀及直流输电控制系统研究、开发、试验及应用的第一线，有着较高的学术与专业水平，本书总结了作者近年来的研究成果。

本书共 14 章，分上、下两篇。上篇晶闸管换流阀，包括直流输电换流阀概述、换流阀的组成及主要设备、换流阀关键技术、换流阀控制系统、换流阀试验技术、换流阀冷却系统、换流阀维护技术、换流阀工程应用案例；下篇直流控制保护系统，包括直流输电控制保护概述、控制系统分层结构及保护系统分区、直流输电控制保护系统设备、直流输电控制保护系统通信、直流输电控制保护系统关键技术、直流输变电设备的典型故障分析案例。

本书适用于从事晶闸管换流阀及直流输电控制系统研究、设计、使用的技术人员及高等学校电力专业师生，也可供从事电力系统一次、二次专业系统、基建、调度、运维、检修技术人员和设备研发人员参考。

图书在版编目（CIP）数据

换流阀及控制保护 / 姚为正主编 . —北京：中国电力出版社，2021.1
（输变电装备关键技术与应用丛书）
ISBN 978-7-5198-4716-6

Ⅰ . ①换… Ⅱ . ①姚… Ⅲ . ①换流站-控制 Ⅳ . ①TM63

中国版本图书馆 CIP 数据核字（2020）第 102265 号

出版发行：中国电力出版社
地　　址：北京市东城区北京站西街 19 号（邮政编码 100005）
网　　址：http://www.cepp.sgcc.com.cn
责任编辑：周　娟　杨淑玲（010-63412602）　王杏芸
责任校对：黄　蓓　李　楠
装帧设计：王红柳
责任印制：杨晓东

印　　刷：北京盛通印刷股份有限公司
版　　次：2021 年 1 月第一版
印　　次：2021 年 1 月北京第一次印刷
开　　本：787 毫米×1092 毫米　16 开本
印　　张：21.25
字　　数：586 千字
定　　价：128.00 元

《输变电装备关键技术与应用丛书》
编　委　会

总　序

电力装备是实现能源安全稳定供给和国民经济持续健康发展的基础，包括发电设备、输变电设备和供配用电设备。经过改革开放40多年的发展，我国电力装备取得了巨大的成就，发生了极为可喜的变化，形成了门类齐全、配套完备、具有相当先进技术水平的产业体系。我国已成为名副其实的电力装备大国，电力装备的规模和产品质量已迈入世界先进行列。

我国电网建设在20世纪50～70年代经历了小机组、小容量、小电网时代，80年代后期经历了大机组、大容量、大电网时代。21世纪进入以特高压交直流输电为骨干网架，实现远距离输电，区域电网互联，各级电压、电网协调发展的坚强智能电网时代。按照党的十九大报告提出的构建清洁、低碳、安全、高效的能源体系精神，我国已经进入新一代电力系统与能源互联网时代。

未来的电力建设，将随着水电、核电、天然气等清洁能源的快速发展而发展，分布式发电系统也将大力发展。提高新能源发电比重，是实现我国能源转型最重要的举措。未来的电力建设，将推动新一轮城市和农村电网改造，将全面实施城市和农村电气化提升工程，以适应清洁能源的发展需求。

输变电装备是实现电能传输、转换及保护电力系统安全、可靠、稳定运行的设备。近年来，通过实施创新驱动战略，已建立了完整的研发、设计、制造、试验、检测和认证体系，重点研发生产制造了远距离1000kV特高压交流输电成套设备、±800kV和±1100kV特高压直流输电成套设备，以及±200kV及以上柔性直流输电成套设备。

为了充分展示改革开放40多年以来我国输变电装备领域取得的创新驱动成果，中国电力出版社与中国电工技术学会组织全国输变电装备制造企业及相关科研院所、高等院校百余位专家、学者，精心谋划、共同编写了《输变电装备关键技术与应用丛书》（简称《丛书》），旨在全面展示我国输变电装备制造领域在"市场导向，民族品牌，重点突破，引领行业"的科技发展方针指导下所取得的创新成果，进一步加快我国输变电装备制造业转型升级。

《丛书》由中国西电集团有限公司、南瑞集团有限公司、许继集团有限公司、中国电力科学研究院有限公司等国内知名企业的 100 多位行业技术领军人物、顶级专家共同参与编写和审稿。《丛书》内容体现了创新性和实用性，是我国输变电制造和应用领域中最高水平的代表之作。

《丛书》紧密围绕国家重大技术装备工程项目，涵盖了一度为国外垄断的特高压输电及终端用户供配电设备关键技术，以及我国自主研制的具有世界先进水平的特高压交直流输变电成套设备的核心关键技术及应用等内容。《丛书》共 10 个分册，包括《变压器　电抗器》《高压开关设备》《避雷器》《互感器　电力电容器》《高压电缆及附件》《换流阀及控制保护》《变电站自动化技术与应用》《电网继电保护技术与应用》《电力信息通信技术》《现代电网调度控制技术》。

《丛书》以输变电工程应用的设备和技术为主线，包括产品结构性能、关键技术、试验技术、安装调试技术、运行维护技术、在线检测技术、故障诊断技术、事故处理技术等，突出新技术、新材料、新工艺的技术创新成果。主要为从事输变电工程的相关科研设计、技术咨询、试验、施工、运行维护、检修等单位的工程技术人员、管理人员提供实际应用参考，可供设备制造供应商设计、生产及高等院校的相关师生教学参考，也能满足社会各阶层对输变电设备技术感兴趣的非电力专业人士的阅读需求。

周鹤良

2020 年 12 月

前　　言

　　电力系统将自然界中的一次能源通过发电装置转化成电能，再经输电、变电及配电系统将电能供应到各负荷中心。在输电部分，高压直流输电系统在大容量、远距离输送方面具有经济、稳定和灵活等优势。换流阀是高压直流输电系统的核心设备，其价值占换流站成套设备总价的 22%～25%。以晶闸管换流阀为典型代表的输变电设备在电力的生产、传输和配送中起着不可替代的作用，输变电设备的安全稳定是保证电力系统安全、经济运行的重要前提。

　　我国的高压直流输电技术蓬勃发展，已处于世界领先水平，引领直流输电技术的发展。特高压直流输电工程是一项庞大的系统工程，工程所涉及的设备品种繁多、数量巨大，其中以换流阀、直流控制保护系统为代表的输变电设备是构成直流输电回路的最关键、最核心、最重要的一、二次主设备。我国换流阀及直流控制保护技术由 20 世纪 80 年代开始的"技贸结合、技术引进、联合设计、合作制造"，发展到现在的自主设计研发、具有全面自主知识产权的新高度。电压等级从 ±50kV 提升至 ±1100kV，输送容量从 60MW 提升至 12 000MW，从完全引进国外技术逐步发展到自主设计、完全自主产权。

　　本书分为上、下两篇，分别为晶闸管换流阀和直流控制保护系统，共 14 章。其中，上篇晶闸管换流阀共 8 章，对直流输电系统中的换流阀，特别是晶闸管换流阀的相关内容进行了认真细致地介绍和分析。第 1 章介绍了直流输电换流阀的基本概念，包括换流阀的原理、拓扑、发展现状和技术性能等；第 2～3 章介绍了换流阀的组成、主要设备和关键技术，包括换流阀的技术路线、关键元器件、主回路设计、绝缘设计、电流应力及热应力分析、结构设计、防火设计和仿真技术等；第 4～7 章介绍了晶闸管换流阀的关键系统及关键技术，包括换流阀控制系统、冷却系统、试验技术及维护技术；第 8 章介绍了换流阀工程的典型应用案例。下篇直流控制保护系统共 6 章，对直流输电的控制系统、保护系统及通信系统的结构、分区、设备及关键技术进行了详细介绍。第 9 章介绍了直流输电系统的基本情况；第 10 章介绍了控制系统分层结构及保护系统分区；第 11 章介绍了直流输电控制保护系统设备，从控制系统、保护系统、运行人员控制系统、接地极线路监视系统、谐波监视系统、对时系统和实时仿真系统 7 个方面分别进行了讲解；第 12 章从现场控制总线通信、快速控制总线通信、测量总线 TDM 通信和 LAN 网通信四个方面介绍了直流输电控制保护系统通信；第 13 章介绍了直流输电控制保护系统的冗余控制保护技术、可视化编程和调试技术、内置故障录波技术及特高压直流离散数字仿真技术；第 14 章介绍了直流输变电设备的典型故障分析案例。

此外，由于本书中出现大量的缩略词和相关专业符号，为方便读者阅读，已在书后缩略词及程序指令说明中列出英文全称和中文名称。

由于时间仓促，疏漏和不足之处在所难免，恳请读者批评指正，以便对书中内容不断进行完善。

姚为正

2020 年 12 月

目　　录

下篇　直流控制保护系统

上 篇
晶 闸 管 换 流 阀

第1章　直流输电换流阀概述

电力系统是迄今为止最复杂的人造系统之一。电以光速传输，不易储存，发电、输电、用电瞬时完成，且须保持实时平衡。在输电部分，高压直流输电系统在大容量、远距离输送方面具有经济、稳定和灵活等优势，得到了广泛的应用。直流输电实现交直流电力变换的关键设备之一是换流器（也称换流单元），换流器的构成包括换流阀、换流变压器等设备。本章结合国内外的研究现状对换流阀的相关概念进行了全面介绍，主要包括换流器的原理及其拓扑、换流阀的技术发展和技术性能及特点等。

1.1　换流器原理及其拓扑

直流输电的前提是将送端的交流电变换为直流电，这一过程称为整流，而到受端又必须将直流电变换为交流电，称为逆变，它们统称为换流。实现整流和逆变变换的装置分别称为整流器和逆变器，它们统称为换流器。实现这种电力变换的技术就是通常所说的直流输电换流技术。直流输电技术的发展与换流技术的发展，特别是大功率电力电子技术的发展有着密切的关系。目前，大容量直流输电工程主要采用晶闸管器件。本书介绍的换流技术，主要是目前在直流输电工程中广泛采用的、以晶闸管换流阀为换流元件的电网换相换流技术。

目前，已投运直流输电工程所采用的基本换流单元有 6 脉动换流器和 12 脉动换流器两种。12 脉动换流器是由两个交流侧电压相位差 30°的 6 脉动换流器所组成。在汞弧阀换流时期，为了减少换流设备的数量，降低造价，通常采用最高电压的汞弧阀所组成的 6 脉动换流器为基本换流单元。在换流站内允许一组 6 脉动换流器独立运行，在运行中可以切除或投入一组 6 脉动换流器。当采用晶闸管换流阀以后，由于换流阀是由多个晶闸管串联组成，可以方便地利用不同数量的晶闸管串联得到不同的换流阀电压，从而可得到不同电压的 12 脉动换流器，因此，绝大多数直流输电工程采用 12 脉动换流器。

1.1.1　6 脉动整流器的工作原理及其拓扑

6 脉动整流器的接线原理如图 1-1 所示。图中 e_a、e_b、e_c 为等效交流系统的工频基波正弦相电动势；X_{r1} 为每相的等效电抗亦称换相电抗；L_d 为平波电抗值；V1～V6 为换流阀，换流阀的基本器件是晶闸管。

V1～V6 为组成 6 脉动换流器的 6 个换流阀的代号，数字 1～6 为换流阀的导通序号。晶闸管阀只有在承受正向电压，同时又在控制极得到触发信号时才开始导通。一经导通，即使除去触发信号，仍保持导通状态，直到承受反向电压且电流过零时才会关断。需要注意的是，晶闸管须待载流子完全复合后才恢复正向阻断能力。

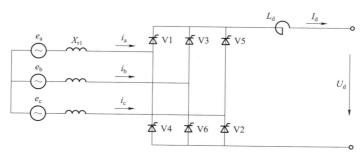

图 1-1　6 脉动整流器接线原理图

1. 不计换相过程

不计换相回路电感时，各阀导通情况如下：等效交流系统的线电压 u_{ac}、u_{bc}、u_{ba}、u_{ca}、u_{cb}、u_{ab} 为换流阀的换相电压。规定线电压 u_{ac} 由负变正的过零点 c_1 为换流阀（简称阀）V1 触发角 α_1 计时的零点。其余线电压过零点 $c_2 \sim c_6$ 则分别为阀 V2～V6 的触发角 $\alpha_2 \sim \alpha_6$ 间的零点。由图 1-2 可见，在 c_1 点以前，电动势 e_c 的瞬时值最高，电动势 e_b 最低，接于这两相间

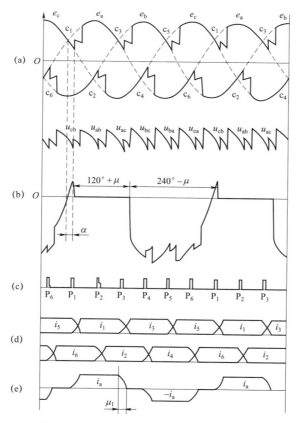

图 1-2　6 脉动整流器电压和电流波形图

（a）交流电动势；（b）直流电压和阀 V1 上的电压波形；（c）触发脉冲的顺序和相位；（d）阀电流波形；（e）交流侧 A 相电流波形

的阀 V5 和 V6 处于导通状态，其余 4 个阀因承受反向电压而处于关断状态。在 c_1 点以后，电动势 e_a 最高，使换流阀 V1 开始承受正向电压，经过触发角 α 后，换流阀 V1 接到触发脉冲开始导通，这时换流阀 V6 仍处于导通状态，电流通过阀 V1、负载和阀 V6 形成回路。阀 V1 导通后阀 V5 即因承受反向电压而被关断。过了 c_2 点以后，电动势 e_c 最低，经触发延迟后阀 V2 导通，阀 V6 关断，电流通过阀 V1 和阀 V2 形成回路。接下去阀 V3 代替阀 V1 导通，电流继续通过阀 V2，依次下去，阀的导通顺序是：3 和 4，4 和 5，5 和 6，6 和 1，1 和 2，2 和 3，3 和 4，如此周而复始。直流瞬时电压 U_{d0} 在一个周期中是由依次为 1/6 周期的 6 个正弦曲线段（线电压 u_{ab}、u_{ac}、u_{bc}、u_{ba}、u_{ca}、u_{cb}）组成的，从而使三相交流电动势 e_a、e_b、e_c 经整流变成每周期有 6 个脉动的直流电压 U_d，因此称为 6 脉动整流器。

直流电压 U_{d1} 实际上是平均电压，等于电压波形面积与横坐标角度弧度值之比，可表示为

$$U_{d1} = \frac{3\sqrt{2}}{\pi} U_1 \cos\alpha = U_{d01}\cos\alpha \tag{1-1}$$

式中：U_1 为换流变压器阀侧绕组空载线电压有效值；α 为晶闸管触发角；U_{d01} 为 6 脉动整流器的理想空载直流电压。

当 $\alpha = 0°$，有

$$U_{d1} = \frac{3\sqrt{2}}{\pi} U_1 \approx 1.35U_1 = U_{d01} \tag{1-2}$$

显然，$U_{d1} \leq U_{d01}$。当 $\alpha = 0°$ 时，$U_{d1} = U_{d01}$（为最大值）；当 $0° < \alpha < 90°$ 时，$U_{d1} > 0$（为正值）；当 $\alpha = 90°$ 时，$U_{d1} = 0$；而当 $90° < \alpha < 180°$ 时，$U_{d1} < 0$（为负值）；当 $\alpha > 180°$ 时，则 V_i 的阳极对阴极变为负电压，V_i 不具备导通条件。因此，V_i 具有导通条件的范围为 $0° < \alpha < 180°$，而整流器 α 可能的工作范围为 $0° < \alpha < 90°$。在正常运行时，整流器 α 的工作范围比较小。为保证换流阀中串联晶闸管导通的同时性，通常取 α 最小值为 $5°$。α 在运行中需要有一定的调节余地，但当 α 增大时整流器的运行性能将变坏，因此 α 的可调裕度尽量不要太大。通常整流器 α 的工作范围为 $5° \sim 20°$。如果需要利用整流器进行无功功率调节，或直流输电需要降压运行时，则 α 要相应增大。在实际工程中直流端难免存在杂散电容和电导，由于电容的储能作用，整流器平均空载直流电压的实际值，最大可到换相线电压的峰值（$\sqrt{2}U_1$），最小将不会低于 $U_{d01}\cos\alpha$。

2. 计入换相过程

实际上换相回路中总有电感存在，即 $X_{r1} > 0$，因此实际的换相过程与上述 $X_{r1} = 0$ 的情况不同。当换相过程从一个阀导通换为另一个阀导通（如阀 V5 导通换至阀 V1 导通，见图 1-3）时，由于换相回路电感的作用，通过阀口电流不能突变，即换相不能瞬时实现。它们都必须经历一段时间，才能完成电流转换过程，这段时间所对应的电角度 μ_1 称为换相角，这一过程称为换相过程。从 $\omega t = \alpha$ 到 $\omega t = \alpha + \mu_1$ 的一段时间里，阀 V5 的电流由 I_d 逐渐降至零，阀 V1 的电流则由零上升到 I_d。这段时间阀 V5 和阀 V1 共同导通，即在同一个半桥中参与换相的两个阀都处于导通状态，从而形成换流变压器阀侧绕组的两相短路。因此整流器的换相是借

助于换流变压器阀侧绕组的两相短路电流来实现的。

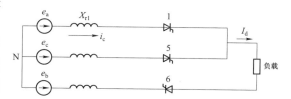

图 1-3　阀 V5 导通换为 V1 导通的等效电路

6 脉动换流器在非换相期同时有 2 个阀导通（阳极半桥和阴极半桥各 1 个），在换相期则同时有 3 个阀导通（换相半桥中 2 个，非换相半桥中 1 个），从而形成 2 个阀和 3 个阀同时导通按序交替的"2-3"工况（也称为正常运行工况）。在"2-3"工况下，每个阀在一个周期内的导通时间不是 120°，而是 $120° + \mu_1$，用 λ 来表示，称为阀的导通角。此时阀的关断时间也不是 240°，而是 $240° - \mu_1$。

阀电压波形上以 μ_1 为宽度的齿形为其他阀换相时产生的影响，也称为换相齿。换流阀运行在整流状态时，由于 $\alpha < 90°$，大部分时间处于反向阻断状态，阀上电压大部分为负值，其稳态最大值为换流器交流侧线电压峰值。在实际运行中，由于杂散电容和换相电抗的存在，换流阀在关断时必然产生高频电压振荡。这种振荡波形在关断时刻将叠加在阀电压波形上，从而加大了阀电压的幅值，由此引起的阀电压的升高称为换相过冲。通常采用并联电容和电阻支路的方法，对关断时的高频振荡进行阻尼，使换相过冲降低到 20% 以下。

6 脉动整流器在正常运行时（"2-3"工况）的直流电压平均值可表示为

$$U_{d1} = U_{d01} \cos\alpha - \frac{3X_{r1}}{\pi} I_d \qquad (1-3)$$

式中：I_d 为整流侧输出的平均电流；α 为晶闸管触发角；U_{d01} 为 6 脉动整流器的理想空载直流电压；X_{r1} 为等效阻抗。

式（1-3）说明，换相压降引起的直流输出电压降低值与直流电流 I_d 成正比，其比例系数为 $3X_{r1}/\pi$。因此换相压降所致的电压损失也可以用一个直流侧的等效电阻 $R_{r1} = 3X_{r1}/\pi$ 来模拟，但须注意，这个电阻并不产生有功功率损失。式（1-3）只适合于"2-3"工况，即 $\mu_1 < 60°$ 的情况。

换相角 μ_1 是换流器在运行中的一个重要参数，它可以表示为

$$\mu_1 = \arccos\left(\cos\alpha - \frac{2X_{r1}I_d}{\sqrt{2}U_1}\right) - \alpha \qquad (1-4)$$

式中：I_d 为整流侧输出的平均电流；α 为晶闸管触发角；U_1 为换流变压器阀侧绕组空载线电压有效值；X_{r1} 为等效电阻；μ_1 为换相角。

从式（1-4）可知，μ_1 与 I_d、U_1、X_{r1} 和 α 四个因素有关。当 X_{r1} 和 α 不变时，μ_1 随 I_d 的增加或 U_1 的下降而增大。很明显，当 X_{r1} 增大时，μ_1 则增大。μ_1 与 α 的关系为：当运行在整流工况（$\alpha < 90°$）时，μ_1 随 α 的增加而减小；在 $\alpha = 0°$ 时，μ_1 最大；在 $\alpha \approx 90°$（$\alpha < 90°$ 且接近 90°）时，μ_1 最小。

当 $\mu_1 = 60°$ 时，在脉冲 P_i 到来时，由于前一个阀的换相过程尚未结束，V_i 阳极对阴极的电压为负值，V_i 不具备导通条件而不能导通，它必须推迟到其电压为正时才能导通。推迟的时间用 α_b 表示，称为强迫触发角。在这种情况下，P_i 已失去了控制能力。随着 I_d 的增加，α_b

将增大，最大可到 30°。当 $\alpha_b = 30°$ 时，V_i 的阳极电压则开始在 P_i 到达时变为正值，此时 V_i 又具备了导通条件，P_i 又恢复了其控制能力。在 $0 < \alpha_b < 30°$ 期间，$\mu_1 = 60°$ 为常数，$\lambda = 180°$ 即为常数（导通角）。此时换流阀在一个周期内导通 180°，阻断 180°，换相角为 60°，换流器在任何时刻都同时有 3 个阀导通，因此这种工况也称为 "3" 工况。

当 $\mu_1 > 60°$，$\alpha_b = 30°$（α_b 约为常数）时，随着 I_d 的加大，μ_1 将增大，其变化范围为 $60° < \mu_1 < 120°$，而导通角 λ 的变化范围是 $180° < \lambda < 240°$。此时将出现 3 个阀同时导通和 4 个阀同时导通按序交替的情况，称为 "3-4" 工况。当 3 个阀同时导通时，换流阀只在一个半桥中进行换相，换流变压器为两相短路状态；而当 4 个阀同时导通时，在上下两个半桥中有两对换流阀进行换相重叠的时间，此时换流变压器为三相短路，换流器的直流输出电压为零。当 $\mu_1 = 120°$ 时，$\lambda = 240°$，则形成稳定的 4 个阀同时导通的状态，即形成换流变压器稳定的三相短路。此时直流电压的平均值为零，直流电流的平均值为换流变压器三相短路电流的峰值。

1.1.2　6 脉动逆变器的工作原理及其拓扑

逆变器是将直流电转换为交流电的换流器。直流输电工程所用的逆变器，目前大部分均为有源逆变器，它要求逆变器所接的交流系统提供换相电压和电流，即受端交流系统必须有交流电源。图 1-4 给出了 6 脉动逆变器的接线原理。

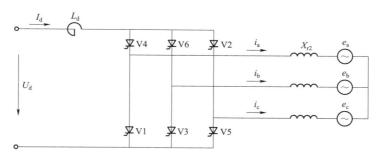

图 1-4　6 脉动逆变器接线原理图

由于逆变器是直流输电的受端负荷，它要求直流侧输出的电压为负值。当整流器的触发角 α 逐渐增大时，直流输出电压将随之下降。当 $\alpha = 90°$ 时直流输出电压降为零，随着进一步的触发延迟，平均直流电压将变为负值。由于阀的单向导电性，电流仍从阳极流向阴极，这时换流器进入逆变状态。

逆变器的 6 个阀 V1～V6，也是按同整流器一样的顺序，借助于换流变压器阀侧绕组的两相短路电流进行换相。6 个阀有规律性地通断，在一个工频周期内，分别在共阳极组和共阴极组的 3 个阀中，将流入逆变器的直流电流，交替地分成 3 段，分别送入换流变压器的三相绕组，使直流电转变为交流电。

由于受端交流系统等效电抗 X_{r2} 的存在，逆变器的阀也有一个换相过程，用 μ_2 表示，称为逆变器的换相角。此外，为了保证逆变器的换相成功，还要求其换流阀从关断（阀中电流为零）到其电压由负变正的过零点之间的时间要足够长，使得阀关断后处于反向电压的时间能够充分满足其恢复阻断能力的要求。否则当阀上电压变正时，阀在无触发脉冲的情况下，可能又重新导通，而造成换相失败。规定从阀关断到阀上电压由负变正的过零点之间的时间用 γ 表示，称为逆变器的关断角。

图 1-5 给出了 6 脉动逆变器正常运行（"2-3" 工况）各要点的电压和电流波形。

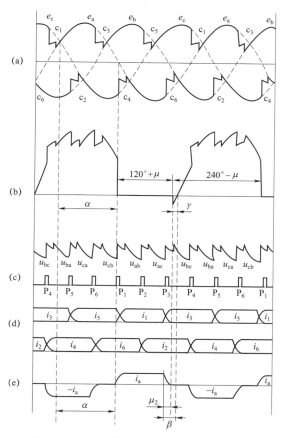

图 1-5　6 脉动逆变器的电压和电流波形图

用与整流器同样的分析方法，可得逆变器的直流电压为

$$U_{d2} = U_{d02} \cos\alpha - \frac{3X_{r2}}{\pi} I_d \tag{1-5}$$

式中，X_{r2} 为受端交流系统等效电抗。

将 $\alpha = 180° - \beta$ 代入后得

$$U_{d2} = -U_{d02} \cos\beta - \frac{3X_{r2}}{\pi} I_d| \tag{1-6}$$

式中，$\beta = \mu_2 + \gamma$，代入后得

$$U_{d2} = U_{d02} \cos\gamma - \frac{3X_{r2}}{\pi} I_d \tag{1-7}$$

式（1-7）为逆变器直流电压的最终表达式。

与整流器相对应，逆变器的换相角 μ_2 可表示为

$$\mu_2 = \arccos\left(\cos\gamma - \frac{2X_{r2}I_d}{\sqrt{2}U_2}\right) - \gamma \qquad (1-8)$$

式中：μ_2 为逆变器的换相角；I_d 为直流电流；U_2 为交流侧电压；X_{r2} 为系统的等效电抗。

在运行中逆变器的换相角 μ_2 也随着直流电流 I_d、交流侧电压 U_2、触发角 β 以及系统的等效电抗 X_{r2} 的变化而变化。当直流电流升高或交流侧电压降低时，均引起 μ_2 加大。在 β 不变（或来不及变化）时，μ_2 加大，意味着 γ 减小，因为 $\gamma = \beta - \mu_2$。当 γ 减小到一定程度时，可能发生换相失败。为了防止换相失败，规定在运行中 $\gamma \geqslant \gamma_0$，$\gamma_0$ 是为了满足换流阀恢复阻断能力的最短时间，同时还考虑到交流系统三相电压和参数的不对称性而留的裕度，通常取 $\gamma_0 = 15°\sim 18°$。另一方面，在运行中也不希望 γ 过大，因为这将使逆变器的运行性能变坏。因此，在逆变站均设置有定 γ 的调节器。在运行中当 μ_2 变化时，γ 调节器则自动改变触发角 β，来保持 γ 为一个给定值。通常 γ 调节器的整定值取 γ_0。

以上所讲的 $\gamma = \beta - \mu_2$ 的关系式，只适用于 $\beta < 60°$ 的情况。当 $\beta \geqslant 60°$ 时，由于换相齿对阀电压波形的影响，它们之间的关系则不是这样。

1.1.3　12 脉动换流器的工作原理

12 脉动换流器由两个 6 脉动换流器在直流侧串联而成，换流变压器的阀侧绕组一个为星形接线，而另一个为三角形接线，从而使两个 6 脉动换流器的换相电压相位相差 30°。图 1-6 所示为 12 脉动换流器接线原理图。

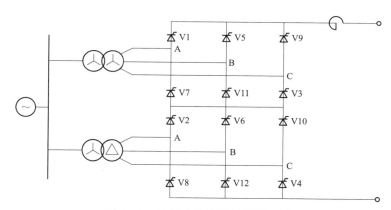

图 1-6　12 脉动换流器接线原理图

12 脉动换流器由 V1～V12 共 12 个换流阀组成，图 1-6 中所给出的换流阀序号为其导通的顺序号。在每一个工频周期内有 12 个换流阀轮流导通，它需要 12 个与交流系统同步的按序触发脉冲，脉冲之间的间距为 30°。

12 脉动换流器的优点之一是其直流电压质量好，所含的谐波成分少。其直流电压为两个换相电压相差 30° 的 6 脉动换流器的直流电压之和，在每个工频周期内有 12 个脉动数，因此称为 12 脉动换流器。直流电压中仅含有 $12k$ 次的谐波，而每个 6 脉动换流器直流电压中的 6

（2k+1）次谐波，因彼此的相位相反而互相抵消，在直流电压中则不再出现，因此有效地改善了直流侧的谐波性能。12 脉动换流器的另一个优点是其交流电流质量好，谐波成分少。交流电流中仅含（12k±1）次的谐波，每个 6 脉动换流器交流电流中的 6(2k−1)±1 次的谐波，在两个换流变压器之间形成环流，而不进入交流电网，12 脉动换流器的交流电流中将不含这些谐波，因此也有效地改善了交流侧的谐波性能。

对于采用一组三绕组换流变压器的 12 脉动换流器，其变压器网侧绕组中也不含 6(2k−1)±1 次的谐波，因为每个这种次数的谐波在它的两个阀侧绕组中的相位相反，在变压器的主磁通中互相抵消，在网侧绕组中则不再出现。因此，大部分直流输电工程均选择 12 脉动换流器作为基本换流单元，从而简化滤波装置，降低换流站造价。

12 脉动换流器的工作原理与 6 脉动换流器的相同，它也是利用交流系统的两相短路电流来进行换相。当换相角 $\mu < 30°$ 时，在非换相期两个桥中只有 4 个阀同时导通（每个桥中有 2 个），而当有一个桥进行换相时，则同时有 5 个阀导通（换相的桥中有 3 个，非换相的桥中有 2 个），从而形成在正常运行时 4 个阀和 5 个阀轮流交替同时导通的"4−5"工况，它相当于 6 脉动换流器的"2−3"工况。当换相角 $\mu = 30°$ 时，两个桥中总有 5 个阀同时导通，在一个桥中一对阀换相刚完，在另一个桥中的另一对阀紧接着开始换相，而形成"5"工况。在"5"工况时，$\mu = 30°$ 为常数。当 $30° < \mu < 60°$ 时，将出现在一个桥中一对阀换相尚未结束之前，在另一个桥就有另一对阀开始换相。即在两个桥中同时有两对阀进行换相的时段，在此时段内两个桥共有 6 个阀同时导通，当在一个桥中换相结束时，则又转为 5 个阀同时导通的状态，从而形成"5−6"工况。随着换流器负荷的增大，换相角 μ 也增大，其结果使 6 个阀同时导通的时间延长，相应的 5 个阀同时导通的时间缩短。当 $\mu = 60°$ 时，"5−6"工况即结束。在正常运行时，$\mu < 30°$，而不会出现"5−6"工况。只有在换流器过负荷或交流电压过低时，才可能出现 $\mu > 30°$ 的情况。

12 脉动换流器在"4−5"工况时，整流站极对地电压为

$$U_{d1} = N_1 \left(1.35 U_1 \cos \alpha - \frac{3 X_{r1}}{\pi} I_d \right) \tag{1−9}$$

式中：U_1 为换流变压器阀侧空载线电压有效值；N_1 为整流站每极中的 6 脉动换流器数；X_{r1} 为整流站每相的换相电抗；α 为整流器的触发角；I_d 为直流电流。

12 脉动换流器在"4−5"工况时，逆变站极对地电压为

$$U_{d2} = N_2 \left(1.35 U_2 \cos \gamma - \frac{3 X_{r2}}{\pi} I_d \right) \tag{1−10}$$

式中：U_2 为换流变压器阀侧空载线电压有效值；N_2 为逆变站每极中的 6 脉动换流器数；X_{r2} 为逆变站每相的换相电抗；γ 为逆变器的关断角；I_d 为直流电流。

1.2　换流阀的技术发展

电力工业的发展是从直流电开始的，最初发电、输电和用电均为直流电。随着三相交流发电机、感应电动机和变压器的问世，发电和用电领域很快被交流电所取代，同时变压器又

可方便地提高和降低交流电压，从而使交流输电和交流电网得到迅速发展，交流电很快在电力工业中占据了统治地位。但在输电领域，直流仍有交流难于替代之处，如远距离电缆送电、不同频率的电网联网等。在发电和用电主要为交流电的情况下，采用直流输电，必须解决换流问题，即在送端须经过整流，将交流电变为直流电，通过直流输电线路送到受端；而在受端须经过逆变，将直流电重新变为交流电，送入受端交流电网。实现交直流转换的设备是换流阀，直流输电的发展与换流阀技术（特别是高电压大容量换流设备）的发展有密切的关系。

1.2.1　国外换流阀的技术发展

1. 汞弧换流阀阶段

1935 年，美国采用汞弧换流阀建立了 15kV、100kW 的直流输电系统。1943 年，瑞典研制成功了栅控汞弧换流阀，建立了一条 90kV、6.5MW、58km 的直流输电线路。与此同时，德国试制了单阳极汞弧换流阀。这些都为直流输电的兴起做了很好的技术准备。随着大功率汞弧换流阀的问世，直流输电工程得到了进一步的发展。从 1954 年世界上第一个基于汞弧换流阀的直流输电工程（果特兰岛直流工程）在瑞典投入商业运行，到 1977 年最后一个采用汞弧换流阀换流的直流工程（加拿大纳尔逊河 I 期工程）建成，世界上共有 12 项采用汞弧换流阀换流的直流工程投入运行。其中最大输送容量和最长输送距离的为美国太平洋联络线（1440MW、1362km），最高输电电压为加拿大纳尔逊河 I 期工程（±450kV）。这一时期可称为汞弧换流阀换流时期。

汞弧换流阀是一种具有水银阴极的真空离子器件，它通过汞蒸气的电离来实现单向通电。由于汞弧换流阀价格昂贵，在运行中会出现逆弧、熄弧故障，同时还有阴极和阳极温度控制复杂，启动时需要预热及电压、电流参数低等缺点，限制了它在直流输电工程中的发展。

2. 晶闸管换流阀阶段

20 世纪 70 年代以后，随着电力电子技术和微电子技术的迅速发展，高压大功率晶闸管的问世，晶闸管换流阀和微机控制技术在直流输电工程中得到应用，有效地改善了直流输电的运行性能和可靠性，促进了直流输电技术的发展。晶闸管换流阀不存在逆弧问题，而且制造、试验、运行维护和检修都比汞弧换流阀简单方便。1970 年瑞典首先在果特兰岛直流工程上扩建了直流电压为 50kV，功率为 10MW，采用晶闸管换流阀的试验工程。1972 年世界上第一个采用晶闸管换流的伊尔河背靠背直流工程（80kV、320MW）在加拿大投入运行。由于晶闸管换流阀比汞弧换流阀有明显的优点，从此以后新建的直流工程均采用晶闸管换流阀。与此同时，原来采用汞弧换流阀的直流工程也逐步被晶闸管阀所替代。20 世纪 70 年代以后汞弧换流阀被淘汰，开始了晶闸管换流时期。由于汞弧换流阀已经被淘汰，因此不在本书中讨论。

从 1972 年到 2000 年世界上有 56 项采用晶闸管换流阀进行换流的直流输电工程投入运行，其中输送容量最大和输送电压最高的是巴西伊泰普直流输电工程（单回 3150MW，±600kV）；输送距离最长的是南非英加—沙巴直流输电工程（1700km）。

高压直流输电晶闸管换流阀多为室内空气绝缘、空气冷却或非可燃体冷却的支撑或悬吊形式。早期换流阀多为风冷却和油冷却形式。直流输电线路上最先投入使用的晶闸管换流阀采用的就是风冷式结构，它由瑞典 ASEA 公司（后与原瑞士 BBC 公司合并，称为 ABB 公司）研制并安装于瑞典果特兰岛。ASEA 公司为南非英加—沙巴工程提供的换流阀和美国 GE 公司为斯奎尔—巴特发电厂至阿若海德的 ±250kV、1000A 直流输电线路提供的换流阀也采用风冷式结构。日本东芝和日立公司为日本佐久间换流站提供的换流阀采用的是油冷式结构。水冷式结构是在风冷、油冷的基础上发展起来的。加拿大纳尔逊河直流输电二期工程的换流阀采用了水冷式结构。

3. 新型半导体换流设备的应用

20 世纪 90 年代以后，新型氧化物半导体器件——绝缘栅双极晶体管（Insulated Gate Bipolar Transistor，IGBT）首先在工业驱动装置上得到广泛的应用。1997 年 3 月，瑞典建成世界上第一个采用 IGBT 组成电压源换流器的 10kV、3MW、10km 直流输电工业性试验工程。这种新型直流输电工程，具有向无源电网（孤岛）供电、快速独立控制有功与无功、潮流反转方便、运行方式变换灵活、便于实现风电等清洁能源接入系统、便于实现多端直流输电系统和直流电网等优点。从 1997 年到 2014 年底，世界上已有 22 项采用可关断半导体器件进行换流的直流输电工程投入运行，其中最大输送容量为 864MW，最高输送电压为 ±320kV，最长输送距离为 950km。本书主要介绍晶闸管换流阀，新型半导体换流设备不在本书中讨论。

1.2.2　国内换流阀的技术发展

1. 换流阀研制

换流阀设备是实现直流输电的关键设备。中国直流输电的发展起步较晚，它跨越了汞弧换流阀换流时期，在 20 世纪 70 年代直接从晶闸管换流阀开始，并同时对直流输电的其他设备也进行了试制。先后在西安和上海建立了相应的试验装置和试验工程。

1974 年，西安高压电器研究所建成 8.5kV、200A，容量为 1.7MW 的背靠背换流试验站。整流侧和逆变侧各采用 1 组 6 脉动换流器，共有 12 个晶闸管换流阀，其中 10 个换流阀是由 16 个 2000V、200A 的晶闸管串联组成的；2 个换流阀是由 48 个 200～1000V、200A 的晶闸管组成的。换流阀为空气绝缘、风冷却、户内式结构，触发方式为电磁型，控制系统采用模拟式按相控制。

1977 年，上海利用杨树浦发电厂到九龙变电站之间报废的交流电缆，建成了一个采用 6 脉动换流器的 31kV、150A、4.65MW、8.6km 的直流输电试验工程。整流站和逆变站各采用一个 6 脉动换流器。换流阀由 64 个 2000V、150A 的晶闸管串联组成，采用空气绝缘、油冷却、户内式结构，触发方式为电磁型，控制装置采用数字式等距脉冲触发系统。

2. 高压直流工程

1987 年全部采用国内技术的舟山直流输电工程投入运行，从此直流输电开始在我国得到了应用和发展，并进入快速发展的轨道，开始建设各种不同类型的直流输电工程。

从 1987 年到 2017 年，中国建成并投入运行的常规直流输电工程共 25 项，中国已成为世界上建设直流输电工程项目数量最多、单项工程电压最高、输送容量最大、输送距离最长的国家。

换流阀是直流换流站的关键设备。我国早期换流阀主要依赖于国外公司：我国第一条超高压直流输电工程（葛—上直流输电工程）中晶闸管换流阀采用由原瑞士 BBC 公司和德国西门子公司制造的户内悬吊、水冷、空气绝缘、电触发换流阀。天生桥—广州直流输电工程采用由德国西门子公司制造的户内悬吊、水冷、空气绝缘、电触发换流阀。三峡—常州直流输电工程换流阀由 ABB 公司制造的户内悬吊、水冷、空气绝缘、电触发换流阀，其中换流阀在国内制造厂开始进行试制。三峡—广东直流输电工程采用由 ABB 公司支持的户内悬吊、水冷、空气绝缘、电触发换流阀，西安电力整流器厂组装了工程所用全部换流阀组件。贵—广Ⅰ直流输电工程采用由西门子公司支持的户内悬吊、水冷、空气绝缘、光触发换流阀，该工程是国内首次采用光触发晶闸管的换流阀。后续的灵宝背靠背Ⅰ期直流输电工程、三峡—上海直流输电工程、贵—广Ⅱ直流输电工程、高岭背靠背直流输电工程、灵宝背靠背Ⅱ期直流输电工程、云—广直流输电工程、直到锦屏—苏南直流输电工程，均为国外 ABB、西门子、阿尔斯通等公司提供技术支持，国内负责生产组装。

依托国家科技支撑计划、国家电网有限公司科技项目，通过示范工程锻炼，我国换流阀设备制造厂家的科研与制造能力快速成长。锦屏—苏南±800kV 特高压直流输电工程极 2 低端换流阀由许继集团有限公司（苏州站）和中电普瑞电力工程有限公司（锦屏站）自主设计、自主采购、自主制造及自主调试。从此换流阀设备已完全摆脱国外控制，完全可以取代进口设备，并且在性价比和服务上具备明显的优势。

中国直流输电换流阀的发展，从技术准备、技术引进、设备国产化、独立自主工程设计建设到走出国门在国外建设直流输电工程，走出了一条具有中国特色的发展道路，使中国在直流输电技术方面，从一无所有到具有世界领先水平。中国具有自主建设各种类型直流输电工程的能力，涌现了一批具有生产直流输电换流阀设备的企业，如许继集团有限公司（以下简称许继集团）、中国西电集团公司（以下简称西电集团）、中电普瑞电力工程有限公司、南瑞继保电气有限公司（以下简称南瑞集团）、ABB 四方电力有限公司等。

1.3 换流阀的技术性能要求及特点

根据晶闸管的触发方式换流阀可分为电触发晶闸管换流阀和光触发晶闸管换流阀，这两种换流阀具有各自的技术特点，我国绝大多数直流输电工程采用了电触发晶闸管换流阀，但无论采用哪种形式的换流阀，都要在电气、结构、控制保护等各方面满足技术要求。

1.3.1 元器件的技术性能要求

1. 晶闸管

晶闸管是换流阀设备的核心部件，光电触发晶闸管和光直接触发晶闸管均可采用，使用时应满足下述要求：

（1）晶闸管应符合国家标准及国际标准的规定。

（2）同一单阀的晶闸管应采用同一供应商的同型号产品，不可混装。

（3）晶闸管的各种特性应满足换流阀的技术要求和可靠性要求。

（4）每只晶闸管都应具有独立承担额定电流、过负荷电流及各种暂态冲击电流的能力。

（5）每只晶闸管都应单独试验并编号，并提供相应的试验记录以供追溯。

（6）每只晶闸管出厂试验都需进行高温阻断试验。

2. 其他元器件

换流阀内各元器件均应采用具有成熟运行经验的产品，并考虑各种工况下都可安全可靠运行，其中阻尼电容、饱和电抗器及阻尼电阻的要求如下：

（1）阻尼电容应选择自愈干式电容，金属外壳封装，内充不易燃烧气体作为电介质，并具有防爆设计。

（2）饱和电抗器的线圈应采用冷却水直接冷却，连接排应直接焊接在其进出金属水管上，以利于接头的散热。

（3）阻尼电阻应采用大功率无感电阻，以满足现场阀冷却系统故障起动跳闸试验的要求。

3. 冗余度

每个阀中冗余的晶闸管级数应大于计划检修期间可能损坏的晶闸管级数。冗余度的确定应遵守下述原则：

（1）在两次计划检修之间的 12 个月运行周期内，每站冗余晶闸管级全部损坏的单阀数量不超过 1 个，并且损坏的晶闸管级数不得超过晶闸管总数量的 0.6%。该规定的条件是在此运行周期开始时没有损坏的晶闸管器件，在运行期间内不进行任何晶闸管器件的更换。

（2）各阀中的冗余晶闸管级数应不小于 12 个月运行周期内损坏的晶闸管级数的期望值的 2.5 倍，也不应少于每阀晶闸管级数总数的 3%，且单阀冗余晶闸管级数不应少于 3 级。

（3）晶闸管损坏级数的期望值应在晶闸管器件和相关元器件额定运行工况下的损坏率估计值的基础上，按独立随机损坏模型进行计算。晶闸管器件及相关元器件的损坏率估计值应根据同类应用条件下同类设备的运行经验选取。

（4）阀塔应配备一定数量的备用光纤，每个单阀不同型号光纤备用数量应不少于 1 根。

1.3.2　电气性能要求

1. 电压耐受能力

换流阀应能承受正常运行电压以及各种过电压，可以采用晶闸管串联的方式使换流阀获得足够的电压承受能力。

换流阀的支持结构、多重阀单元和单阀应具有足够的交直流电压和操作、雷电、陡波冲击电压的耐受能力，且电晕及局部放电特性在规定范围内。在各种过电压（包括陡波前冲击电压）下，沿晶闸管器件串（包括饱和电抗器）的电压分布应使得加于阀内任何部件上的电压不超过其耐受能力。

设计中应充分考虑冲击电压条件下晶闸管级的电压不均匀分布的影响。

设计还应考虑过电压保护水平的分散性以及阀内其他非线性因素对阀耐压能力的影响。

在所有冗余晶闸管级数都损坏的条件下，单阀和多重阀的绝缘应具有以下安全系数：

（1）对于操作冲击电压，超过避雷器保护水平的 10%~15%。

（2）对于雷电冲击电压，超过避雷器保护水平的 10%~15%。

（3）对于陡波头冲击电压，超过避雷器保护水平的 15%～20%。

在最大设计结温条件下，当逆变侧换流阀处在换相后的恢复期结束时，阀应能耐受相当于保护触发电压水平的正向暂态峰值电压。

2. 电流耐受能力

换流阀应具有承担额定电流、过负荷电流及各种暂态冲击电流的能力。换流阀在最小功率至 2h 过负荷之间的任意功率水平运行后，不投入备用冷却时至少应具备 3s 暂时过负荷能力。主回路中不宜采用晶闸管器件并联的设计。

对于由故障引起的暂态过电流，换流阀应具有带后续闭锁的短路电流承受能力：

（1）对于运行中的任何故障所造成的最大短路电流，换流阀应具备承受一个周波短路电流的能力，并在此之后立即出现的最大工频过电压作用下，换流阀应保持完全的闭锁能力，以避免换流阀的损坏或其特性的永久改变。

（2）计算过电压所采用的交流系统短路水平与计算过电流时所采用的交流系统短路水平相同，计算中不考虑冗余晶闸管级，并且晶闸管结温为最大设计值。

对于由故障引起的暂态过电流，换流阀应具有不带后续闭锁的短路电流承受能力：

（1）对于运行中的任何故障所造成的最大短路电流，若在过电流之后不要求换流阀闭锁任何正向电压，或者出现了闭锁失败，则换流阀应具有承受 3 个周波短路电流的能力。

（2）换流阀应能承受两次短路电流冲击之间出现的反向交流恢复电压，其幅值与最大短路电流同时出现的最大暂时工频过电压相同。

换流阀应具有附加短路电流的承受能力：当一个单阀中所有晶闸管器件全部短路时，其他两个单阀将向故障阀注入故障电流，在最恶劣的工况下，故障阀中流过的电流可能大于正常工况下最大单波流过电流水平。此时该故障阀内的电抗器和引线应能承受这种过电流产生的电动力。

3. 交流系统故障下的运行能力

换流阀应具备下述交流系统故障下的运行能力：

（1）在交流系统故障使得在换流站交流母线所测量到的交流电压值大于正常电压的30%，但小于极端最低持续运行电压并持续长达 1s 的时段内，直流系统应能持续稳定运行，在这种条件下所能运行的最大直流电流由交流电压条件和晶闸管阀的热应力极限决定。一般应给出直流电压分别降至 40%、60% 和 80% 时所能达到的最大直流电流。

（2）在发生严重的交流系统故障，使得换流站交流母线交流电压跌落至额定值的 30%或低于 30% 时，换流阀应维持触发能力 1s。如果可能，应通过继续触发换相的换流阀以维持直流电流以某一幅值运行，从而改善高压直流系统的恢复性能。当需闭锁换流阀并投旁通对时，换流阀应能在换流站交流母线三相整流电压恢复到正常值的 40% 之后的 20ms 内解锁。

1.3.3 机械性能要求

换流阀的机械结构应合理，便于组装和检修，满足抗震要求，并考虑检修人员到阀体上工作时所产生的应力，以及由于各种故障，或控制/保护系统动作，或误动作产生的电动力。

换流阀应采用组件式设计，部件要易于更换。

阀塔内的光纤应布置在光纤槽内，光纤槽的布置应便于光纤的连接和更换，同时应避免安装时对光纤造成的机械损伤。

当冷却管路发生泄漏时，换流阀的结构应能保证泄漏出的冷却液体离开带电部件，流至一个检测器并报警，而不会造成任何元器件的损坏。

1.3.4 阀电子电路性能要求

1. 晶闸管触发功能

在一次系统正常或故障条件下，触发系统都应能正确地触发晶闸管。

无论以整流模式还是逆变模式运行，当交流系统故障引起换流站交流母线电压降低并持续相应时间，紧接着这类故障清除及换相电压恢复时，所有晶闸管级触发电路中的储能装置应具有足够的能量持续向晶闸管器件提供触发脉冲，使得换流阀可以安全导通。不允许因储能电路需要充电而造成恢复的任何延缓。

交流系统故障母线电压降及持续的对应时间如下：

（1）交流系统单相对地故障，故障相电压降至 0V，持续时间至少为 0.7s。

（2）交流系统三相对地短路故障，电压降至正常电压的 30%，持续时间至少为 0.7s。

（3）交流系统三相对地金属短路故障，电压降至 0V，持续时间至少为 0.7s。

2. 晶闸管级监测功能

换流阀的设计应具有晶闸管等关键元器件的状态监测功能，应能在不外加任何专用工具的情况下，直接向阀控设备上报故障信息，阀控设备进一步向后台显示故障位置和数量信息。晶闸管级状态监视一般包括对晶闸管等元器件损坏、过电压保护、反向恢复期 du/dt 保护、光通道检测等保护动作信息的监视。

3. 晶闸管级保护功能

除直流控制保护系统对换流阀保护功能外，换流阀内每一晶闸管级都应具有保护功能，对晶闸管进行过电压保护、反向恢复期保护等，保证在各种运行工况下晶闸管阀不受损坏。换流阀的设计中应允许晶闸管级在保护性触发持续动作的条件下运行，但在某些故障条件下不能误动作，如交流系统故障后的甩负荷工频过电压等，换流阀的保护触发不能因逆变换相暂态过冲而动作，且不能影响此后直流系统的恢复。此外，在正常控制过程中的触发角快速变化不应引起保护触发动作。

1.3.5 阀控设备性能要求

1. 阀控设备总体性能

换流阀的控制、监视及保护必须满足直流控制保护系统的要求，功能必须正确、完备，可靠性高。总体要求如下：

（1）直流控制保护系统与阀控设备之间的信号交换应通过光缆/电缆和总线形式进行。

（2）控制保护与阀控接口应按照国家标准进行设计。

（3）阀控设备应提供测试接口，用于进行阀控设备与换流站控制保护系统之间以及阀控

15

设备与晶闸管控制单元之间的信号测试。

（4）阀控设备应具备试验模式。在换流阀检修状态下，由阀控设备通过试验模式向晶闸管发出触发脉冲对晶闸管进行测试，并监视触发与回报信号。

（5）每套阀控设备应由两路完全独立的电源同时供电，同时，工作电源与信号电源分开，一路电源失电，而不影响阀控设备的工作。

（6）一个 12 脉动换流器配置一套阀控设备。直流控制保护系统与阀控设备均应为双重化设计，极控系统与阀控设备之间的信号交换仅在对应的冗余系统之间进行，即极控系统 A 与阀控设备 A 进行信号交换，极控系统 B 与阀控设备 B 进行信号交换。

2. 控制功能

阀控设备应保证换流阀在一次系统正常或故障条件下均能正确工作，在任何情况下都不能因为阀控设备的工作不当而造成换流阀损坏：

（1）控制参数和控制精度应满足阀控设备设计的要求。

（2）在交流系统故障期间，阀控设备应能维持换流阀的触发，或在故障清除瞬间保证直流系统的恢复，并在所规定的时间内恢复直流系统的输送功率，以降低交流系统的恢复过电压并改善系统稳定性。

（3）当直流通信系统（如果有）完全停运时，控制系统也应能对换流阀实施有效的控制，不能因为控制不当而对直流系统在上述交流系统故障期间的性能和故障后的恢复特性产生任何影响。

（4）阀控设备应能接收直流控制保护系统发出的并行控制脉冲，并能实时向直流控制保护系统提供阀的开通或关断状态。

（5）阀控设备应实现完全冗余配置，对除触发板卡和光接收板外的其他板卡应能够在换流阀不停运的情况下进行故障处理。处于跳闸回路或具备控制功能的板卡应可以自检并能产生报警信息。

（6）对阀控设备发出的跳闸请求，控制保护在执行前应先进行切换，阀控设备应能配合控制保护完成系统切换要求。当阀控设备的备用系统状态正常，在收到极控的主备系统切换命令后，阀控设备将备用系统切换为值班系统，其切换时间应小于 1ms。

3. 监视功能

（1）状态实时监视。阀控设备应具备换流阀及阀控设备的监视功能，应能实时监视阀控设备及换流阀的工作状态，并能通过总线上传故障位置及故障类型。阀控设备应具备下述状态实时监视功能：

1）晶闸管状态监视：应能实时监视每个晶闸管级的状态。

2）保护性触发监视：应能监视每个晶闸管级的保护性触发动作。

3）漏水检测功能：应能准确监视阀塔底部漏水检查装置的检查信号。

4）避雷器动作监视：应能接收阀避雷器动作的监视光信号。

（2）状态录波监视。阀控设备应具备内置接口信号录波功能，录波启动由控制系统触发，录波信号至少应包含阀控设备与控制系统的接口信号。

4. 保护功能

换流阀配置的保护不能与控制保护系统的保护重叠，降低保护误动可能性。阀控设备应在下述工况下，输出报警事件或跳闸请求信号：

（1）晶闸管故障时，输出报警事件。

（2）故障晶闸管数量超过单阀晶闸管冗余数时，输出跳闸请求信号。

（3）晶闸管保护性触发动作时，输出报警事件。

（4）单阀内多个晶闸管保护性触发动作，动作数量超过工程要求数量时，输出跳闸请求信号。

（5）阀塔漏水检测功能应至少设置 2 级报警，监测到阀塔漏水时，只输出报警事件，不输出跳闸请求信号。

5. 接口与通信

（1）阀控设备与控制系统的接口信号种类。控制保护系统（pole control and protection，PCP）和阀控设备（valve control equipment，VCE）之间信号接口，分为光信号接口和电信号通信接口。光信号接口采用光纤传输、ST 接口，电信号接口采用差分信号传输。

（2）阀控设备与后台计算机通信。阀控设备实时将换流阀状态和阀控设备状态上传控制保护系统后台，采用屏蔽电缆连接，通信方式采用 PROFIBUS 或 IEC 61850。

（3）阀控设备与站控对时系统通信。换流站对时系统实时将 GPS 对时信息以 IRIG－B（DC）码形式输出到阀控设备，进行阀控设备对时，采用屏蔽电缆连接，其中：

1）通信方式：RS－485/422。

2）数据格式：IRIG－B（DC），符合 IEEE STD 1344—1995 规定。

1.3.6　阀避雷器的性能及特点

阀避雷器是换流阀中过电压的主要保护装置，用于限制单次或重复的动态过电压峰值。应满足下述要求：

（1）阀避雷器应采用无间隙金属氧化物避雷器，满足国家及国际标准的相关要求。

（2）考虑电压不均匀分布后，阀的触发保护水平应高于避雷器保护水平。

（3）阀避雷器参数选择时应保证换流阀的各种运行工况下，不会导致阀避雷器的加速老化或其他损伤，同时阀避雷器应在各种过电压条件下有效地保护换流阀。

（4）阀避雷器应具有记录冲击放电次数功能。计数器的动作信号应通过阀控接口传输至直流控制保护系统。

参 考 文 献

［1］ 赵婉君. 高压直流输电工程技术［M］. 2 版. 北京：中国电力出版社，2011.

［2］ 赵婉君. 中国直流输电发展历程［M］. 北京：中国电力出版社，2017.

［3］ 刘振亚. 特高压直流输电理论［M］. 北京：中国电力出版社，2009.

［4］ 刘振亚. 特高压交直流电网［M］. 北京：中国电力出版社，2013.

［5］ 李兴源. 高压直流输电系统［M］. 北京：科学出版社，2010.

［6］ 刘泽洪. 特高压直流输电工程换流站设备监造指南　晶闸管换流阀［M］. 北京：中国电力出版社，2017.

［7］ 刘泽洪. 特高压直流输电工程换流站主设备监造手册　晶闸管换流阀［M］. 北京：中国电力出版社，2009.

［8］ 国家电网公司运维检修部. 换流阀及阀控系统［M］. 北京：中国电力出版社，2012.

［9］ 叶家金. 现代电力电子器件——大功率晶体管的原理及应用［M］. 北京：中国铁道出版社，1992.

［10］ 许志红. 电器理论基础［M］. 北京：机械工业出版社，2014.

［11］ 陆培文. 工业过程控制阀设计选型与应用技术［M］. 北京：中国标准出版社，2016.

［12］ Mathur，R. M. 基于晶闸管的柔流输电控制装置［M］. 徐政，译. 北京：机械工业出版社，2009.

［13］ 景柳铭，王宾，董新洲，等. 高压直流输电系统连续换相失败研究综述［J］. 电力自动化设备，2019，39（09）：116－123.

［14］ 田越宇，王荣超，卢雯兴，等. 传统高压直流输电换流阀及其常发故障分析［J］. 电工技术，2019（13）：72－74.

［15］ Zhenyu Yang，Qiang Xie，Yong Zhou，et al. Seismic performance and restraint system of suspended 800kV thyristor valve［J］. Engineering Structures，2018，169：179－187.

［16］ Zhiming Lin，Jin Yang，Jiangxin Zhao，et al. Enhanced Broadband Vibration Energy Harvesting Usinga Multimodal Nonlinear Magnetoelectric Converter［J］. Journal of Electronic Materials. 2016，45：3554－3561.

［17］ Rahul Sarkar，Pramod Gupta，Somnath Basu，et al. Dynamic Modeling of LD Converter Steelmaking：Reaction Modeling Using Gibbs' Free Energy Minimization［J］. Metallurgical and Materials Transactions B. 2015，46：961－976.

［18］ Fernando Beltrame，Hamiltom C. Sartori，José Renes Pinheiro. Energetic Efficiency Improvement in Photovoltaic Energy Systems Through a Design Methodology of Static Converter［J］. Journal of Control，Automation and Electrical Systems. 2016，27：82－92.

［19］ E. Nho，B. Han，Y. Chung. New Synthetic Test Circuit for Thyristor Valve in HVDC Converter［J］. IEEE Transactions on Power Delivery. 2012，27（4）：2423－2424.

第 2 章　换流阀的组成及主要设备

本章介绍换流阀的技术路线、结构形式及组成换流阀的关键元器件。分别介绍电控换流阀的发展历史与电气原理、结构形式以及光控换流阀的发展历史与电气原理、结构形式。阐述换流阀的关键元器件及每个元器件的基本特征。

2.1　换流阀的主要类型

近 40 年来直流输电工程中的晶闸管换流阀根据晶闸管触发方式的不同,研制了两种技术路线的换流阀设备,即电控换流阀[电触发晶闸管换流阀,也称为 ETT(electric trigger thyristor)换流阀]和光控换流阀[光直接触发晶闸管换流阀,也称为 LTT(light trigger thyristor)换流阀]。两种技术路线换流阀作为 12 脉动整流器或逆变器的工作原理相同,只是在晶闸管触发方式、阀内元器件组成及结构布置方式存在不同。下面将以电控换流阀为主,分别介绍两种两种技术路线换流阀的原理与组成。

2.1.1　电控换流阀

20 世纪 70 年代以后,电力电子技术和微电子技术的迅速发展,高压大功率电触发晶闸管研制成功,并应用于直流输电工程。晶闸管换流阀和微机控制技术在直流输电工程中的应用,有效地改善了直流输电的运行性能和可靠性,促进了直流输电技术的发展。

1972 年世界上第一个全部采用晶闸管(电控晶闸管)换流阀的伊尔河(EelRiver)背靠背直流工程(80kV,320MW)在加拿大投入运行(将加拿大魁北克 Quebec 和新布伦兹维克 New Brunswick 非同步连接起来)。从此新建的直流输电工程开始采用电控晶闸管换流阀,直流输电技术因此得到了很大的发展。

截至 2020 年,直流输电工程中电控晶闸管换流阀最高额定电压已达±1100kV,最高额定电流已达 6250A。

1. 电气组成

电控晶闸管换流阀由晶闸管器件及其相应的电子单元、阻尼回路以及组装成阀组件(或阀层)所需的饱和电抗器、均压元器件等通过一定形式的电气连接组装而成。

(1)三相 6 脉动换流器及三相 12 脉动换流器。6 个单阀可以连接构成三相 6 脉动换流器;12 个单阀可以连接构成三相 12 脉动换流器,即由 2 个 6 脉动换流阀串联构成 1 个 12 脉动换流器。

(2)多重阀(multiple valve units,MVU)。由多个阀叠装而成的单一结构。由 2 个单阀组装在一起构成 6 脉动换流器的一相,称为二重阀结构;由 4 个单阀安装在一起构成 12 脉动换流器的一相,称为四重阀结构。

（3）单阀。由若干个晶闸管阀组件串联组成，它构成了 6 脉动换流器的一个基本功能单元，又称为桥臂。

（4）阀组件。串联的若干个晶闸管级与饱和电抗器串联后再并联均压（电容）元器件构成了阀组件。此外，阀组件也可以只包含晶闸管级，并与独立的饱和电抗器组件串联组成阀塔的阀层。

（5）晶闸管级。由晶闸管及其控制单元以及电阻、电容串联的阻尼回路和取能回路、直流均压回路等组成。

上述 6 脉动换流器和 12 脉动换流器、多重阀、阀组件、晶闸管级的电气连接示意图如图 2-1 所示。需要注意的是，换流器、多重阀和单阀是通用概念，即对电控换流阀和光控换流阀均适用。

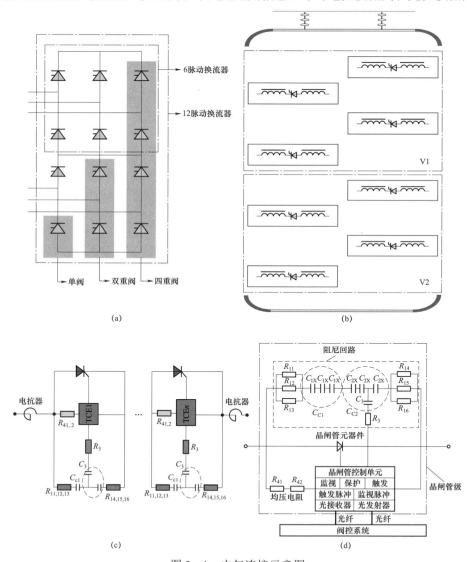

图 2-1　电气连接示意图

（a）6 脉动、12 脉动换流器；（b）多重阀（MVU）；（c）阀组件；（d）晶闸管级

电控换流阀与光控换流阀主要区别在于晶闸管的触发来自每个晶闸管级中的晶闸管控制单元，该高电位电子设备将低电位阀控设备通过光纤传送来的晶闸管触发光信号转换成晶闸管门极所需的电流脉冲，并通过门极导线输送到晶闸管门级。此外，晶闸管控制单元还将监视晶闸管级两端电压状态，并把该电信号转换成光信号回报给低电位的阀控设备。同时，晶闸管控制单元还集成晶闸管正向保护触发、反向恢复期保护触发等保护功能。

2. 结构形式

根据每个阀塔中单阀的数量，换流阀阀塔通常分为双重阀和四重阀两种结构形式。双重阀即每个阀塔内含两个单阀，四重阀即每个阀塔内含四个单阀，阀塔外形如图 2-2 所示。电控换流阀和光控换流阀均可以采用双重阀或四重阀结构形式，具体选择双重阀还是四重阀结构需要综合考虑阀厅占地面积和高度、设备投资成本、系统直流电压和电流等因素来确定。

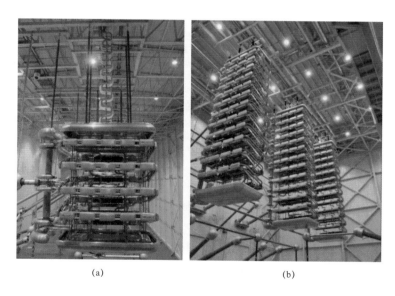

(a)　　　　　　　　　　　　(b)

图 2-2　阀塔外形
(a) 双重阀阀塔外形；(b) 四重阀阀塔外形

目前晶闸管换流阀阀塔均采用户内柔性悬吊式结构，能够保证换流阀在一定地震条件下不受损坏。换流阀悬吊部分的主要作用是将阀塔通过绝缘子连接，组成一个水平方向可任意摆动的柔性结构，以满足抗震要求。阀层间采用具有足够强度的层间悬吊绝缘子，由于连接部分设计了铰链机构，可以有效降低地震波作用下阀塔内部应力，提高阀塔整体抗震性能。因此，该种安装方式是当前高压直流输电工程主流的结构方式。

换流阀结构形式以阀组件为核心来构建，阀组件结构不同，阀塔结构在悬吊结构、主通流回路、冷却水路、光纤回路、屏蔽系统等方面也存在差异。

2.1.2 光控换流阀

1. 出现原因

为了在不减少保护和监测功能的情况下，尽可能地减少高电位换流阀元器件数量，实现高可靠性，以及紧凑、优性价比的晶闸管换流阀，同时降低换流阀例行维护项目的费用和时间。换流阀制造厂在20世纪80年代起开始研发光直接触发的晶闸管，并研发了光控换流阀及阀控设备。光触发晶闸管本体内集成正向过电压保护功能，无需额外供能或逻辑电子电路。在低电位阀控设备产生的光触发脉冲可直接施加到晶闸管门极上来触发晶闸管。相比于传统的电控晶闸管（ETT），光控晶闸管（LTT）的主要优点是：

在低电位的阀控设备产生的光脉冲通过光纤传递到晶闸管门极上，脉冲的可靠触发不依赖于阀电压，因此交流系统电压中断或者降低后，也不会有延迟触发。这改进了光控晶闸管阀的开通特性。通过集成在晶闸管内部的正向过电压保护触发功能实现了单个晶闸管的保护。触发回路的取能电路和逻辑电路没有高电压的要求，这很大程度上减少了晶闸管级所要求的电子元器件的数量和复杂度，也最大限度地减少了布线，消除了潜在的局部放电源和电磁敏感源。与之前的电触发晶闸管阀相比，采用更简单的晶闸管电压监测板（thyristor voltage monitoring，TVM）实现了晶闸管监测功能。TVM板只采用一个电压分压器来测量晶闸管电压，其产生不同脉宽的信号传输至VCE，来区别正、负向电压建立和保护触发。因此，TVM板的故障对相应的晶闸管触发没有影响。

2. 电气组成

与电控晶闸管换流阀类似，光控晶闸管换流阀同样由晶闸管器件及其相应的电子电路、阻尼回路以及组装成阀组件（或阀层）所需的饱和电抗器、均压元器件等通过某种形式的电气连接后组装而成。与电触发晶闸管阀的区别在于晶闸管级、阀组件以及阀塔电气结构的不同，光控换流阀阀组件及阀塔电气的原理图如图2-3所示。

光控晶闸管换流阀与电控晶闸管换流阀主要区别如下：

（1）光控晶闸管。光控晶闸管又称为光触发晶闸管，它的核心技术之一是利用一定波长的激光信号，外部不经光电转换而直接送到晶闸管门极光敏区以触发晶闸管。由于采用光触发保证了主电路与控制电路之间的绝缘，避免了电磁干扰的影响。光控晶闸管的核心技术之二是正向转折保护电压（break over diode，BOD）保护，BOD保护被集成到光控晶闸管内部，光控晶闸管与BOD之间真正达到了"无感"连接，提高了保护的有效性和可靠性。目前，已有晶闸管制造厂家研发出额定电流6250A，阻断电压9.5kV，最大浪涌电流140kA，且集成正向恢复保护功能的直流输电用光控晶闸管。

（2）晶闸管电压监测单元。由于光控晶闸管无须高电位触发板，阀组件中每个晶闸管级只配置用于监测晶闸管级电压的监测单元即可。

（3）反向恢复期保护单元。与电控换流阀每个晶闸管控制单元配置反向恢复期保护功能不同，光控换流阀每个阀段专门配置一个反向恢复期保护单元装置，用于晶闸管反向恢复期保护。

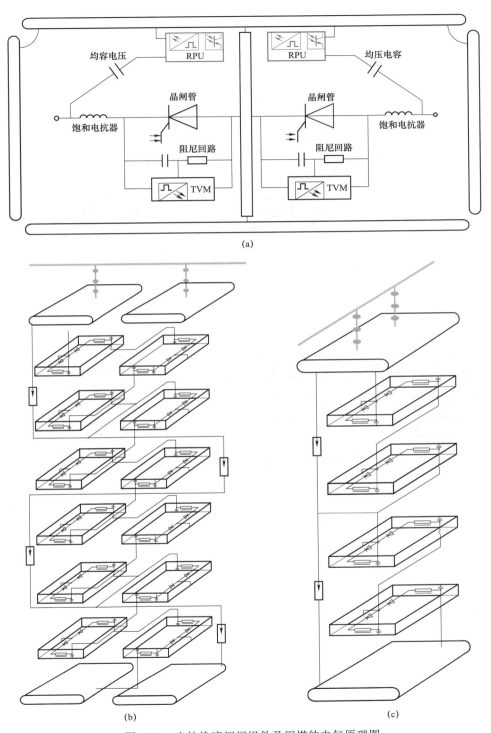

图 2－3　光控换流阀阀组件及阀塔的电气原理图
（a）光控阀组件电气原理图；（b）光控四重阀阀塔电气原理图；（c）光控双重阀阀塔电气原理图

3. 结构形式

光控换流阀通常将饱和电抗器、阀段均压电容、光触发分配器等集成在阀组件内部，提升设备在换流站现场安装的便利性。图 2-4 给出了典型的光控换流阀组件结构及阀塔结构外形图。

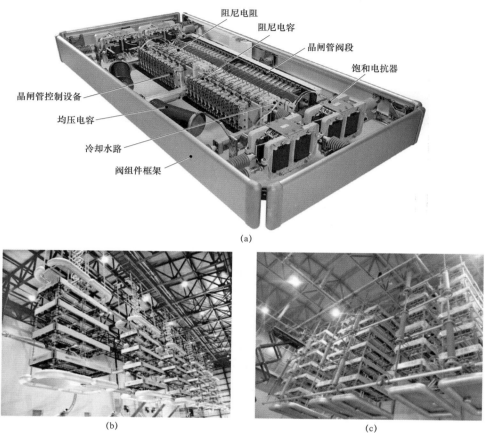

(a)

(b)   (c)

图 2-4　光控换流阀组件结构及阀塔结构外形图
（a）光控换流阀组件结构图；（b）双重阀阀塔结构外形图；（c）四重阀阀塔结构外形图

2.2　换流阀关键元器件

2.2.1　晶闸管

1. 概述

晶闸管是常规直流输电换流阀的核心器件，它是一种半控器件，只能控制其开通，不能控制其关断。晶闸管开通需要两个条件：一是晶闸管阳极和阴极之间承受正向电压；二是晶闸管门极有触发信号，晶闸管开通后，门极就失去控制作用，要让晶闸管关断，需流过晶闸管的电流下降到维持电流以下。

目前，直流输电工程中使用的有两种晶闸管：一种是电控晶闸管；另一种是光控晶闸管。

电控晶闸管的触发方式为光电转换触发，阀控系统传来的触发信号为光信号，通过光缆传送到每个晶闸管级，在门极控制单元把光信号再转换成电信号，经放大后触发晶闸管。光电转换触发利用了光电器件和光纤的优良特性，实现了触发脉冲发生装置和换流阀之间低电位和高电位的隔离，同时也避免了电磁干扰，减小了各元器件触发脉冲的传递时差，使均压阻尼回路简化和小型化，能耗减少，造价降低，是目前使用最普遍的触发方式。

光控晶闸管的触发方式为光直接触发，在晶闸管器件门极区周围，有一个小光敏区，当一定波长的光被光敏区吸收后，在硅片的耗尽层内吸收光能而产生电子－空穴对，形成注入电流使晶闸管器件触发。对于光触发晶闸管，门极触发能量无须从晶闸管级 RC 阻尼回路处获取，即使交流侧完全失电，阀组的门极回路仍能持续触发。但其光源要有严格的波长、寿命和效率等要求，以降低触发能量的损耗。

通常晶闸管有控制极 G、阳极 A 和阴极 K 三个电极。而光控晶闸管由于其控制信号来自光的照射，因此只有两个电极（阳极 A 和阴极 K）。但它的内部结构与普通晶闸管一样，都是由四层 PNPN 器件构成。光控晶闸管除了触发信号不同以外，其他特性基本与普通晶闸管相同。

2. 晶闸管的物理特性

晶闸管是 PNPN 四层三端器件，共有三个 PN 结。分析原理时，可以把它看作是由一个 PNP 管和一个 NPN 管组成的，其等效图解如图 2－5 所示。

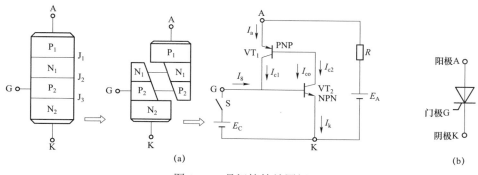

图 2－5　晶闸管等效图解
（a）等效图；（b）器件符号

（1）晶闸管伏安特性。晶闸管的伏安特性是指晶闸管的阳极、阴极之间电压 U_{AK} 和阳极电流 I_A 之间的关系特性，如图 2－6 所示。

晶闸管的伏安特性包括正向特性和反向特性两部分。

1）正向特性。晶闸管的正向特性又有阻断状态和导通状态之分。在门极电流 $I_g = 0$ 情况下，逐渐增大晶闸管的正向阳极电压，这时晶闸管处于断态，只有很小的正向漏电流；随着

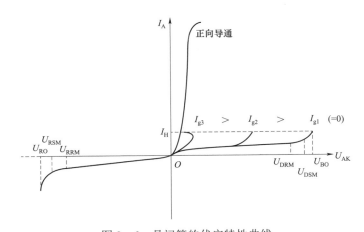

图 2-6　晶闸管的伏安特性曲线

U_{DRM}、U_{RRM}—正、反向断态重复峰值电压；U_{DSM}、U_{DRM}—正、反向断态不重复峰值电压；
U_{BO}—正向转折电压；U_{RO}—反向击穿电压

正向阳极电压的增加，当达到正向转折电压 U_{BO} 时，漏电流突然剧增，特性从正向阻断状态变为正向导通状态。导通状态时的晶闸管状态和二极管的正向特性相似，即流过较大的阳极电流，而晶闸管本身的压降很小。正常工作时，不允许把正向阳极转折电压加到转折值 U_{BO}，而是从门极输入触发电流 I_g，使晶闸管导通。门极电流越大，阳极电压转折点越低。晶闸管正向导通后，要使晶闸管恢复阻断，只有逐步减少阳极电流。当 I_A 小到等于维持电流 I_H 时，晶闸管由导通变为阻断。维持电流 I_H 是维持晶闸管导通所需的最小电流。

2）反向特性。晶闸管的反向特性是指晶闸管的反向阳极电压与阳极漏电流的伏安特性。晶闸管的反向特性与一般二极管的反向特性相似。当晶闸管承受反向阳极电压时，晶闸管总是处于阻断状态。当反向电压增加到一定数值时，反向漏电流增加较快。再继续增大反向阳极电压，会导致晶闸管反向击穿，造成晶闸管的损坏。

（2）晶闸管的开关特性。晶闸管的开关特性曲线如图 2-7 所示。晶闸管的开通不是瞬间完成的，开通时阳极与阴极两端的电压有一个下降过程，而阳极电流的上升也需要有一个过程，这个过程可分为三段：第一段为延迟时间 t_d，对应阳极电流上升到 $10\%I_A$ 所需时间，此时 J_2 结仍为反偏，晶闸管的电流不大；第二段为上升时间 t_r，对应着阳极电流由 $10\%I_A$ 上升到 $90\%I_A$ 所需时间，这时靠近门极的局部区域已经导通，相应的 J_2 结已由反偏转为正偏，电流迅速增加。通常定义器件的开通时间 t_{gt} 为延迟时间 t_d 与上升时间 t_r 之和，即 $t_{gt}=t_d+t_r$。

晶闸管的开关特性曲线如图 2-7 所示。电源电压反向后，从正向电流降为零起到能重新施加正向电压为止的时间定义为器件的关断时间 t_q。通常定义器件的关断时间 t_q 等于反向阻断恢复时间 t_{rr} 与正向阻断恢复时间 t_{dr} 之和，即 $t_q=t_{rr}+t_{dr}$。

3. 晶闸管的主要参数

晶闸管参数可以分为晶闸管静态特性和晶闸管动态特性。静态特性分为阻断状态和导通状态特性参数，动态特性分为开通状态和关断状态特性参数，晶闸管主要参数分类见表 2-1。

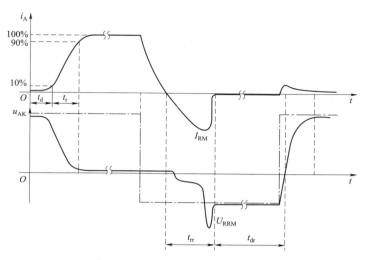

图 2-7　晶闸管的开关特性曲线

表 2-1 晶闸管主要参数分类

各种状态	静态特性		动态特性	
	阻断状态	导通状态	开通状态	关断状态
温度或热	额定环境温度 T_{AM}；额定结温 T_{jM}；热阻 $R_{th(j-c)}$；瞬态热阻 $Z_{th(j-c)}$			
阳极-阴极间	断态电压 U_D 断态峰值电压 U_{DM} 断态工作峰值电压 U_{DWM} 断态重复峰值电压 U_{DRM} 断态非重复峰值电压 U_{DSM} 转折电压 $U_{(BO)}$ 持续反向电压（直流）U_R 反向工作峰值电压 U_{RWM} 反向重复峰值电压 U_{RRM} 反向非重复峰值电压 U_{RSM} 反向击穿电压 $U_{(BR)}$ 断态重复峰值电流 I_{DRM} 反向重复峰值电流 I_{RRM}	通态门槛电压 $U_{(T0)}$ 通态斜率电阻 r_T 通态平均电压 $U_{T(AV)}$ 通态电压 U_T 通态平均电流 $I_{T(AV)}$ 通态过载电流 $I_{(OV)}$ 通态方均根电流 $I_{T(RMS)}$ 通态重复峰值电流 I_{TRM} 通态浪涌电流 I_{TSM} 维持电流 I_H 擎住电流 I_L	通态电流临界上升率 di/dt 门极控制开通时间 t_{gt} 门极控制延迟时间 t_d 门极控制开通上升时间 t_r	断态电压临界上升率 du/dt 反向恢复时间 t_{rr} 正向阻断恢复时间 t_{dr} 电路换相断开时间 t_q 反向恢复电流 I_{RR} 反向恢复电荷 Q_r
门极-阴极间	门极不触发电压 U_{GD} 门极不触发电流 I_{GD}	门极触发电压 U_{GT} 门极触发电流 I_{GT} 门极功率 P_G		

晶闸管的主要参数见表 2-2。直流输电用晶闸管的参数都是在一定工况条件下测得的，因此，晶闸管参数表中需要列出该参数的测试条件。

表 2-2 晶 闸 管 的 主 要 参 数

名　称	表示符号	单位	额定 SCR	测试条件
1）断态电压	U_D	V		
2）断态峰值电压	U_{DM}	V		
3）断态工作峰值电压	U_{DWM}	V		
4）断态重复峰值电压	U_{DRM}	V		
5）断态非重复峰值电压	U_{DSM}	V		
6）转折电压	$U_{(BO)}$	V		
7）通态电压	U_T	V		
8）通态电压最小值	U_{TMIN}	V		
9）通态门槛电压	$U_{(TO)}$	V		
10）反向电压	U_R	V		
11）反向工作峰值电压	U_{RWM}	V		
12）反向重复峰值电压	U_{RRM}	V		
13）反向非重复峰值电压	U_{RSM}	V		
14）反向击穿电压	$U_{(BR)}$	V		
15）断态电流	I_D	mA		
16）转折电流	$I_{(BO)}$	A		
17）维持电流	I_H	A		
18）通态电流	I_T	A		
19）通态过载电流	$I_{(OV)}$	A		
20）通态重复峰值电流	I_{TRM}	A		
21）通态浪涌电流	I_{TSM}	A		
22）反向电流	I_R	mA		
23）反向重复峰值电流	I_{RRM}	A		
24）反向恢复电流	I_{RR}	A		
25）擎住电流	I_L	A		
26）通态斜率电阻	r_T	mΩ		
27）通态电流临界上升率	di/dt	A/ms		
28）断态电压临界上升率	du/dt	V/ms		

（1）断态电压及电流。

1）断态电压 U_D——不随时间变化或变化很小以致可以忽略的断态电压。

2）断态峰值电压 U_{DM}——晶闸管处于断态时的阳极电压峰值。

3）断态工作峰值电压 U_{DWM}——电源频率通常为工频的正弦半波波形的断态重复电压最

大额定值，不包括所有重复和不重复瞬态电压的最大瞬时值断态电压。

4）断态重复峰值电压 U_{DRM}——包括所有重复瞬态电压，但不包括所有不重复瞬态电压的最大瞬时值断态电压。

5）断态重复峰值电流 I_{DRM}——在 25℃结温或最高允许运行结温和额定断态重复峰值电压 U_{DRM} 下，允许流过晶闸管的最大电流。

6）断态非重复峰值电压 U_{DSM}——任何不重复最大瞬时值的瞬态断态电压。

7）转折电压 $U_{(BO)}$——在转折点的电压，转折点是微分电阻为零且断态电压达到最大值的点。

（2）反向电压及电流。

1）反向电压 U_R——不随时间变化或变化很小以致可以忽略的反向电压。

2）反向工作峰值电压 U_{RWM}——电源频率通常为工频的正弦半波波形的反向重复电压最大额定值，不包括所有重复和不重复瞬态电压的最大瞬时值反向电压。

3）反向重复峰值电压 U_{RRM}——包括所有重复瞬态电压，但不包括所有不重复瞬态电压的最大瞬时值反向电压。

4）反向重复峰值电流 I_{RRM}——在 25℃结温或最高允许运行结温和额定反向重复峰值电压 U_{RRM} 下，允许流过晶闸管的最大电流。

5）反向非重复峰值电压 U_{RSM}——任何不重复最大瞬时值的瞬态反向电压。

6）反向击穿电压 $U_{(BR)}$——反向击穿区的电压。

（3）维持电流和擎住电流。

1）维持电流 I_H——维持晶闸管处于通态所需的最小阳极电流。

2）擎住电流 I_L——在紧接断态转换到通态，并移除触发信号之后，维持晶闸管处于通态所需的最小阳极电流。

（4）通态电流。

1）通态平均电流 $I_{T(AV)}$——通态电流在一整周期内的平均值。

2）通态方均根电流 $I_{T(RMS)}$——通态电流在一整周期内的方均根值。

3）通态重复峰值电流 I_{TRM}——包括所有重复瞬态电流的通态电流的峰值。

4）通态过载电流 $I_{(OV)}$——连续施加会导致超过额定最高等效结温，但限制其持续时间将不超过该温度的电流。

5）通态浪涌电流 I_{TSM}——持续时间短并规定波形的通态脉冲电流，这种电流由异常电路情况（如故障引起）导致结温超过或可能超过额定最高等效结温，但假定其极少发生，并在器件工作寿命期内具有限定的发生数。

（5）通态电压。

1）通态电压 U_T——晶闸管处于通态时的阳极电压。

2）通态门槛电压 $U_{(TO)}$——由通态特性近似直线与电压轴的交点确定的通态电压值。

3）通态斜率电阻 r_T——由通态特性近似直线的斜率计算的电阻值。

（6）开通状态参数。

1）通态电流临界上升率 di/dt——晶闸管能承受而无有害影响的通态电流上升率的最大值。

2）门极控制延迟时间 t_d——上升的门极驱动电流脉冲达到规定的较低值瞬间和下降的断态电压达到接近其初始值 U_D 的较高规定值瞬间之间的时间间隔。

3）门极控制开通上升时间 t_r——断态电压达到的较高规定值瞬间和断态电压下降达到接近其最终稳态值的较低规定值瞬间之间的时间间隔。

4）门极控制开通时间 t_{gt}——门极控制开通的延迟时间与上升时间之和。

（7）关断状态参数。

1）断态电压临界上升率 du/dt——不导致由断态到通态转换的断态电压上升率最大值。

2）关断时间 t_q——外部切换主电路后，通态电流降至零瞬间，和晶闸管能承受而不致转折的断态电压急剧上升过零或最早的低的正值瞬间之间的时间间隔。

3）反向恢复时间 t_{rr}——在从通态到反向阻断态转换期间，电流过零瞬间和反向电流由其峰值 I_{RM} 减小到规定低值（低值可为零）或反向电流外推至零瞬间之间的时间间隔。

4）正向阻断恢复时间 t_{dr}——在从反向导通态到断态转换期间，电流过零瞬间和断态电流由其峰值 I_{DM} 减小到规定低值，或反向电流外推至零瞬间之间的时间间隔。

5）反向恢复电流 I_{RR}——在反向恢复期间出现的反向电流。

6）反向恢复电荷 Q_r——从规定的通态电流条件向规定的反向条件切换后，在规定的积分时间区间，晶闸管恢复的总电荷，与通态电流 I_T、di/dt 和结温密切相关。

（8）门极参数。

1）门极电压 U_G——门极端和单向三极晶闸管的阴极之间的电压。

2）门极电流 I_G——流过门极端的（控制）电流。

3）门极触发电流 I_{GT}——在规定条件下，能安全地触发一种型号中任一晶闸管所需的最小门极电流。

4）门极触发电压 U_{GT}——产生门极触发电流所需要的门极电压。

5）门极不触发电流 I_{GD}——在规定条件下，能安全地不触发一种型号中任一晶闸管的最大门极电流。该电流是不希望门极电路具有的。

6）门极不触发电压 U_{GD}——与门极不触发电流对应的门极电压。

7）门极功率 P_G——门极电流瞬时值和门极电压瞬时值的乘积。

（9）热参数。

1）结壳热阻 $R_{th(j-c)}$——在器件内全部损耗功率由通态电流产生的条件下，晶闸管结和基准点间的温差除以晶闸管内稳态通态损耗功率之商。用于计算稳态时晶闸管结温。

2）结壳瞬态热阻 $Z_{th(j-c)}$——随时间变化的晶闸管结壳热阻抗。可由四阶阻容网络模拟。用于计算暂态时晶闸管结温。

2.2.2　阻尼回路、均压回路元件

由于晶闸管本身的半导体物理特性，无法耐受过高的电气应力。因此，在换流阀开通暂态、关断暂态及冲击暂态工况下，需要配置必要的辅助回路与保护元器件，如饱和电抗器、晶闸管级阻尼电阻、阻尼电容，直流均压电阻等，从而避免晶闸管承受过高的电压、电流、du/dt 和 di/dt。

目前，直流输电换流阀设备主要采用分立阻尼方式，即每个晶闸管级并联一个阻尼回路，阻尼回路由电阻和电容串联而成。

RC 阻尼回路的设计，要限制阀关断时的换相过冲，为 TCE 提供工作电源，实现阀内电压均匀分布等。换流阀关断时等效电路如图 2-8 所示。

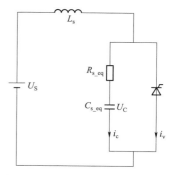

图 2-8 中，U_C 为交流相间电压，U_C 为等效阻尼电容两端电压，i_c 为阻尼支路电流，i_v 为流过晶闸管电流，L_s 为换相电感，R_{s_eq} 为等效阻尼电阻，C_{s_eq} 为等效阻尼电容。

图 2-8　换流阀关断等效电路

根据基尔霍夫定律，电路电压、电流状态方程见式（2-1）和式（2-2）

$$k_1 L_s C_{s\_eq} \frac{d^2 U_C}{dt^2} + R_{s\_eq} C_{s\_eq} \frac{dU_C}{dt} + U_C + U_S + k_2 L_s \frac{di_v}{dt} = 0 \qquad (2-1)$$

$$k_3 L_s \frac{d^2 i_c}{dt^2} + R_{s\_eq}\left(\frac{di_c}{dt} - \frac{di_v}{dt}\right) + k_4 \frac{1}{C_{s\_eq}}(i_c - i_v) = 0 \qquad (2-2)$$

式中，k_1、k_2、k_3、k_4 为比例系数。

求解上述回路二阶常系数非齐次线性微分状态方程可得到换相电感与阻尼电容、阻尼电阻关系式

$$R_{s\_eq} = k_s \sqrt{\frac{L_s}{C_{s\_eq}}} \qquad (2-3)$$

式中，k_s 为阻尼系数。

阻尼电容值选取原则是，在有效地抑制晶闸管阀换相过冲电压的前提下，使换流阀的损耗最小。

直流均压回路的设计，要考虑为 TCE 提供取样和保护的门槛电压值、低频电压，实现晶闸管间的均压。

直流均压回路同样并联在每个晶闸管级两端，由成对使用的电阻串联组成。

直流均压电阻的选取比较简单，电阻值取决于晶闸管两端所允许的最高电压和 TCE 测量装置的电流限值 I_{max}，见式（2-4）

$$R_{DC} \geqslant \frac{U_{DSM}}{I_{max}} \qquad (2-4)$$

式中：U_{DSM} 为晶闸管两端的最高电压；R_{DC} 为直流均压电阻。

1. 阻尼电容

阻尼电容为金属化聚丙烯薄膜元器件，圆形铝外壳封装，并充以六氟化硫或氮气，具有自愈功能且采取防爆措施的电容器。所有材料无卤素，填充物不包含多氯联苯，不充油。阻尼电容主要技术参数见表 2-3。

表 2-3   阻尼电容主要技术参数

序号	项目	代号	单位
1	环境条件		
1.1	运行环境温度		℃
1.2	运行相对湿度		RH%
1.3	储存温度		℃
1.4	海拔		m
1.5	爬电距离		mm
2	电容值		
2.1	额定电容值	C_N	μF
2.2	电容值偏差范围		
3	额定频率	f_N	Hz
4	电压		
4.1	额定电压	U_n	V
4.2	最高工作电压	U_{max}	V
4.3	非周期冲击电压	U_s	V
4.4	最大电压变化率	$(du/dt)_{max}$	V/μs
4.5	浪涌电压变化率	$(du/dt)_s$	V/μs
5	电流		
5.1	最大电流	I_{max}	A
5.2	最大冲击电流	I_s	kA
5.3	最大峰值电流	I	kA
6	介质损耗正切	$\tan\delta_0$	
7	电容损耗正切	$\tan\delta$	
8	绝缘		
8.1	端子间耐压	U_{TT}	V
8.2	绝缘弛豫时间	$R_{ins}C$	s
9	等效串联电感	L_{self}	nH
10	等效串联电阻	E_{SR}	mΩ
11	使用寿命		年
12	防火等级		
13	外形尺寸		mm

2. 阻尼电阻

阻尼电阻中电阻体嵌入氧化镁中，与散热器接触的部分为不锈钢，裸露在散热器外的两端为绝缘体，选用环氧树脂材料；采用金属合金材料作为电阻体，可提高产品的耐电压、电流冲击能力；采用耐高压和高导热氧化镁作为电阻体的导热填充料，能够提供产品的耐压性能和功率；不锈钢外壳更利于传热和导电；采用缩径工艺使产品的导热性能更优越。阻尼电阻主要技术参数见表 2-4。

表 2-4 阻尼电阻主要技术参数

序号	项目	代号	单位
1	电阻值	R	Ω
2	绝缘阻抗	R	MΩ
3	温度系数		$10^{-6}/℃$
4	时间常数	L/R	μs
5	额定峰值电流	I	A
6	额定功耗	P	W
7	端子和外壳间耐压	U	kV

3. 直流均压电阻

直流均压电阻包括厚膜瓷基片、散热片底板及注塑包封。厚膜瓷基片采用高纯度氧化铝（Al_2O_3）瓷基片；散热片底板及引出端采用真空焊接方式安装，确保焊接可靠，气孔得以控制；使用塑封材料作为外包封层来保护电阻元器件，使电阻器内部无气孔、裂纹和其他缺陷，同时散热片完全外露以确保电阻的散热功能。

直流均压电阻为外散热式功率电阻器，需借助水冷散热器散热；在高含量的氧化铝瓷板镀上高导热的金属材料，更利于传热和导电；特殊的低电感和电容设计，采用贵金属氧化物的电阻体，在大功率和脉冲特性的情况下性能优越；高性能塑料电阻体外壳能提高产品的耐压能力。直流均压电阻技术参数见表 2-5。

表 2-5 直流均压电阻技术参数

序号	项目	代号	单位
1	电阻值	R	Ω
2	绝缘层耐压	U	kV
3	温度系数		$10^{-6}/℃$
4	时间常数	L/R	μs
5	额定峰值电流	I	A
6	额定功耗	P	W
7	爬电距离		mm
8	空气间距		mm

2.2.3 饱和电抗器

在换流阀开通暂态中，晶闸管的导通开始于门极附近，导通面积需要一定的时间逐渐扩展，在晶闸管的阳极–阴极间电压还没有达到稳定的通态电压值情况下，就有相当大的电流流过，由此形成的开通损耗可能造成元器件损坏。为了抑制阀内晶闸管器件开通时出现的较高的电流上升率（$\mathrm{d}i/\mathrm{d}t$），保护晶闸管，需要配置饱和电抗器。此外，在雷电和陡波冲击过电压情况下，饱和电抗器将会承担大部分峰值电压，从而降低晶闸管的电压应力，以避免晶闸管器件承受过高的浪涌电压而造成失效。

饱和电抗器的设计要满足在晶闸管开通瞬间，饱和电抗器具有很高的阻抗，而晶闸管器件内一旦建立起足够的载流子后，饱和电抗器又要呈现出很低的阻抗特性，这有利于提升换流阀的工作效率，即设计的饱和电抗器必须具有非线性饱和性能。饱和特性是饱和电抗器运行中最关键的电气参数之一，通常要求饱和时间大于 $2\mu s$，以避免晶闸管因 $\mathrm{d}i/\mathrm{d}t$ 过高而损坏，设计时应考虑一定的设计裕度。

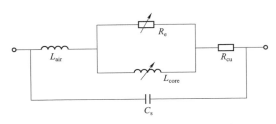

图 2-9 饱和电抗器等效电路模型

图 2-9 所示的是饱和电抗器等效电路模型，其中 L_{air} 和 R_{cu} 是线圈的空心电感和直流电阻；R_e 为非线性电阻，它并不是一个真实存在的电阻，而是由电磁暂态过程中产生的涡流损耗、磁滞损耗等效而来的；L_{core} 为非线性电感，表征铁心的饱和程度。

饱和电抗器的损耗是换流阀热设计的重要组成部分，分为线圈损耗和铁心损耗。线圈损耗与线圈直流电阻和直流电流有关；铁心损耗的计算较为复杂，由于换流阀正常运行工况下的铁心磁滞回线很难被测量，直接测量缺少可操作性，只能通过计算铁心损耗的功率，通过试验来测量在该损耗功率下的温升，再通过与实际阀塔的运行温升相比对来间接测量。

图 2-10 为饱和电抗器的外形及内部组成示意图，饱和电抗器通流铝线圈同时也是冷却水管。C 形叠压硅钢片铁心环绕在线圈一周。电抗器壳体内浇注聚氨酯等弹性阻尼体材料，既起结构固定支撑作用，又可以有效限制由于磁致伸缩效应导致的铁心振动和噪声问题。该类型电抗器主要用于小组件结构形式的换流阀。

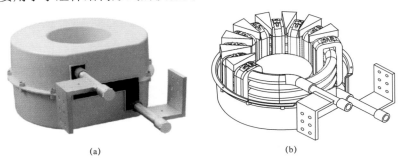

(a)　　　　　　(b)

图 2-10 饱和电抗器的外形图及内部组成示意图（一）

（a）外形图；（b）内部组成示意图

图 2-11 为另一种形式饱和电抗器的外形图，该种电抗器铁心没有采用弹性体浇注，直接外露，同时铁心和水冷板紧固在一起，由水冷板直接对铁心进行散热。通常铝线圈采用两组串联，并用环氧树脂浇注。该类型电抗器主要用于大组件结构形式的换流阀。

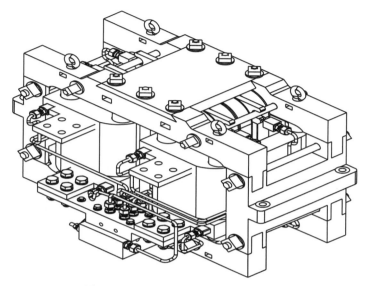

图 2-11　饱和电抗器的外形图（二）

表 2-6 为两种不同结构形式的饱和电抗器的优缺点比较。表 2-7 为饱和电抗器技术参数表。

表 2-6　　　　　　　　两种不同结构形式的饱和电抗器的优缺点比较

项目	优点	缺点
饱和电抗器（一）	结构简单，可靠性高，便于维护，弹性体浇注，噪声较小	铁心间接冷却，温升高
饱和电抗器（二）	铁心直接冷却，温升低，重量较轻，配置二次侧阻尼电阻抑制电流振荡	冷却水管直径小、接头多容易出现渗漏水情况；敞开式铁心，噪声偏大

表 2-7　　　　　　　　　　　饱和电抗器技术参数

序号	项目	代号	单位
1	工频电感	L	mH
2	电压时间面积	$\Delta\Psi$	mV·s
3	额定电流	I	A
4	线圈直流电阻	R	Ω
5	冷却水压力	p	Pa
6	流量压差	P	Pa

续表

序号	项目	代号	单位
7	冲击耐压	U	kV
8	铁心温升	T	K
9	短路电流	I	kA

2.2.4 阀避雷器

阀避雷器并联在换流阀两端，每个单阀配置一套阀避雷器，主要作用是限制换流阀的过电压水平，对晶闸管阀提供正向和反向保护。阀避雷器可以限制阀上的动态过电压（dynamic over voltage，DOV），包括单次的浪涌动态过电压和重复的动态过电压。阀避雷器还决定换流变压器阀侧所需的相间绝缘水平。换流变压器阀侧绕组及换流器内各点所需的对地绝缘水平取决于阀避雷器和其他避雷器串联的保护水平。

阀的绝缘设计留有裕量，对于操作冲击和雷电冲击，超过阀避雷器保护水平的 10%～15%；对于陡波冲击时，超过阀避雷器保护水平的 15%～20%。

阀避雷器通常采用复合外套氧化锌避雷器，其内部为非线性伏安特性的氧化锌电阻片，外部为复合硅橡胶外套。阀避雷器为悬吊式安装结构，平时不需要维护。

阀避雷器设置压力释放装置，具备防爆功能。还配置动作计数器，动作次数既能在本地显示，也能通过光纤上传至控制保护系统。图 2-12 为阀避雷器结构图。

图 2-12 阀避雷器结构图

阀避雷器主要技术参数见表 2-8。

表 2-8　　　　　　　　阀避雷器主要技术参数

序号	项　　目	单位
1	额定电压	kV（直流）/ kV（有效值）
2	持续运行峰值电压（crest value of continuous operating voltage，CCOV）U_{CCOV}	kV（峰值）
3	最大持续运行峰值电压（peak continuous operating voltage，PCOV）U_{PCOV}	kV（峰值）
4	等效持续运行电压（equivalent continuous operating voltage，ECOV）U_{ECOV}	kV（峰值）
5	参考电流	mA（峰值）
6	直流 1mA 参考电压	kV（峰值）

续表

序号	项　　目	单位
7	PCOV 下的持续电流	mA（峰值）
8	对应下列电流峰值的陡波冲击的最大放电电压	
8.1	1000A 峰值	kV（峰值）
8.2	3000A 峰值	kV（峰值）
8.3	10 000A 峰值	kV（峰值）
8.4	20 000A 峰值	kV（峰值）
9	对应下列电流峰值的 8/20μs 电流波形的最大放电电压	
9.1	1000A 峰值	kV（峰值）
9.2	3000A 峰值	kV（峰值）
9.3	10 000A 峰值	kV（峰值）
9.4	20 000A 峰值	kV（峰值）
10	对应下列电流峰值的 30～45/60～90μs 电流波形的最大放电电压（波形特征时间/μs）	
10.1	300A 峰值	kV（峰值）
10.2	1000A 峰值	kV（峰值）
10.3	3000A 峰值	kV（峰值）
11	对应下列电流峰值的波前时间为 1ms 的电流波形的最大放电电压	
11.1	300A 峰值	kV（峰值）
11.2	1000A 峰值	kV（峰值）
11.3	3000A 峰值	kV（峰值）
12	短时承受大电流（4/10μs）	kA（峰值）
13	压力释放能力	
13.1	大电流	kA（有效值）
13.2	小电流	A（峰值）
14	避雷器绝缘套管耐受能力	
14.1	雷电冲击	kV（峰值）
14.2	操作冲击（湿）	kV（峰值）
14.3	AC/DC +（湿）	kV/kV 直流正极性
15	避雷器套管	
15.1	根据 IEC 815 标准的平均直径	mm
15.2	爬电距离	mm
15.3	干弧距离	mm
16	悬臂的强度	
16.1	有绝缘底座	N·m

续表

序号	项 目	单位
16.2	无绝缘底座	N·m
17	最大电流分配系数（多柱避雷器）	
18	额定吸收能量	
18.1	单柱避雷器	kJ/kV 额定值
18.2	整组避雷器	kJ
19	最大能量损耗后阀片的最大温升	K
20	串联阀片数	
21	避雷器主载流通道上并联柱数	
22	避雷器护套颜色	

1. 持续运行电压

阀避雷器的持续运行电压波形如图 2-13 所示。其中避雷器持续运行峰值电压 U_{CCOV} 与理想空载直流电压最大值 U_{diomax} 成正比，可表达为

$$U_{CCOV} = \frac{\pi}{3} U_{diomax} \qquad (2-5)$$

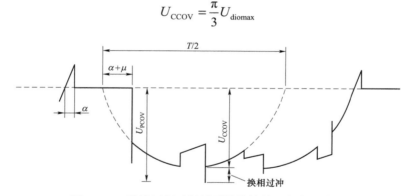

图 2-13　整流运行时阀避雷器的持续运行电压波形

U_{CCOV} 与持续运行电压的直流分量之比为 2.2～3.3。在较大触发延迟角下运行会加大换相过冲，使最大峰值持续运行电压 U_{PCOV} 值进一步提高。

2. 暂时过电压

换流器在解锁状态时，交流侧的暂时过电压会作用于阀避雷器。

当换流器投旁通对闭锁时，控制脉冲会使一对串联的阀导通，形成换流器直流侧短路，非导通阀上的避雷器将承受全部的相间电压；当换流器不投旁通对闭锁时，所有阀都不导通，每个阀避雷器上的电压会低于带旁通对闭锁的情况。

3. 瞬态过电压

若换流器带旁通对闭锁，交流侧传递的操作冲击电压会使阀避雷器受到较大的应力。

换流器最高直流电位连接的换流变压器阀侧发生相对地故障时，上部换流器上的阀避雷器会受到很高的过电压作用。

由于某种原因一个换相组的三个阀电流都熄灭了，而与之串联的换相组的阀仍在导通电流，此时电流被迫转入与不导通阀并联的避雷器，如果这个电流不能迅速降低到零，则该避雷器消耗的能量可能相当大。

参 考 文 献

[1]　王兆安，黄俊．电力电子技术［M］．4 版．北京：机械工业出版社，2000.

[2]　徐德鸿，现代电力电子器件原理与应用技术［M］．北京：机械工业出版社，2008.

[3]　刘泽洪．特高压直流输电工程换流站设备监造指南　晶闸管换流阀［M］．北京：中国电力出版社，2017.

[4]　熊开纬．直流输电用可控硅换流器［M］．北京：水利电力出版社，1979.

[5]　陆培文．工业过程控制阀设计选型与应用技术［M］．北京：中国标准出版社，2016.

[6]　方大千，郑鹏．实用电子及晶闸管电路速查速算手册［M］．北京：化学工业出版社，2015.

[7]　张建国，付兴珍．高压直流输电晶闸管阀用饱和电抗器的设计［J］．西安航空技术高等专科学校学报，2010，28（3）：30－33.

[8]　陈鹏，曹均正，魏晓光，等．高压直流换流阀用饱和电抗器的暂态电路仿真模型［J］．高电压技术，2014，40（1）：288－293.

[9]　张雷，苟锐锋，刘宁，等．高压直流换流阀用饱和电抗器性能研究［J］．高压电器，2017，53（11）：46－50.

[10]　国家能源局．NB/T 10089—2018 25kV 铁道交流系统用无间隙金属氧化物避雷器［S］．北京：中国电力出版社，2019.

[11]　田方．光触发晶闸管与高压直流输电［J］．电源技术应用，2002（09）：37－38＋50.

[12]　郭鹏，王宏华，冯进通，等．晶闸管串联均压电路设计与仿真研究［J］．机械制造与自动化，2015，44（05）：159－163.

[13]　程正波，康文，黄岳奎，等．换流阀保护性触发试验原理及应用［J］．湖南电力，2019，39（05）：45－49.

[14]　梁宁，张志刚，刘翠翠，等．基于应力分析的换流阀关键元器件的可靠性评估［J］．电力电容器与无功补偿，2019，40（04）：132－136＋144.

[15]　陶敏，姚舒，董妍波，等．特高压换流阀用饱和电抗器的振动研究与优化方案［J］．高压电器，2019，55（12）：200－204.

[16]　M. Guan, Z. Xu. Modeling and control of a modular multilevel converter – based HVDC system under unbalanced grid conditions［J］IEEE Transactions on Power Systems, 2012, 27（12）：4858－4867.

[17]　C. Liu, Y. Gou, Z. Yang, et al. Research on Overvoltage Distribution of HVDC Converter Valve and Influence of Parasitic Capacitance in special environment［C］. 2019 IEEE 10th International Symposium on Power Electronics for Distributed Generation Systems（PEDG）, Xi'an, 2019：178－182.

[18]　S. Xiao, J. Cao, M. W. Donoghue. Valve section capacitance for 660kV HVDC converter valves［C］. 9th IET International Conference on AC and DC Power Transmission（ACDC 2010）, London, 2010：1－5.

第 3 章 换流阀关键技术

本章叙述的换流阀关键技术包括换流阀主回路设计、换流阀绝缘设计、换流阀电流应力及热应力分析。从阀塔结构、组件结构、水路冷却系统、抗震要求等方面叙述了换流阀的结构设计，并对其防火结构及防火材料的选型分别进行说明。

3.1 换流阀主回路设计

3.1.1 系统输入参数

1. 换流站接入交流系统参数

换流阀主回路设计需要的系统参数主要包括系统电压、短路容量和频率。两端换流站接入系统电压包括额定运行电压、最高稳态电压、最低稳态电压、极端最高稳态电压、极端最低稳态电压。短路容量包括最大短路容量和最小短路容量，短路容量也可以以短路电流的形式给出。交流系统的频率特性主要是交流系统的额定频率、故障后暂态频率变化范围。

2. 直流系统参数

主回路设计需要的直流系统参数主要包括系统接线、运行接线，以及电流额定值、电压额定值、控制角等。系统接线包括换流站采用换流阀的形式、接地极类型等情况。运行接线为系统运行时构成的电路回路，包括双极运行接线方式、单极大地回线运行接线方式、单极金属回线运行接线方式。直流电压、直流电流和控制角具体参数见表 3-1。

表 3-1　　　　　　　　　　直流电压、直流电流和控制角具体参数

序号	项　目	单位	整流侧	逆变侧
1	额定电流值			
1.1	额定直流电流（I_{dN}）	A		
1.2	最小持续运行直流电流	A		
1.3	额定功率时最大持续运行直流电流	A		
1.4	过负荷电流	A		
2	额定电压值			
2.1	额定直流电压，极对中性点（U_{dRN}）	kV		
2.2	最大持续直流电压	kV		
2.3	中性母线上最大持续直流电压	kV		

序号	项目	单位	整流侧	逆变侧
2.4	空载直流电压			
	额定空载直流电压（U_{dioN}）	kV		
	最大空载直流电压（$U_{dioabsmax}$）	kV		
	最小空载直流电压（U_{diomin}）	kV		
2.5	暂时过电压甩负荷系数	p.u.	阀闭锁，小于3周波，3周波以上	阀闭锁，小于3周波，3周波以上
3	控制角			
3.1	整流运行时的触发角（α）			
	额定值（α_N）	（°）		
	额定功率时的最小值	（°）		
	额定功率时的最大值	（°）		
	运行最小值	（°）		
	运行最大值	（°）		
3.2	逆变运行时的熄弧角（γ）			
	额定值（γ_N）	（°）		
	额定功率时的最小值	（°）		
	额定功率时的最大值	（°）		
	运行最小值	（°）		
	降压运行最大值	（°）		

3.1.2 单阀串联晶闸管数量确定

一般直流输电工程换流阀不采用晶闸管并联，单只晶闸管需要能够承受额定电流、长期过负荷电流、短时过负荷电流及故障电流的能力，一般晶闸管的额定电流参照直流输电工程的额定电流选取。目前单只晶闸管额定电压可达 8.5kV，额定电流可达 6250A。工程中换流阀由多个晶闸管串联组成。

在任何运行条件下，每个晶闸管上的电压应力应小于其本身的电压耐受能力，晶闸管上的电压平均值等于整阀电压的最大值除以串联晶闸管数 n_t。

最小晶闸管串联数由下式确定

$$n_{min} = U_{SIWL}k_s / U_{RRM} \qquad (3-1)$$

式中：U_{SIWL} 为单阀操作耐受水平，kV，由系统绝缘配合确定；k_s 为操作冲击时的阀内电压分布不均匀系数，一般在 1.05～1.1 之间；U_{RRM} 为晶闸管反向重复峰值电压，kV。

3.2 换流阀绝缘设计

换流阀绝缘设计是换流阀整体设计中的关键部分，绝缘的作用是利用电介质材料将不同电位的带电体相互隔离，并使电极间的电场强度小于电介质的允许电场强度，且保证一定裕度。

换流阀绝缘设计包括内绝缘设计和外绝缘设计。内绝缘设计主要包括单阀串联晶闸管级数的选取、阀内部晶闸管级间电压分布不均匀系数的控制等；外绝缘设计主要涉及换流阀电极形状的选取、空气净距和爬电距离的确定等。

3.2.1 换流阀内绝缘设计

换流阀内绝缘设计首先是基于晶闸管及其回路中电阻、电容等元器件的绝缘水平，依据换流阀的绝缘水平要求，来确定单阀中串联晶闸管的数量，具体方法参见第 3.1.2 节。

换流阀内绝缘设计的另一个关键环节是保证阀内串联晶闸管级间的电压分布一致。换流阀在运行过程中，可能会承受直流、交流、操作冲击、雷电冲击、陡波冲击等各种电压波形。不同电压波形下，阀内电压分布均匀程度不同。设计时要综合考虑到换流阀的结构、冷却水路的结构、均压元器件的误差、晶闸管恢复电荷的扩散速度以及杂散电容的影响。

根据工程经验和换流阀设备具体配置方式，不同电压波形下，阀内电压不均压分布系数的影响因素及控制值如下：

（1）稳态交流电压下的不均压分布系数要考虑均压元器件的误差、晶闸管恢复电荷的扩散速度的影响，通常不均压分布系数的控制值为 1.05。

（2）直流电压下的不均压分布系数要考虑漏电流、冷却水路结构、直流均压电阻的影响，通常不均压分布系数的控制值为 1.05。

（3）操作冲击（250/2500μs）下的不均压分布系数要考虑冷却水路结构、均压元器件误差和晶闸管恢复电荷扩散速度的影响，通常不均压分布系数的控制值为 1.05～1.1。

（4）雷电冲击（1.2/50μs）下的不均压分布系数要考虑均压元器件的误差、分布电容和晶闸管恢复电荷的扩散速度，通常不均压分布系数的控制值为 1.1～1.15。

（5）陡波冲击（$T_f \leq 100ns$）下的不均压分布系数主要受均压元器件的误差、阀内杂散电容的影响，出现陡波冲击时，阀电抗器阻抗比较大，将吸收很大一部分的电压，通常不均压分布系数的控制值不大于 1.2。

考虑上述电压不均压分布系数，不同电压波形下核算到晶闸管级电压值按下式计算

$$U_{thy} = \frac{U_{valve}k_{uneven}}{n_t} \quad (3-2)$$

式中：U_{valve} 为施加在单阀串联晶闸管上交流、直流、操作、雷电、陡波冲击电压值；k_{uneven} 为对应电压下的不均压分布系数；n_t 为单阀晶闸管数量。

对于操作、雷电和陡波冲击电压，可以根据换流阀电气元器件阻抗特性进行冲击电压仿真，得到阀内晶闸管和饱和电抗器上的电压分布波形。对于操作冲击电压，饱和电抗器几乎不承压，电压全部施加在晶闸管上；对于雷电冲击电压，饱和电抗器可承担约 30%～40% 的

峰值电压；对于陡波冲击电压，饱和电抗器可承担约 45%～55%的峰值电压。三种冲击电压典型分布波形如图 3-1～图 3-3 所示。

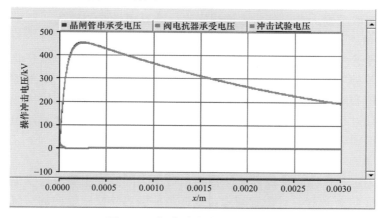

图 3-1 操作冲击电压试验仿真

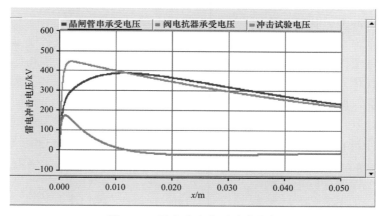

图 3-2 雷电冲击电压试验仿真

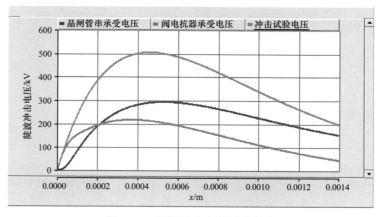

图 3-3 陡波冲击电压试验仿真

3.2.2　换流阀外绝缘设计

换流阀外绝缘设计重点是基于换流阀的绝缘水平，考虑电极形状的选择，空气净距的确定及爬电距离的选取原则，考虑一定的绝缘裕度，计算出最终的取值。

1. 电极形状的选择

换流阀绝缘设计中电极主要指阀塔屏蔽罩及内部各种均压环。电极形状选择的基本依据是保证换流阀在各种工况下，电场强度不超过绝缘介质的耐受能力，局部放电水平满足相关标准要求。屏蔽罩和均压环应无毛刺和突出部分，表面光滑平整，其边缘和棱角采用圆弧设计，避免曲率半径过小，防止电场集中引起放电。同时，为避免出现悬浮电位，屏蔽罩应分别固定在阀塔的不同电位点上。

2. 空气净距的确定

空气净距的确定是换流阀绝缘设计的核心。对于小间隙，主要考虑雷电冲击的作用，可依据 IEC 60664-1 进行选择。对于长间隙，根据当前国内外权威机构的空气介质绝缘特性研究成果和大量的电力设备运行经验，尽管在确定电力设备的最小空气净距时需考虑其雷电冲击耐受电压水平和操作冲击耐受电压水平的联合作用，但由于操作冲击电压的波头时间和波尾时间远大于雷电冲击，其波形特性对空气净距的击穿影响更大。

在均匀电场中，空气的操作冲击耐受电压和距离之间基本保持线性关系。但随着电场强度不均匀程度的增大，其非线性关系表现的越来越明显，甚至出现饱和现象。

综上所述，具体对换流阀进行空气净距计算时，可分别利用操作冲击耐受电压和雷电冲击耐受电压来计算，取二者中较大值作为最终的空气净距。

具体步骤为：

（1）根据操作冲击耐受水平和雷电冲击耐受水平（switching impulse withstand level，SIWL）和（lighting impulse withstand level，LIWL）来确定 50%冲击闪络电压。

空气间隙 50%冲击闪络电压为

$$U_{50} = \frac{U_s}{1 - 2\sigma} \tag{3-3}$$

式中：U_{50} 为 50%冲击闪络电压，kV；U_s 为由绝缘配合确定的冲击耐受电压，kV；σ 为标准偏差，操作冲击取 0.06，雷电冲击取 0.03。

（2）将 50%冲击闪络电压校正到标准大气条件为

$$U_{50-S} = K_t U_{50} \tag{3-4}$$

式中：U_{50-S} 为校正后的 50%冲击闪络电压，kV；K_t 为大气校正系数。

（3）计算空气净距为

$$d = \sqrt[0.6]{\frac{U_{50-S}}{500K}} \tag{3-5}$$

式中，K 为电极间隙系数。不同的电极形状具有不一样的间隙系数，该系数越大，表明电极间的电场越均匀。

3. 爬电距离的选取

影响爬电距离选取的主要因素有：

（1）耐受电压。爬电距离主要由其耐受的长期运行电压决定，瞬时过电压通常不会影响电痕化现象，因此可忽略不计。

（2）污秽程度。绝缘材料表面的污秽程度对于绝缘体表面放电的发展起到很大作用。

（3）爬电距离布置的方向和位置。在进行绝缘设计时，要考虑绝缘布置的位置和方向不利于积污。

（4）绝缘材料表面形状。对于材料表面积污有较大影响。

（5）绝缘材料特性。

由于换流阀设备对环境要求很高，因此换流站阀厅设计通常采用微正压技术，以阻止灰尘进入，清洁度较高，污秽等级较低。因此，换流阀的爬电距离以最高持续运行电压为基础，一般按照爬电比距 14mm/kV 的原则进行选取。对于高海拔地区或重污秽等级地区使用的换流阀设备，可根据情况适当增大爬电比距值。

3.3　换流阀电流应力及热应力分析

3.3.1　换流阀电流应力分析

换流阀具有承受稳态电流、短时过负荷电流及短路电流应力的能力。

1. 稳态电流应力

换流阀稳态电流应力包括额定电流和分钟级以上过负荷能力，即稳态过负荷能力。根据工程系统运行特性要求，稳态过负荷能力通常为额定电流的 1.05～1.1 倍。直流工程晶闸管器件选型时，工程的额定直流电流对应晶闸管器件的通态平均电流。由于不采用晶闸管并联方式，单个晶闸管可以耐受额定电流和过负荷电流。换流阀的稳态电流应力与换流阀的冷却系统有关，在稳态电流运行时，通常需保证晶闸管的结温不超过 90℃，因此换流阀稳态电流应力可以归结为热应力。

2. 短时过负荷电流应力

短时过负荷电流应力指秒级的过负荷能力，一般为 3s、5s 和 10s，换流阀短时过负荷能力由换流阀热力学限制决定，如某工程的换流阀短时过负荷能力如图 3-4 所示。

3. 短路电流应力

在直流输电换流器中，阀两端发生短路故障时产生的电流应力对于晶闸管来说是最具决定性的。短路电流的幅值和持续周期以及电流过后的恢复时间和阻断电压是最重要的参数。对于故障引起的短路电流，换流阀应具有如下的承受能力：

（1）带后续闭锁的短路电流承受能力。对于运行中的任何故障所造成的最大短路电流，阀应具备承受一个完全偏置的不对称电流波的能力，并在此之后立即出现的最大工频过电压作用下，阀应保持完全闭锁，从而避免阀的损坏以及阀特性的永久改变。计算过电压所采用的交流系统短路水平与计算过电流时所采用的交流系统短路水平相同。假定故障前所有阀的状态应为：

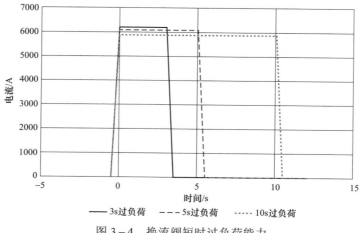

图 3－4　换流阀短时过负荷能力

1）所有的冗余晶闸管级都已损坏。

2）在系统要求的各种运行工况下，冷却介质达到最大允许温度时，晶闸管器件的结温达到最大值。

故障电流的计算，包括但不限于阀桥短路故障，换流变压器阀侧星形绕组中性点对地故障。

当作为整流器运行的晶闸管阀两端发生短路故障时，在晶闸管阀上产生的短路电流应力最高，虽然发生这种故障的可能性较低，但是在设计时必须以此作为设计依据。

当换流器上发生短路故障时，短路保护功能将发挥作用，这时，短路故障过后，晶闸管阀将承受一个阻断电压，也就是阀侧绕组的工频相－相电压。晶闸管在承受短路电流之后，由于结温的升高，会导致晶闸管的阻断电压耐受能力降低。

在忽略触发角变化影响和换流变压器相对阻性压降的前提下，直流最大短路电流值为

$$\hat{I}_{kmax} = \frac{2I_{dn}}{u_k + \dfrac{S_n}{S_{kmax}}} \tag{3－6}$$

式中：I_{dn} 为额定直流电流；S_n 为额定换流变压器视在功率（6 脉动）；S_{kmax} 为系统最大短路功率；u_k 为换流变压器最小短路阻抗。

图 3－5 为某工程换流阀承受 1 个周波短路电流时的晶闸管结温曲线。

（2）不带后续闭锁的短路电流承受能力。对于运行中任何故障所造成的最大短路电流，若在过电流之后不要求阀闭锁任何正向电压，阀应具有承受数量为 3 个完全不对称电流波的能力，电流波的数量应取决于换流变压器所对应的断路器的开断时间。故障前阀的状态与带后续闭锁的单周波短路电流中所规定的相同。

在短路电流波之间，阀上将出现反向交流恢复电压，其幅值与最大短路过电流同时出现的最大暂时工频过电压相同。在这种情况下，阀能维持导通。

图 3－6 为某工程换流阀承受 3 个周波短路电流时的晶闸管结温曲线。

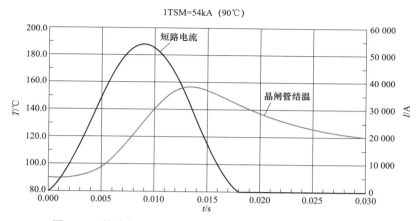

图 3－5　换流阀承受 1 个周波短路电流时的晶闸管结温曲线

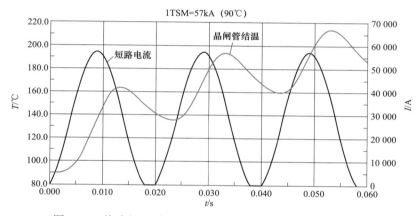

图 3－6　换流阀承受 3 个周波短路电流时的晶闸管结温曲线

在换流阀承受单周波短路电流后需承受后续的闭锁电压，在 3 个周波短路电流的倒数第二个短路电流峰波后有重新施加的工频正向电压峰值，需要核算这两种情况下晶闸管的耐压能力，图 3－7 为某工程晶闸管阻断电压与结温关系曲线，需要根据这个曲线核算在短路电流时换流阀承受正反向电压的能力。

3.3.2　换流阀大角度运行能力

换流阀在大角度运行时，直流电压降低，触发角 α 和关断角 γ 增大，将引起换流器消耗的无功功率增加，换流阀内各电气元器件承受的电压应力增大，阻尼回路的损耗增加，阀避雷器转移能量增加等情况。

理论上，阀部件可以在 90°触发角和额定电流下连续运行，但对阀的冷却系统提出了更高的运行要求，为了实现经济设计，阀冷却系统具有规定的运行条件，而且最大允许运行角度还要受到其他换流站设备的限制。

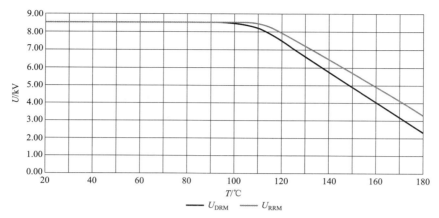

图 3－7　晶闸管阻断电压与结温关系曲线

3.3.3　换流阀损耗

换流阀损耗主要包括晶闸管导通损耗、晶闸管开通损耗、其他通态损耗、与直流电压有关的损耗、阻尼损耗、晶闸管关断损耗、阀电抗器损耗以及阀冷却系统损耗。

1. 晶闸管导通损耗

晶闸管导通损耗是因负荷电流通过晶闸管所产生的损耗，是导通电流和相应的理想通态电压的乘积，与晶闸管的通态压降和通态电阻有关，是主要的损耗。

$$P_{V1} = \frac{NI_d}{3}\left[U_{T0} + r_T I_d\left(\frac{2\pi - \mu}{2\pi}\right)\right] \tag{3-7}$$

式中：N 为单阀晶闸管数量，个；U_{T0} 为晶闸管门槛电压，V；r_T 为晶闸管斜率电阻，$m\Omega$。

2. 晶闸管开通损耗

晶闸管开通损耗就是晶闸管开通时电流在扩散期间所产生的附加损耗，它是在晶闸管硅片全导通的过程中产生的，是晶闸管实际通态电压和理想通态电压的差值与电流的乘积。

$$P_{V2} = N_t f \int_0^{t_1} [u_B(t) - u_A(t)] i(t)\mathrm{d}t \tag{3-8}$$

式中：t_1 为导通时间，s，$t_1 = \dfrac{\frac{2\pi}{3} + \mu}{2\pi f}$；$u_B(t)$ 为晶闸管通态电压降瞬时值，V，它由在规定的结温下，通以梯形电流脉冲测量得到，该电流脉冲有正确的幅值和换相角；$u_A(t)$ 为计算得到的平均晶闸管通态电压降瞬时值，V，在相同的结温和电流脉冲下计算，但在导通过程中已建立了全导通，用代表通态特性的 U_0 和 R_0 推导得出；$i(t)$ 为流过晶闸管的瞬时电流，A。

晶闸管考虑扩散的通态电压的测量值应通过阀的周期性触发和关断的型式试验得到［见《高压直流输电晶闸管　第 1 部分：电气试验》（GB/T 20990.1—2007）］，或者对大量晶闸管进行试验得到。

3. 其他通态损耗

其他通态损耗是晶闸管阀主回路中除了晶闸管，由于其他元器件，如母排、接头、散热

器、阀电抗器绕组等产生的损耗

$$P_{V3} = \frac{R_s I_d^2}{3}\left(\frac{2\pi - \mu}{2\pi}\right) \tag{3-9}$$

式中：R_s 为除去晶闸管外阀两端之间的直流电阻，Ω，主要是阀电抗器线圈直流电阻，R_s 为从典型阀部件直接测量的电阻，Ω。

4. 与直流电压有关的损耗

与直流电压相关的损耗是阀在不导通期间，施加在阀两端的电压，在阀的并联电阻 R_{DC} 上产生的损耗。它包括晶闸管断态电阻及反向漏电流、直流均压电阻、与晶闸管并联的其他阻性电路和元器件、冷却管道内冷却介质的电阻、结构的电阻效应、光导纤维等产生的损耗。

$$P_{V4\_R} = \frac{U_{V0}^2}{2\pi R_{DC}}\left\{\frac{4\pi}{3} + \frac{\sqrt{3}}{4}\left[\cos 2\alpha + \cos(2\alpha + 2\mu)\right] - \frac{7}{8}\left[\sin 2\alpha - \sin(2\alpha + 2\mu) + 2\mu\right]\right\} \tag{3-10}$$

式中，R_{DC} 为整个阀的有效断态直流电阻，Ω，通过在阀两端施加直流电压，测量流过的电流得到。

5. 阻尼损耗

阻尼回路的损耗包括阻尼电路中的阻性和容性损耗。阻性损耗是阀处于非导通期间时，由阻性元器件所产生的。容性损耗是由于阀处于非导通期间时，阀接线端子之间电压发生变化，从而造成了电路电容存储能量发生变化而产生的。

（1）低频阻尼电路损耗。该损耗指阀在关断期间，加在阀两端的交流电压经阻尼电容耦合到阻尼电阻上所产生的损耗。

$$P_{V5-R} = 2\pi f^2 U_{V0}^2 C_{AC}^2 R_{AC}\left[\frac{4\pi}{3} - \frac{\sqrt{3}}{2} - \frac{7\mu}{4} + \frac{7}{8}\sin 2\alpha + \frac{7}{8}\sin(2\alpha + 2\mu)\right] \tag{3-11}$$

式中：C_{AC} 为阀两端有效阻尼电容值；R_{AC} 为与 C_{AC} 串联的有效阻尼电阻值。

（2）高频阻尼电路损耗。该损耗指阀关断期间加在阀上的电压波形阶跃变化时，电容器储能发生变化而产生的损耗。

$$P_{V6} = \frac{U_{V0}^2 f C_{HF} \times 7}{4}\left[\sin^2\alpha + \sin^2(\alpha + \mu)\right] \tag{3-12}$$

式中，C_{HF} 为阀两端的所有容性均压网络支路有效总电容加上连接在阀端的外部设备的全部杂散电容以及阀对地或对附近物体的杂散电容。

6. 晶闸管关断损耗

这部分损耗是当晶闸管关断时，其中的反向电流在晶闸管和阻尼电阻中产生的额外损耗。

$$P_{V7\_R} = Q_{rr} f \times \sqrt{2} U_{V0} \sin(\alpha + \mu + 2\pi f t_0) \tag{3-13}$$

其中

$$t_0 = \sqrt{\frac{Q_{rr}}{(di/dt)_{i=0}}} \tag{3-14}$$

式中，Q_{rr} 的值是反向电流的全积分，可通过相当数量的晶闸管测量得到。若有必要，还要通过结温$(\mathrm{d}i/\mathrm{d}t)_{i=0}$和对应运行状况的反向恢复电压等进行校正。重要的一点是导通电流的幅值和相位应足够大，以保证晶闸管完全导通。

7. 阀电抗器损耗

电抗器损耗由三部分组成：绕组的阻性损耗、电抗器铁心的涡流损耗和磁滞损耗。如果在绕组上采用额外的阻尼电路，也将产生损耗。

电抗器的绕组损耗和电抗器铁心的涡流损耗（及电抗器的阻尼电阻损耗）已经在其他导通损耗和阻尼损耗中计及。

磁滞损耗应该按下面的方法计算。铁心材料的直流磁化曲线将用于确定磁滞回线，这是阀电抗器设计的常规经验。该曲线由磁化力建立，磁滞回线所包围的面积可以确定特征磁滞损耗（J/kg），并应用于电抗器设计。

$$P_{V8\_R} = n_{L}Mkf \qquad (3-15)$$

式中：n_L 为单阀中电抗器铁心的个数；M 为每个铁心的质量，kg；k 为磁滞特性损耗，J/kg。

8. 阀冷却系统损耗

与阀冷设备相关，由阀冷系统产生并传递到冷却水中的损耗。

9. 阀总损耗

每个阀的运行总损耗由上述的各部分损耗求和得到。

$$P_{VT} = \sum_{i=1}^{8} P_{Vi} \qquad (3-16)$$

换流阀的损耗计算需在 0，0.25，0.5，0.75，1.0，1.1 和 1.2（p.u.）几种功率水平下分别进行，得到换流阀总损耗见表 3-2。

表 3-2   换 流 阀 总 损 耗 表

项目	标幺负荷（p.u.）						
	0	0.25	0.5	0.75	1.0	1.1	1.2
（1）晶闸管导通损耗							
（2）晶闸管开通损耗							
（3）其他通态损耗							
（4）与直流电压有关的损耗							
（5）阻尼损耗							
1）低频阻尼电路损耗							
2）高频阻尼电路损耗							
（6）晶闸管关断损耗							
（7）阀电抗器损耗							
（8）阀冷却系统损耗							
（9）阀总损耗							

3.3.4 关键元器件热应力分析

阀组件的热应力，按照晶闸管最高结温参数考虑。

晶闸管的结温计算如下：

连续运行时，有

$$T_{j} = R_{thja} P_{Tcon} + T_{mean} \qquad (3-17)$$

短时过载时，有

$$T_{j} = Z_{thja}(t_{ov})\Delta P + R_{thja} P_{Tcon} + T_{mean} \qquad (3-18)$$

式中：T_{j} 为晶闸管结温，℃；t_{ov} 为过载时间范围，s；Z_{thja} 为瞬态热阻（与时间有关），K/kW；R_{thja} 为热阻 K/kW；P_{Tcon} 为连续运行时晶闸管的损耗，kW；ΔP 为短时过载时晶闸管的损耗和 P_{Tcon} 的差值，kW；T_{mean} 为冷却水的平均温度，℃。

3s 过载会在 2h 连续过载运行任何时刻出现。结温应按把连续过载作为预负荷来计算。

损耗和结温计算按照下列条件：

（1）扣除冗余晶闸管，单阀最小串联晶闸管数。

（2）换流变压器阀侧最大稳态空载线电压有效值。

（3）换流变压器漏抗最小。

（4）进阀温度高报警设定值。

（5）散热器冷却支路最小流量。

因为暂态故障电流持续时间短，在换流阀承受故障电流时，可以认为晶闸管是绝热的，因此换流阀耐受故障电流能力与晶闸管性能和故障起始时刻晶闸管结温有关。换流阀设计时，在所有的稳态和短时过负荷运行条件下（包括额定负载、2h 过载、3s 过载）、最恶劣的环境条件下，晶闸管的最高结温不超过允许值 90℃。

3.3.5 换流阀冷却参数设计

设计换流阀冷却系统，需要确定以下关键参数：

（1）换流阀损耗。

（2）换流阀冷却介质流量。

（3）换流阀冷却介质进阀温度。

换流阀损耗的确定方法已在 3.3.3 节进行过详细论述。下面说明换流阀进阀温度和冷却介质流量两个关键参数的设计。

1. 进阀温度

进阀温度的确定由稳态时的晶闸管结温决定，晶闸管结温由式（3-19）确定。

$$T_{vj} = \frac{T_{in} + T_{out}}{2} + P_{thy}(R_{thy} + R_{s}) \qquad (3-19)$$

式中：T_{vj} 为晶闸管结温，℃；T_{in} 为冷却介质进阀温度，℃；T_{out} 为冷却介质出阀温度，℃；P_{thy} 为晶闸管损耗，kW；R_{thy} 为晶闸管热阻，K/kW；R_{s} 为散热器热阻，K/kW。

一般的晶闸管在 2h 过负荷时，晶闸管结温不超过 90℃，因此，进阀温度由式（3-20）确定。

$$T_{in} = T_{vj} - \frac{\Delta T}{2} - P_{thy2h}(R_{thy} + R_s) \qquad (3-20)$$

式中：T_{vj} 为晶闸管最大允许结温，℃，一般取 90℃；T_{in} 为冷却介质进阀温度，℃；ΔT 为冷却介质进、出阀温差，K，一般为 5～14K；P_{thy2h} 为 2h 过负荷时晶闸管损耗，kW；R_{thy} 为晶闸管热阻，K/kW；R_s 为散热器热阻，K/kW。

同时进阀温度的确定要考虑阀厅内管道及换流阀凝露，进阀温度不能低于在阀厅最高湿度条件下的露点温度。

2. 冷却介质流量

换流阀冷却介质流量由换流阀损耗与换流阀冷却介质进、出阀温度差决定，由式（3-21）计算。

$$Q = \frac{P_v}{c_w \rho \Delta T} \qquad (3-21)$$

式中：Q 为冷却介质流量，L/s；c_w 为冷却介质比热容，J/(kg·K)；ΔT 为进、出阀温差，K；ρ 为冷却介质密度，kg/L；P_v 为换流阀损耗，kW。

3.4 换流阀结构设计

换流阀结构设计应综合考虑换流站的实际运行工况、换流站址的地震条件、海拔、工程额定电压、额定电流（或输送功率）、晶闸管选型、阻尼回路元器件选型、换流阀的电连接形式等关键指标，同时还要综合考虑换流阀阀厅占地面积、换流阀抗震能力、换流阀冷却性能、换流阀运行可靠性及运维检修便利性等关键因素，借助 3D 软件进行结构建模并进行仿真模拟分析计算，选出最优结构设计方案。

换流阀的机械结构设计基本原则为可靠性高、防火性高、抗震性能强、冷却效果好、结构紧凑、互换性灵活，便于现场快速简便安装和维护。

换流阀结构设计应使用简单化和标准化的方法，实现换流阀重量轻、结构简单和易于安装和维护。换流阀结构设计首先要考虑地震的特殊要求，使换流阀结构对所有动态和静态条件都有良好的承受力。同时，换流阀结构设计还应遵循最少量的电连接和水路连接规则，以保证换流阀的结构牢固和运行可靠。下面以一种换流阀结构形式为例进行介绍。

3.4.1 阀塔结构设计

换流阀阀塔设计主要是要从结构上适配换流阀晶闸管组件、饱和电抗器组件以及阀避雷器等，并为这些电气单元提供相应的电气、控制、冷却、屏蔽等连接或通道。

1. 悬吊结构

阀塔悬吊结构主要包括顶部绝缘子和垂直安装在阀塔内的铝框架中的玻璃纤维增强树脂棒。顶部悬吊绝缘子主要用于连接阀塔顶部的铝框架，玻璃纤维增强树脂棒主要是将各个阀层串联起来，玻璃纤维增强树脂棒具有足够的强度和韧性，而且是全螺纹的，易于将阀塔中的支架固定在需要安装电气单元的地方。

这种设计，确保阀体具有足够的柔韧性，同时通过调整固定螺母之间的间距，保证阀层之间必要的绝缘距离。

2. 阀层

在阀结构设计中，为了便于检修和安装，采用了独特的阀层设计，即将 2 个晶闸管阀组件布置成矩形，每个晶闸管阀组件两端对称放置两个电抗器组件。每个阀层中 2 个晶闸管阀组件与 4 个电抗器组件串联，晶闸管阀层的布置图如图 3−8 所示。

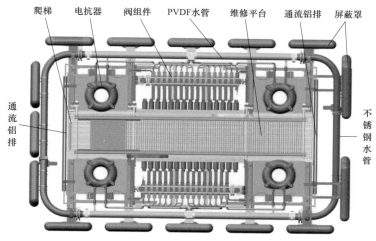

图 3−8　晶闸管阀层布置图

阀层采用错层布置，在满足必要电气绝缘要求的前提下，可以使阀塔结构更加紧凑，而且最大程度地增加了阀塔检修空间，降低了现场检修劳动强度。

在阀层的中间，设计了绝缘材料制成的维修平台，在阀塔远离避雷器侧的铝排上安装了爬梯，借助于爬梯，维修人员可以很方便地到维修平台上对任何一个阀层进行维护，维修平台布置如图 3−9 所示。

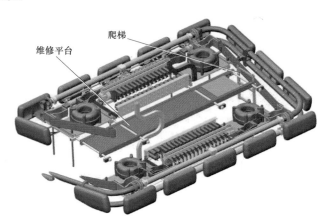

图 3−9　维修平台布置图

阀组件和电抗器之间的阀塔通流铝排连接点采用双蝶形弹簧垫圈防松设计，有效避免了振动造成连接点松动而引起的发热等问题。

3. 避雷器布置

阀避雷器采用悬吊式结构，每个单阀并联 1 台阀避雷器，通过母线将其连入相应的阀两端。

3.4.2 阀组件结构设计

晶闸管组件由 13～15 个晶闸管级串联而成，晶闸管位于两个铝散热器之间，晶闸管辅助电气元器件紧凑布置在阀组件内，晶闸管组件示意图如图 3-10 所示。

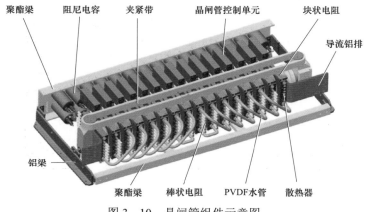

图 3-10 晶闸管组件示意图

为了满足散热和电气连接的要求，达到规定的夹紧力，晶闸管和散热器通过采用特殊设计的夹紧装置压接在一起，夹紧装置由两根玻璃纤维增强环氧树脂夹紧带、蝶形弹簧单元及两个钢质端板组成，晶闸管和散热器组装件内的夹紧装置如图 3-11 所示。

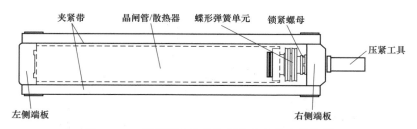

图 3-11 晶闸管和散热器组装件内的夹紧装置

为了消除晶闸管/散热器组件上温度变化产生的应力，在一端安装了一组蝶形弹簧单元。通过压紧工具和夹紧装置可以得到晶闸管/散热器组件上所需的压紧力，压接结构简单，操作方便，压接可靠。

液压压紧工具同时还可以用来更换故障晶闸管，逐步增加压紧力，直到锁紧螺母可以松动，将锁紧螺母旋至螺纹根部，缓慢泄压，从两个散热器之间可以取出故障晶闸管。

　　每个晶闸管级并联一个阻尼回路，阻尼回路由电阻和电容串联而成，电阻插装在散热器内，可以保证充分冷却。阻尼回路的电容和电阻分别用螺栓紧固，可以很方便对其中任一电容和电阻进行拆卸和安装。

　　每个晶闸管级配一个晶闸管控制单元，用于控制和保护晶闸管。晶闸管控制单元安装在晶闸管阴极侧的散热器上。晶闸管控制单元电路板安装在一个金属屏蔽盒内，可防止电磁干扰，同时也可以防潮、防水、防尘。金属铝屏蔽盒用两个螺栓固定在散热器上，不仅可以为电路板散热，而且拆卸和安装也十分方便。

　　晶闸管组件各元器件之间应留有足够的间距且固定稳固。各元器件之间的导线布置按特定的方向定位和紧固，确保设备运行时导线不因振动而触碰其他设备，如冷却水管等。固定导线的扎带和导线固定座均采用耐老化、耐高低温和阻燃等级高的优质材料制成，满足设备使用年限要求。

　　晶闸管组件上各元器件、导线等连接固定螺钉均采用蝶形弹簧防松设计，可以有效避免振动造成的连接点松动。

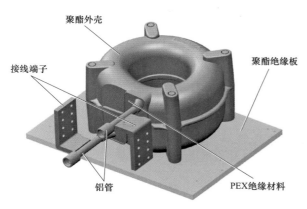

图 3–12　电抗器组件示意图

　　晶闸管组件内的全部电气元器件，包括晶闸管和电阻，在不断开水路连接的情况下，可以进行更换。

　　电抗器组件主要包含电抗器、固定电抗器的聚酯绝缘板等。基于换流阀结构设计的基本原则，要求电抗器组件的设计连接简单、牢靠。设计专用的吊装工具，可以十分方便地吊装电抗器，图 3–12 为电抗器组件示意图。

　　电抗器本体包括聚酯外壳、PEX 软质绝缘套、铝管线圈、铁心以及内部填充 PUR 材料。线圈由一根完整的空心铝管绕制而成，不存在断点，此铝管水路负责整个电抗器的冷却，无其他附属水路管道，铝管内径达 20mm，冷却效率高且不易堵塞。

　　电抗器组件只有进出两个水口，而且进出水口为电抗器整体线圈的两端，通过铝合金螺纹与两根硬质 PVDF 水管相连接，两根水管相互间和其他元器件均不存在接触情况，水管在空间相对位置固定不变，不存在由于振动造成和其他元器件接触导致磨损漏水情况。水管固定采用铜质螺母进行紧固，密封十分可靠。

3.4.3　换流阀水路设计

　　1. 换流阀组件水路

　　换流阀组件水路主要有三种形式：一是串联水路；二是并联水路；三是串并联水路。

　　并联水路的换流阀组件水路示意图如图 3–13a 所示，晶闸管级之间的冷却水路为并联，其优点是晶闸管散热均匀；缺点是支路水管细，易堵塞，且水路如果布置不当，在最末端支路易造成流量不足，而影响散热。

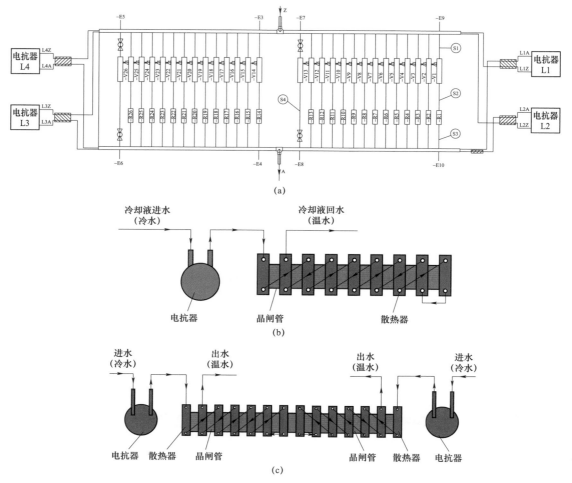

图 3-13 换流阀组件水路示意图

（a）并联水路阀组件水路示意图；（b）串联水路阀组件水路示意图；（c）串并联水路阀组件水路示意图

串联水路的阀组件水路示意图如图 3-13b 所示，阀组件设计中晶闸管采用两面冷却的方式，晶闸管的两边各有一个铝散热器，由于晶闸管一侧散热器的进水是凉冷却水，而另一侧散热器的进水是温冷却水，因此每个晶闸管通过平均水温的冷却水冷却。串联水路的优点是支路水管较粗，不易堵塞，且同一组件内各散热器流量一致；缺点是阀组件内晶闸管散热不一致，结温不同。

串并联水路的阀组件水路示意图如图 3-13c 所示，其冷却方式与串联水路一致，因阀组件串联晶闸管数量多，因此将阀组件分为两个对称的串联水路，两个串联水路之间为并联，该水路结构拓展了串联水路的应用，将串并联水路应用于大组件中。

2. 阀塔水路

换流阀与冷却系统的接口位于每个阀塔顶部水管接口法兰处。进水管和出水管沿着阀塔螺旋向下。水管分制成段，管内冷却介质的电位通过铂电极进行控制。图 3-14 为双重阀阀塔内水路水流向示意图。

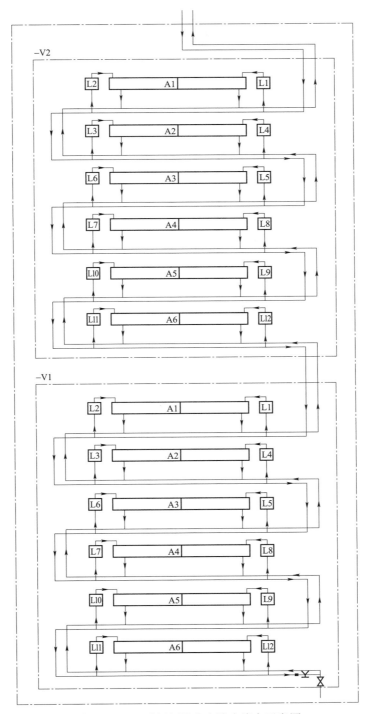

图 3－14　双重阀阀塔内水路水流向示意图

阀塔水路设计与安装时应注意以下要点：

（1）需选取耐腐蚀的材料，与冷却介质接触的材料是 PVDF、铝、EPDM 橡胶垫圈、铂和不锈钢。

（2）阀塔的主进水管和主出水管需分段焊接。

（3）水管间连接采用法兰，易于阀的维护。

（4）每个阀层的水管内设置铂电极，用以控制冷却介质的电位，不会受电解腐蚀的影响。

3.4.4 换流阀抗震设计

地震是伴随地球内部运动而发生的自然现象，在人类所经历的各类自然灾害中，强烈地震是对生命线工程威胁最大的灾害之一，作为生命线工程的重要组成部分，电力系统一旦遭到破坏而失效，就会造成严重的灾害和难以估量的经济损失，电力中断不仅严重影响正常的生产、生活和抗震救灾工作，而且有可能引发火灾等次生灾害，严重威胁人们的生命和财产安全。

目前我国已针对特高压支柱类电气设备的抗震能力进行了系统研究，形成了集评估方法、试验方法及安全性能评价标准等于一体的特高压高抗回路支柱类设备抗震评估体系。但目前的研究主要针对交流户外电气设备，换流阀设备地震作用下具有较高的柔性，设备间的连接方式也与交流设备有明显差异。国内缺乏对换流阀设备抗震性能的系统研究，未有成熟的针对此类设备的抗震设计技术。从国内外电力工程实践看，提升高烈度地震区换流阀设备的抗震能力已经是当前和今后一段时间的重要发展趋势。

1. 国内外研究现状

在复合材料电气设备力学性能和抗震性能研究方面，AnshelJ Shiff 于 2004 年进行了空心复合材料绝缘子设备的系列试验，一些试验后的建议反应在 IEEE Std 693—2005 规范的修编中。IEEE Std 693—1997 规范（IEEE Std 693—2005 规范之前的版本）中试验步骤为先按 50%SML 进行静力试验，之后进行振动台试验。AnshelJ Shiff 的研究希望通过 50%峰值强度的地震台试验（0.5g）和 100%峰值强度的地震台试验（1.0g）的比较，分析这种按一半强度进行的试验方法的正确性。并通过在振动台试验前后测试结构的阻尼和振动试验前后均进行的静载试验来分析复合绝缘子在地震中的损伤问题。国外的抗震研究成果主要集中于较低电压等级变电站，且针对直流设备和换流变压器回路的抗震研究较少。

国内研究工作者，如四川省电力公司、清华大学、华北电力大学、中国电气科学研究院、各设备厂家的专家学者等，从 20 世纪 80 年代初大力开展了电气设备用复合材料疲劳性能研究，并对复合绝缘子的力学性能或电气性能进行了研究，均取得了一定成果。国内研究机构和学者关于电气设备的抗震试验和理论分析也展开了大量研究，包括静力试验、动力试验、减震设计分析等，取得了显著的成果。尽管这些成果大多局限于较低电压等级的电气设备研究中，但为换流站内电气设备的抗震研究提供了参照。

2. 抗震仿真分析方法

根据互连设备的结构特点，选用仿真软件建立结构数值模型，并选择合理的单元类型模拟设备，使所建立的数值模型尽量接近真实状况。在输变电结构的科学研究与实际工程应用中，数值模拟仿真技术发挥着举足轻重的作用。在因各种原因不具备实际建筑结构模型试验条件时，数值模拟仿真分析成为检查其力学行为和预测结构大致破坏情况的不可或缺的必要过程，甚至即便在有条件进行结构模型实验时，数值模拟仿真分析也是帮助进行了解结构特性并对结构设计进行指导的重要工具和手段。

数值模型建立的合理与否直接关系到分析结果的准确性，特别对于电力设备，在建立数值模型时，应尽可能地利用多种单元模拟结构形状，力求真实、准确和直观地反映结构自身的力学行为。

换流阀设备常用抗震仿真分析方法主要包括时程分析法和反应谱分析法。抗震仿真分析常用的标准主要有《特高压瓷绝缘电气设备抗震设计及减震装置安装与维护技术规程》（Q/GDW 11132—2013）、《电力设施抗震设计规范》（GB 50260—2013）、《变电站抗震设计推荐规范》（IEEE Std 693—2005）。

（1）时程分析法。所谓时程分析法，就是根据材料及构件的弹性（或非弹性）性能对结构动力方程做积分求解的方法。这种方法可以考虑地震振动的振幅、频谱和持时三个要素，也可以考虑地震环境和场地条件的影响；能够对结构进行非线性分析，还可以计算能量损耗和损伤等，可以说时程分析是一个真正的动力分析方法。它通过动力方法计算得到时程波作用时的各时刻各个质点的位移、速度、加速度以及各构件的内力，反映地面运动的方向、特性及持续作用的影响。

在采用时程分析法对结构进行地震反应计算时，需要输入地震地面加速度信息。目前在抗震设计中主要是利用实际强震记录和人工模拟地震波进行输入。归纳起来，选择输入地震波时应当考虑以下几方面的因素，即峰值、频谱特性、地震动持时以及地震波数量。

（2）反应谱分析法。由于时程分析的特殊性和操作上的难度，因此反应谱理论仍是现阶段抗震设计最基本理论，模态分析是进行反应谱分析的基础。

反应谱分析法是抗震分析最基本的方法，其基本原理是：当地震的卓越频率和结构的固有频率相一致时，结构物的动力反应就会变大。不同周期单自由度振子在某一地震记录激励下，可得到体系周期与绝对加速度、相对速度和相对位移的最大反应量之间的关系曲线，即为加速度反应谱、速度反应谱和位移反应谱。此种方法概念简单，将动力问题转变为拟静力问题，容易为工程技术人员所接受。

3. 换流阀抗震仿真分析流程

（1）抗震输入条件。根据换流阀设备所处站址的地震烈度及设防要求，依据相关标准合理地选择反应谱值拟合方法及相关地质条件选择合适输入参数，从而确定地面水平加速度、地面垂直加速度和阀塔结构阻尼比，将构造好的数值曲线输入到后面的计算中。采用时程分析法分析时，一般至少选用三条时程波，输入加速度和时间的曲线图。采用反应谱分析法分析时，需要输入加速度和频率的反应谱。

（2）有限元模型处理。在换流阀阀塔的建模中应本着最大限度地模拟实际结构和合理简化的思想。换流阀阀塔的悬吊或支撑是主要承重结构，而换流阀组件是集成化的模块结构，故在建模中换流阀组件可简化为强度板壳或质量点。在建模中采用单元网格的控制技术以便合理地划分单元网格，并考虑质量分布问题和单元约束集问题。建模要综合考虑阀塔内部连接的等效简化，对关键部件的网格划分及约束添加均要满足实际情况。换流阀既可通过柔性铰链单元连接，也可以通过分析软件的参数及分析单元进行等效模拟。

（3）静力分析。静力分析是用来计算结构在固定不变载荷作用下的响应，如位移、应力、应变等，也就是探讨结构受到外力后变形、应力、应变的大小，一般情况下均考虑换流阀在自身重力作用下的力学响应。

（4）模态分析。模态分析是抗震分析的主要内容之一。为了便于求解结果的处理，对模态分析做单独的求解。在模态分析的求解中，考虑结构的大变形效应和预应力效果，采用部分求解的方法。模态分析的步骤分为预应力计算、模态初步计算和模态的扩展计算三步。通过模态分析，可以得到换流阀各个方向上起主导作用的固有频率和主要位移振型、模态参与质量等主要信息，为换流阀及阀厅设计提供技术依据。

（5）反应谱分析。地震作用反应谱分析本质上是一种拟动力分析，它首先使用动力法计算质点地震响应，并使用统计的方法形成反应谱曲线，然后使用静力法进行结构分析。但它并不是结构真实的动力响应分析，只是对于结构动力响应最大值进行估算的近似方法，在线弹性范围内，反应谱分析法被认为是高效而且合理的方法。反应谱分为加速度反应谱、速度反应谱和位移反应谱。基于不同周期结构相应峰值的大小，可以绘制结构速度及加速度的反应谱曲线。一般情况下，随着周期的延长，位移反应谱为上升曲线，速度反应谱为平直曲线，加速度反应谱为下降曲线。目前结构设计主要依据加速度反应谱。

在抗震分析的求解中，考虑换流阀阀塔结构的预应力效果，求解步骤包括预应力计算、模态计算、反应谱计算、模态扩展计算和反应谱合并计算。为了多角度地评估换流阀阀塔的抗震水平，一般采用多工况的组合求解方法，并对换流阀阀塔抗震的最严重情况做详细的分析，包括水平 X 向地震激励和竖直 Z 向地震激励的组合工况、水平 Y 向地震激励和竖直 Z 向地震激励的组合工况。

通过抗震分析可以在最严重的工况的组合情况下，从位移、加速度和关键承重部件应力等方面更好地评估换流阀阀塔的抗震水平。

（6）时程法分析。时程分析法是对结构物的运动微分方程直接进行逐步积分求解的一种动力分析方法。由时程分析可得到各个质点随时间变化的位移、速度和加速度动力反应，进而计算构件内力和变形的时程变化。时程分析法在数学上称为逐步积分法，抗震设计中也称为"动态设计"。由结构基本运动方程输入地面加速度记录进行积分求解，以求得整个时间历程的地震反应。此法输入以结构所在场地相应的地震波作为地震作用，由初始状态开始，一步一步地逐步积分，直至地震作用终了。

时程分析法是对工程的基本运动方程，输入对应于工程场地的若干条地震加速度记录或人工加速度时程曲线，通过积分运算求得在地面加速度随时间变化期间结构的内力和变形状态随时间变化的全过程，并以此进行结构构件的截面抗震承载力验算和变形验算。

4. 地震模拟振动台试验

地震模拟振动台试验是真正意义上的地震模拟试验，在台面上可以真实地施加各种形式的地震波，换流阀在地震波的作用下其力学响应可以被真实地体现出来，因此，地震模拟振动台试验是目前换流阀抗震性能最直接反映也是最准确测量的一种试验方法。

由于换流阀高度尺寸太大，一般在 10m 以上，重量一般为 10t 左右，目前没有试验机构具备换流阀整体进行地震模拟振动台试验，有个别机构也尝试过进行换流阀缩比模型试验，积累了一定的试验经验，但试品等效性有待进一步深入研究。对换流阀核心组部件——晶闸管阀组件进行地震模拟振动台试验是目前普遍接受的一种试验方法，可以更加直观地得到晶闸管阀组件在真实地震波作用下的力学响应，并可以直观地评估晶闸管阀组件的力学性能和电气性能。

3.5　换流阀防火设计

换流阀从电气设计、材料选择和结构设计等多方面采用了提高换流阀防火性能的措施。

3.5.1　换流阀电气防火选型

载流回路设计时，留有足够的安全系数，确保阀在运行条件下都不会产生过热情况；在保证大的安全裕度的基础上，尽可能使用最少的电气连接。电气连接采用螺栓或焊接连接，确保连接固定、可靠，避免产生过热或电弧。

阻尼电容使用 SF_6 作为绝缘介质，消除了起火的可能性；阻尼电阻插入散热器内，能够及时带走运行中产生的热量，具有较好的防火性能；大电流接头采用了焊接或螺钉连接（减少接触热阻），并且连接部位涂有适量导电脂，从而避免产生接触过热；水路尽量减少水管接头的数量，确保冷却系统安全可靠运行，能够避免因漏水、冷却水含杂质以及冷却系统腐蚀等原因导致的电弧和火灾。

3.5.2　换流阀结构防火措施

换流阀结构在满足结构强度和电气绝缘的前提下，应充分考虑换流阀的防火性能、阀塔材料的阻燃性能、阀塔的防漏特性、紧固件的防松措施。主要从材料选型、防火结构设计、接头防松设计等处着手，减少换流阀的起火风险，提升换流阀的运行可靠性。换流阀失火的主要原因如下：

（1）不牢固连接或高阻连接。

（2）阀元器件故障。

（3）晶闸管级连接故障。

（4）非阻燃或者阻燃特性不好的非金属材料。

换流阀结构防火设计在材料选择和机械设计方面采用了提高防火性能的措施。

1. 换流阀材料防火选型

换流阀材料选择时，应充分考虑材料的阻燃性能，采用无油化设计。阀内的非金属材料都应是阻燃的，并具有自熄灭性能。

（1）换流阀材料选型基本原则。

1）所有绝缘材料防火等级满足 UL94 V−0 阻燃要求。

2）绝缘材料均无卤化阻燃设计，避免火灾后引起次生灾害。

（2）材料防火选型。

1）单元阀组件防火材料选型。阀组件主要包括组件框架、晶闸管阀段、阻尼回路、晶闸管控制电子设备和冷却回路。

① 组件框架主要由铝合金边框和不饱和聚酯纤维梁组成，不饱和聚酯纤维梁阻燃等级满足 UL94 V－0。

② 晶闸管阀段由晶闸管、散热器和压接系统组成。晶闸管由金属外壳和陶瓷封装，阻燃等级达到 UL94V－0 级。散热器为铝合金制造。压接系统由蝶形弹簧和夹紧带组成，夹紧带材质为玻璃钢增强纤维，阻燃等级满足 UL94 V－0。

③ 阻尼均压回路包含阻尼电容、阻尼电阻、直流均压电阻等。阻尼电容为干式电容器，采用金属铝壳体封装。阻尼电阻采用 304 不锈钢壳体，电阻两端只有少量的聚合绝缘材料。直流均压电阻采用阻燃等级满足 UL94 V－0 的电气绝缘聚酯材料。

④ 晶闸管控制单元采用阻燃等级满足 UL94 V－0 的板材和元器件。晶闸管控制单元封装在一个密闭的金属屏蔽盒内，既起到防水、防尘和防电磁干扰功能，又能隔离火源。

⑤ 冷却系统的水管采用阻燃等级满足 UL94 V－0 的 PVDF 材料。

2）电抗器组件防火选型。电抗器包括 PEX 绝缘材料、铝管线圈、铁心以及内部填充 PUR 材料。电抗器外壳由不饱和聚酯玻璃纤维组成，阻燃等级满足 UL94 V－0。电抗器安装采用了绝缘板固定，绝缘板阻燃等级满足 UL94 V－0，可以起到隔离防火的作用。

3）阀塔防火材料选型。晶闸管阀中的绝缘结构件，采用添加氢氧化铝等作为阻燃剂的新型复合材料。在不降低机械和电气特性的前提下，大大增强其耐火特性。

① 阀塔结构。阀塔机械支撑或悬吊结构件采用玻璃纤维增强树脂绝缘材料。晶闸管组件和电抗器组件通过铝横梁和螺栓连接，固定在绝缘螺杆上。玻璃纤维增强树脂绝缘螺杆材质阻燃等级满足 UL94 V－0。阀塔通过抗高温的复合绝缘子安装于阀厅内，绝缘子的伞裙采用硅橡胶，阻燃等级满足 UL94 V－0。

② 光纤。阀塔光纤敷设在密闭的光纤槽盒中。光纤槽盒和光纤护套采用阻燃等级满足 UL94 V－0 的材料。

③ 水管。阀塔主水管主要由不锈钢水管和 PVDF 水管组成，PVDF 的材料阻燃等级满足 UL94 V－0。

④ 维修平台和爬梯。为了便于维护，阀塔内安装了维修平台和爬梯，维修平台和爬梯材质为 SMC 材料压制而成，该材料阻燃等级满足 UL94 V－0。

2. 换流阀结构防火措施

为了减小火灾的风险，换流阀在设计上应尽可能消除引发火灾的任何因素，将火灾在阀内蔓延的可能性降至最低。防火设计应遵循以下原则：

阀内的非金属材料应为难燃的，并且具有自熄灭性能。

避免电子元器件超过其耐受的热应力。

减少电接触点的数量，所有电接触点使用螺栓紧固。

电容器等宜采用无油元器件。

阀内电子设备应使用安全可靠的难燃元器件，并有充分的裕度。必要时可用阻燃材料将电子设备完全隔离。

阀内的任何电气连接应可靠，并有充分的裕度，以避免产生过热和电弧。

减少绝缘部分的电动势差，避免在污染和潮湿环境下发生较大的泄漏电流。

在相邻的材料之间和光纤通道的节间应设置不燃的防火板，或采用其他措施，阻止火灾的蔓延。阀内的防火隔板布置要合理，避免由于隔板设置不当而导致阀内元器件过热。

冷却系统应安全可靠，避免因漏水、冷却水中含杂质以及冷却系统腐蚀等原因导致的电弧和火灾。

（1）换流阀防火机械设计措施。

1）电抗器组件设计防火隔板，可以避免火势纵向蔓延。

2）光纤槽内放置防火包，可以避免火势纵向蔓延。

3）绝缘材料均无卤化阻燃设计，可以避免火灾后引起次生灾害。

4）阀塔水路接头远离高压元件，以降低漏水引起火灾的风险。

5）所有接头有可靠防松设计，以避免接触不良引发起火。

（2）换流阀防火设计具体措施。

1）阀组件防火设计。阀组件主要包括晶闸管阀段、阻尼回路、晶闸管控制单元和冷却回路。

① 晶闸管阀段由晶闸管、散热器和压接系统组成。散热器为铝合金制造，压接系统由蝶形弹簧和夹紧带组成。

② 阻尼均压回路包含阻尼电容、阻尼电阻、直流均压电阻等。阻尼电容为干式电容器，内部以不易燃烧的气体（氮或 SF_6，或这些气体的混合气体）作为电介质，消除起火的可能性。阻尼电阻插入在散热器的孔内，冷却充分。直流均压电阻采用大功率的厚膜电阻器，运行时不出现过载。

③ 晶闸管控制单元板上面不布置高压元器件。通过阻尼回路取能，即使出现开路，晶闸管控制单元上只会出现很低的电压，因此不会产生电弧。

④ 冷却系统采用去离子水冷却方式。

2）电抗器组件防火设计。电抗器线圈由一根完整的空心铝管绕制而成，不存在断点，采用冷却水直接冷却。

3）阀塔防火设计。晶闸管阀中的绝缘结构件，采用添加氢氧化铝等作为阻燃剂的新型复合材料。力学和电气性能没有降低，而耐火特性得以增强。

① 阀塔防火设计。尽可能减少电气连接的数量。载流回路设计时，留有足够的安全系数，确保阀在任何运行条件下都不会产生过热。电气连接采用焊接或防松螺栓连接，确保连接牢固、可靠，避免产生过热和电弧。减少水管接头的数量，避免因漏水、冷却水含杂质以及冷却系统腐蚀等原因导致的电弧和火灾。阀层采用铝型材屏蔽罩设计，可以有效阻止火势的蔓延。

② 晶闸管组件和电抗器组件通过铝横梁和螺栓连接，固定在绝缘螺杆上。

③ 光纤防火设计。在每段光纤槽中，用防火袋沿着光缆走向放置于光纤槽中，在光纤槽的水平位置放置防火袋，防止光纤起火导致火势的蔓延。

④ 预防主通流回路的接头发热。提升结构材质性能，减小接头表面粗糙度并提高表面压紧力，低压接头载流密度，采用可靠的接头防松设计。

⑤ 减小接触端子载流密度和接触面接触电阻。

总之，换流阀结构设计在满足结构强度和电气绝缘性能的前提下，需充分考虑阀塔材料的阻燃性能、阀塔的防漏特性、紧固件的防松措施，采用优化设计，将换流阀着火的概率降到最低。

3.6 换流阀电气仿真技术

电气仿真对于换流阀的设计具有显著的指导意义，是检验和优化换流阀设计的关键手段。换流阀电气仿真主要包括电路仿真、电场仿真等。

3.6.1 换流阀电路仿真

对换流阀进行电路仿真的目的是验证其电气设计的可行性和合理性，以及其中元器件参数设计的正确性。

为研究换流阀在不同冲击电压下的电压分布特性，可基于电磁暂态工具搭建换流阀的电气应力仿真模型。晶闸管阀冲击电压特性仿真模型如图 3－15 所示。仿真模型包括冲击电压发生器、晶闸管级等效电路、饱和电抗器等效电路、阀避雷器、单阀的杂散电容、换流变压器的换相电感。

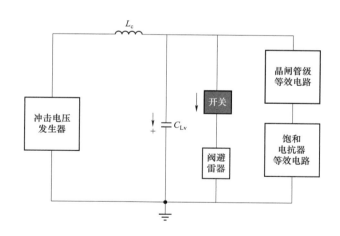

图 3－15　晶闸管阀冲击电压特性仿真模型

在图 3－15 中，L_c 为等效换流变压器换相电感，C_{Lv} 为单阀的等效杂散电容。

为研究换流阀的不同运行工况特性，搭建 6 脉动晶闸管换流器运行特性仿真模型如图 3－16 所示。仿真模型包括交流电压源、换流变压器、阀等效杂散电路、阀避雷器、晶闸管级等效电路、饱和电抗器等效电路等。

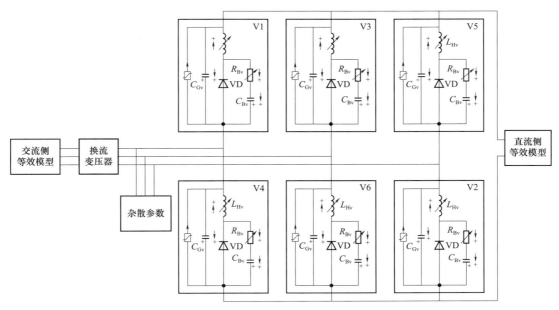

图 3－16　6 脉动晶闸管换流器阀运行特性仿真模型

在图 3－16 中，L_{Hv} 为等效饱和电感值，C_{Gv} 为单阀等效均压电容（如有），C_{Bv} 为单阀等效阻尼电容，R_{Bv} 为单阀等效阻尼电阻。

3.6.2　换流阀电场仿真

对换流阀进行电场仿真分析的目的是模拟换流阀真实的电场工作条件，在设计阶段较为全面地掌握换流阀的电场分布特性，有效地指导换流阀的电气设计、结构设计。特别是在选择和设计换流阀零部件的材料、尺寸、间距等参数时，由于换流阀结构的不规则性，难以通过理论计算得出换流阀内部及其周围的电场分布。而通过电场仿真，可以分析换流阀内部电位、电场分布，优化换流阀内各部件的合理布局，使其电场强度控制在允许的范围内。

1. 换流阀电场分析方法

换流阀电场仿真考虑换流阀最严苛的工况，加载对应电压激励进行计算。准静态电场的泛定方程的向量形式为

$$\nabla \cdot (j\omega\varepsilon E + \gamma E) = 0 \tag{3－22}$$

式中：ω 为角频率；ε 为介电常数；γ 为电导率；E 为电场强度；$j\omega\varepsilon E$ 为位移电流密度；γE 为传导电流密度。

如果介质中的位移电流密度远大于传导电流密度，则可以忽略传导电流的影响，应基于静电场原理进行分析求解；反之，则可以忽略位移电流的影响，应基于电流场原理进行分析求解。

根据不同材料属性计算相应的传导电流密度与位移电流密度之比为

$$\frac{|J_c|}{|J_d|} = \frac{|\gamma E|}{|j\omega\varepsilon E|} = \frac{\gamma}{\omega\varepsilon} \tag{3－23}$$

如果比值远大于1，采用电流场分析；如果比值远小于1，采用静电场分析；如果传导电流密度与位移电流密度无明显差别时，一般采用静电场与电流场的直接耦合计算。

2. 换流阀电场仿真内容

使用有限元分析软件来计算换流阀电场，包括换流阀晶闸管级间阀层间、阀塔间、阀与阀厅间以及阀与大地间的电场分布特征。

首先，在三维建模软件中建立并简化换流阀的等效计算模型，然后导入有限元分析软件进行分析。其中，对阀组件、阀层、阀塔以及阀厅结构的仿真侧重点不同，则化简程度不同。

其次，设置阀组件中各材料的电导率或电阻率、介电常数，加载电压源求解。在交直流电压下，模型内部电场属于似稳场，可用静电场来模拟。等效的静电场对应的边值问题为

$$\begin{cases} \nabla^2 \varphi = 0 \\ \varphi \big|_{L_0} = 0 \\ \varphi \big|_{L_1} = U_1 \\ \varphi \big|_{L_2} = U_2 \\ \quad \vdots \\ \varphi \big|_{L_n} = U_n \end{cases} \quad (3-24)$$

模型中导体均为不同的等效电位，设定仿真计算边界条件时，$L_1 \sim L_n$ 为模型中不同导体的边界，加载电压对应为 $U_1 \sim U_n$；L_0 表示地所对应的开域无限远边界。其中，对于阀组件，将电压等效分配在各个晶闸管级上；对于阀塔，将电压等效分配在各个阀层上；对于阀厅，将电压等效分配在各个阀塔上。

然后，换流阀模型网格剖分的好坏对计算结果的准确度也起着至关重要的作用，对于电场分析的重点位置，采用精细化的网格剖分规则；对于非重点考核的位置，可以采用自适应的网格剖分规则。仿真软件在进行迭代求解时，对最大误差存在的区域进行网格细化，得到较高的网格密度，从而生成更准确的解。

最后，设定求解选项，进行电位和电场强度的数值计算，并根据电场计算结果判断电场强度值是否超过起晕和放电电场强度值，进而确定是否对阀塔结构进一步优化，直到电场计算结果满足要求。

基于有限元分析仿真工具搭建的 ±800kV 直流输电换流阀阀塔有限元分析模型如图 3-17 所示。

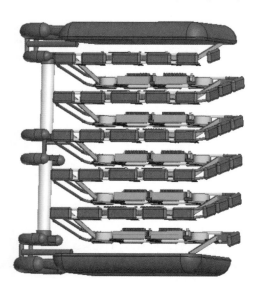

图 3-17 ±800kV 直流输电换流阀阀塔有限元分析模型

参 考 文 献

［1］刘泽洪．特高压直流输电工程换流站设备监造指南　晶闸管换流阀［M］．北京：中国电力出版社，2017．

［2］张庆双．晶闸管的应用电路［M］．北京：机械工业出版社．2011．

［3］徐德鸿．晶闸管结构性能参数［M］．北京：机械工业出版社 2010．

［4］中国南方电网公司超高压输电公司．高压直流输电换流阀冷却系统［M］．北京：中国电力出版社．2017．

［5］赵畹君．高压直流输电工程技术［M］．北京：中国电力出版社，2010．

［6］袁清云．HVDC 换流阀及其触发与在线监测系统［M］．北京：中国电力出版社，1999．

［7］高彪，张伟为，于海波，等．支撑式换流阀塔的抗地震设计［J］．机械设计与制造工程，2018，47（11）：35－39．

［8］杨振宇，谢强，何畅，等．特高压直流换流阀减振控制技术及地震响应分析［J］．中国电机工程学报，2017，37（23）：6821－6828＋7073．

［9］C. Liu，S. Hu，K. Han，et al. Electric－Field Distribution and Insulation Status of±800kV UHVDC Converter Valve After Implanting Full－View Micro－Sensor Detector［J］．IEEE Access，2019，7：86534－86544．

［10］Lei Qi，Qi Shuai，Xiang Cui，et al. Parameter Extraction and Wideband Modeling of±1100kV Converter Valve［J］．IEEE Transactions on Power Delivery，2017，32（3）：1303－1313．

［11］E. Nho，B. Han，Y. H. Chung，et al. Synthetic Test Circuit for Thyristor Valve in HVDC Converter with New High－Current Source［J］．IEEE Transactions on Power Electronics，2014，29（7）：3290－3296．

［12］E. Nho，B. Han，Y. Chung. New synthetic test circuit for thyristor valve in HVDC converter［J］．IEEE Transactions on Power Delivery，2012，27（4）：2423－2424．

［13］H. Kim，D. Kim，B. Han，J. Jung，et al. New synthetic test circuit for testing thyristor valve in HVDC converter［C］．IEEE Energy Conversion Congress and Exposition（ECCE），Raleigh，NC，2012：2053－2058．

［14］International Electrotechnical Commission. IEC60700－1. Thyristor valves for high voltage direct current（HVDC）power transmission，part 1：electrical testing：［S］，2015．

第4章 换流阀控制系统

换流阀控制设备（以下简称阀控设备）是换流阀的核心单元，它的主要功能是实现对换流阀晶闸管的触发和状态监测，同时提供换流阀与其他控制和保护系统的接口。阀控设备与换流站各系统连接示意图如图4-1所示。

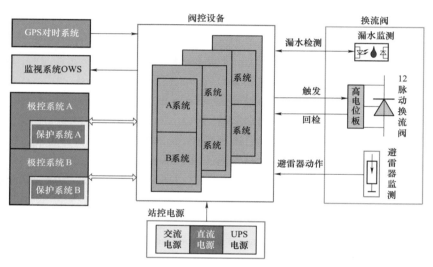

图4-1 阀控设备与换流站各系统连接示意图

阀控设备的主要功能包括：
（1）根据控制保护系统的命令控制晶闸管触发。
（2）监测晶闸管运行状态，并进行相应的保护。
（3）监测阀避雷器动作状态。
（4）监测阀塔漏水状态。
（5）阀控系统自检。

阀控设备采用完全独立的双冗余系统设计，一套处于运行状态，另一套处于热备用状态，它与控制保护系统的接口采用一对一连接。

阀控设备具备多种工作模式，如上电预检、正常解锁、单级测试等模式，根据控制保护系统的控制指令，阀控系统进行工作模式的切换，进而实现对换流阀的预检、解锁、闭锁、投旁通等操作。

阀控设备除了对换流阀晶闸管的运行状态进行实时监测外，还可监测阀避雷器动作状态和阀塔漏水状态，同时具有完善的系统自检和保护功能。

阀控设备根据晶闸管的触发方式可分为光直接触发式和光电触发式，其中光电触发式阀控设备根据控制逻辑又可分为单脉冲技术路线和五脉冲技术路线。

4.1　阀控系统

4.1.1　阀控系统触发

换流阀根据晶闸管的触发方式可分为电触发晶闸管换流阀和光触发晶闸管换流阀，各自有不同的技术特点，我国绝大多数直流输电工程采用电触发晶闸管换流阀。无论采用哪种形式的换流阀都需要在电气、结构、控制保护等各方面满足技术要求。

晶闸管换流阀的触发系统是从换流器控制装置的触发信号输出端到相应的换流阀晶闸管门极之间实现触发信号的传输、分送、变换和触发脉冲形成的整套系统。触发系统的主要功能是将低电位的触发信号转换成 n 个（n 为换流阀中的晶闸管数）信号，分别传送到处于高电位的晶闸管的门极回路，并在高电位对触发信号进行放大和整形，使其能够可靠地触发晶闸管。

晶闸管换流阀触发系统的技术要求是：

（1）可靠性高，能保证换流阀的正常工作。

（2）同期性好，使阀中全部串联元器件在允许的时差范围内基本同时开通，避免最后开通的元器件承受过电压而损坏。

（3）保证处于低电位的控制设备与晶闸管门极回路间具有足够的绝缘强度。

（4）抗干扰能力强，避免触发脉冲丢失或误触发。

（5）处于高电位的触发脉冲形成回路耗能低，能产生具有足够陡度（波头时间为 0.5～1μs）和幅值（为 5～10A）的触发脉冲，确保晶闸管可靠触发等。

早期的直流工程曾用电磁耦合的方式来实现触发脉冲在低电位和高电位之间的传送，但现在的直流工程多采用光电传输方式。对于电触发晶闸管阀，触发系统先将低电位的触发信号转换成光脉冲信号，经光纤传送到处于高电位的光电转换器，再转换成电信号，经放大和整形，产生符合要求的触发脉冲，送到晶闸管的门极。在高电位的门极电路中有一个储能回路，以提供触发脉冲所需的能量。对于光直接触发晶闸管阀，触发系统可省去在高电位的光电转换及触发脉冲形成的回路，直接将光信号送至晶闸管的门极，使触发系统得以简化。

4.1.2　阀控设备监视

1. 状态实时监视

阀控系统具备换流阀及阀控系统的监视功能，能实时监视阀控系统及换流阀的工作状态，并能通过总线上传故障位置及故障类型。阀控系统应具备下述状态实时监视功能：

（1）晶闸管状态监视，能实时监视每个晶闸管级的状态。

（2）保护性触发监视，能监视每个晶闸管级的保护性触发动作。

（3）漏水检测功能，能准确地监视阀塔底部漏水检测装置的检测信号。目前在工程应用的漏水监视技术大体可以分为三种，其技术原理类似，均为激光回路监测，以下为三种技术的原理与具体实现方式：

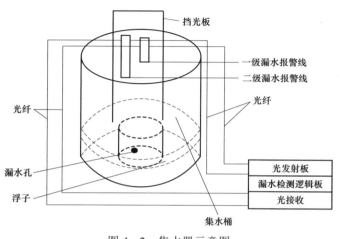

图4-2 集水器示意图

1）浮力原理。利用水的浮力原理，在阀塔底部屏蔽罩内安装一个集水桶，用于收集阀塔泄漏的水，集水桶内部安装一个浮子，集水器示意图如图4-2所示。为了监测水位，水箱内装设一个浮子。当阀塔内部出现泄漏现象后，冷却液集中在底屏蔽罩集水器内，由于浮力原理，浮子会上浮。当泄漏量达到一定程度后，一级漏水报警激光回路将会被遮挡，此时VCE会产生一级漏水报警。若泄漏量变大，二级漏水报警激光回路将会被遮挡，此时VCE会产生二级漏水报警。

2）光折射原理。漏水检测装置内有一个三棱镜和两根光纤，其中一根为发射光纤，另一根为接收光纤。当阀塔无漏水时，发射光纤中的光经过三棱镜折射后进入接收光纤；当阀塔上出现漏水时，由于三棱镜的折射率发生变化，造成接收光纤中没有光通过，则阀控设备检测到阀塔出现漏水，产生报警信息。

3）重力原理。冷却液检漏计安装在阀塔的底部。冷却液检漏计是一个光断路设备，它与VCE编码/解码单元形成光纤回路。VCE向每个检漏计发送光脉冲信号，并且监视返回的光脉冲信号。当泄漏的冷却液达到100mL时，泄漏冷却液收集容器会自动地倾倒，同时会阻断光纤回路，并且回到初始的位置。如果VCE在30ms内没有检测到返回的光脉冲，则VCE将发送"少量冷却液泄漏"报警信息。报警信息将会在VCE检测到光脉冲30ms后被复位。如果VCE检测到的少量冷却液泄漏报警信息在限定的时间内没有被清除或报警被重发，VCE将发出大量冷却液泄漏报警信息。大量冷却液泄漏报警信息将会被锁住并且需要人工手动复位。

4）避雷器动作监视。能接收阀避雷器动作的监视光信号，每个避雷器配备了一个动作信号采集单元（安装在避雷器的下端），信号采集单元将避雷器动作信号转换成光脉冲信号，经光纤送至VCE，VCE识别到光脉冲信号后，通过数据总线上传报警信息至控制系统监视后台。

2. 状态录波监视

阀控系统应具备内置接口信号录波功能，录波启动由控制保护系统触发，录波信号至少应包含阀控系统与控制保护系统的接口信号。

4.1.3 阀控系统接口

换流站正常运行时，换流阀每一次触发均需要控制保护系统与阀控设备之间配合正确，才能保证系统正常工作；否则必然导致阀报警或跳闸，从而导致阀组停运乃至直流闭锁，对系统造成巨大的冲击，威胁到整个电力系统的稳定运行。

1. 阀控系统与控制系统信号接口的种类

控制保护系统（PCP）和 VCE 之间信号接口，分为光信号接口和电信号通信接口。光信号采用光纤传输，ST 接口；电信号接口采用差分信号传输。

无论是光触发阀还是电触发阀，与控制保护系统的接口，都遵循相同标准，实现的功能均为根据 PCP 发出的触发控制指令（FCS）产生触发脉冲控制单个晶闸管触发同时对晶闸管的状态进行监视。

2. 阀控系统与后台监控系统

阀控系统实时将换流阀状态和阀控系统状态上传控制保护系统后台，采用屏蔽电缆连接，通信方式采用 Profibus 或 IEC 61850。

3. 阀控系统与站对时系统通信

换流站对时系统实时将 GPS 对时信息以 IRIG－B（DC）码形式输出到阀控系统，进行阀控系统对时，其中：

（1）通信接口，RS－485/422。

（2）数据格式，IRIG－B（DC），符合 IEEE STD 1344—1995 规定。

4.2　阀控触发监视原理

4.2.1　电控晶闸管级触发监视

1. 换流阀技术路线

（1）基本原理。

1）触发机制。在换流阀触发控制系统，控制脉冲发生器按一定的时间间隔发出控制脉冲至阀控设备。

阀控设备将接收到的控制脉冲转换为触发脉冲（fire pulse，FP），并发送至阀控设备内部的光接口板，光接口板中的二极管单元将电信号形式的触发脉冲转换为光信号形式的触发脉冲，并通过光缆发送到晶闸管控制单元（thyristor control electronics，TCE）。

TCE 发出光信号指示脉冲（indicator pulse，IP），用于指示相应晶闸管已承受正向电压。指示脉冲信号可以指示相应晶闸管的状态，通过晶闸管监视系统的信息指示晶闸管状态。

2）触发控制时序（见图 4－3）。

①　VCE 在收到控制保护系统换流阀充电信号有效以及系统解锁信号有效时，系统开始进入换相运行模式。

②　单阀一定数量的晶闸管回报正向电压建立信号（IP），表示阀正向电压建立。

③　阀控系统正常触发脉冲输出条件为单阀正向电压建立和触发同步信号有效。

④　在 FCS 上升沿，输出触发脉冲信号，并产生触发反馈信号。

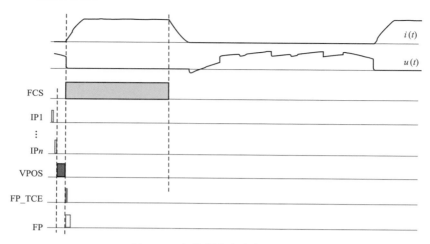

图 4-3　阀控设备触发控制时序

3）补脉冲控制时序（见图 4-4）。

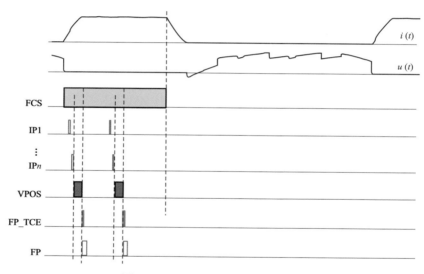

图 4-4　阀控系统补脉冲控制时序

阀控设备处于解锁状态，FCS 有效期间，如果换流阀电流断续单阀正向电压再次建立，VCE 补发触发脉冲。

4）换流阀监视。

阀控系统晶闸管状态监视分为预检模式晶闸管状态监视和解锁模式晶闸管状态监视。

① 预检模式晶闸管状态监视。预检模式下，TCE 检测到晶闸管两端电压大于正向电压设计门槛值，回报一个单脉冲到阀控。阀控系统如果连续多个周期没有检测到回报脉冲，则输出该级晶闸管故障报警信息。预检模式下晶闸管状态监视原理如图 4-5 所示。

② 解锁模式晶闸管状态监视。解锁模式下晶闸管状态监视原理如图 4-6 所示，其中，

正向电压建立信号监视逻辑为：光通道接收到晶闸管回报信息 IP，则识别为晶闸管级正向电压建立信号有效。

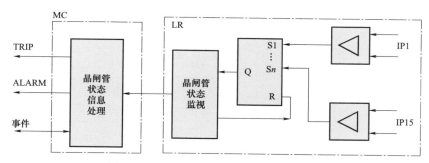

图 4-5 预检模式下晶闸管状态监视原理

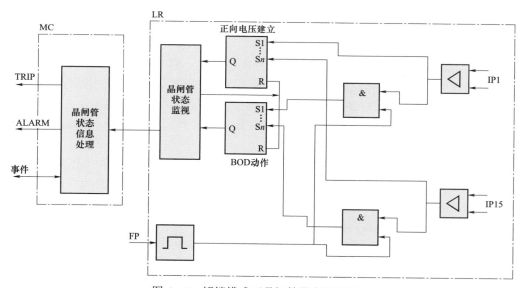

图 4-6 解锁模式下晶闸管状态监视原理

解锁模式下，如果 TCE 板发送的门极脉冲丢失，则 TCE 将利用后备触发电路触发晶闸管，保护晶闸管，避免晶闸管受到过电压的损坏。当晶闸管上的正向电压超过晶闸管耐压保护值时，后备触发电路对晶闸管进行触发。同时将 BOD 动作状态反馈至阀控，由 VCE 进行相应处理。BOD 动作信号监视逻辑为：FP 信号输出后特定时间内，监测到 IP 信号，则识别为该级晶闸管 BOD 动作。

（2）晶闸管控制单元。

TCE 是与阀控与换流阀本体的接口。它由 8 个功能模块组成：① 正向电压检测；② 负向电压检测；③ 反向恢复期保护；④ 正向过电压保护；⑤ 取能；⑥ 门极触发脉冲放大；⑦ 光发射；⑧ 光接收。晶闸管级监测及触发控制单元原理示意图如图 4-7 所示，它的主要功能是将阀控监测设备的信号进行光电转换，从而实现高、低压电路之间的光隔离，对晶闸管进行触发、检测和保护。

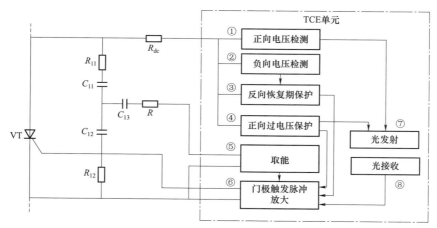

图 4-7　晶闸管级监测及触发控制单元原理示意图

① 触发功能。TCE 通过直流均压电阻进行电压检测，它会实时监测晶闸管两端电压，如果达到正电压建立值，这标志着晶闸管具备导通条件。此时，TCE 向阀控设备发送回报脉冲，当 TCE 收到阀控设备发送的触发脉冲后，将向晶闸管发送触发电信号，使晶闸管导通。触发脉冲通过 TCE 的门极脉冲放大器，将触发电脉冲发送到晶闸管门极，保证了单阀中所有晶闸管能够同时被触发，没有任何延迟。

② 反向恢复期保护功能。TCE 具有反向恢复期保护电路，在晶闸管工作期间，TCE 将实时监测晶闸管两端的电压值，当晶闸管电压低于负电压建立值后，TCE 将自动打开反向恢复期保护窗口，在此窗口内当晶闸管两端电压大于额定保护电压值时，TCE 将向晶闸管发送保护触发脉冲，使晶闸管导通，并向阀控制监测设备发送回报信号。

③ 过电压保护功能。TCE 具有过电压保护触发电路，TCE 通过直流均压电阻检测晶闸管两端电压，当晶闸管两端承受正向过电压并达到额定的保护电压值时，TCE 将产生保护触发脉冲，使晶闸管导通，从而避免晶闸管击穿。同时产生回报脉冲，发送至阀控制监测设备。

④ 取能功能。TCE 取能电路通过 RC 阻尼回路进行耦合取能，并储存在 TCE 储能电容中。储能电容容量选择较小，这使得 TCE 在触发一次晶闸管后迅速充电，触发系统随时可以再次触发晶闸管。无论是整流还是逆变，TCE 的所有功能只需要微秒级的时间便可准备完毕。即使交流系统故障，完全断电，只要交流系统恢复，TCE 便可以迅速充电并正常工作，不会因为储能电容需要长时间充电而造成触发延迟。

晶闸管监测及触发控制单元取能电路从晶闸管级 RC 阻尼回路获取电路板正常工作所需的能量。由于取能电路与 RC 回路串联后直接并联在晶闸管两端，因此取能电路的工作状况与晶闸管端电压状态息息相关，取能回路的设计必须充分考虑换流阀各种实际运行工况下，晶闸管端电压和阻尼回路充放电的状态。

（3）应用案例。

目前，在国内工程中应用单脉冲技术路线的厂家主要有许继集团、ABB 公司等。灵绍直流工程逆变站阀控设备由许继集团供货，采用单脉冲技术路线。以下对许继集团承建的绍兴站换流阀控制系统进行详细说明。

换流阀的阀控系统是免维护的智能控制系统，用以实现对晶闸管阀的触发和监视，同时也是阀与其他控制和保护系统的接口设备。阀控设备的主要功能分为 7 个方面：

- 产生触发控制脉冲，发送到晶闸管级监控板。
- 监测晶闸管及其附属设备的状态。
- 接口信号高速录波功能。
- 阀塔漏水监视。
- 阀避雷器动作监视功能。
- 报警和跳闸信号的输出。
- 设备自检。

① VCE 屏柜设计。VCE 包括 3 面控制机柜，分别对应 A/B/C 三相换流阀控制。每面 VCE 控制柜内包括 2 个阀测控装置、1 个阀控接口装置，或 1 个漏水避雷器检测装置。

换流阀控制设备机箱配置如图 4-8 所示。

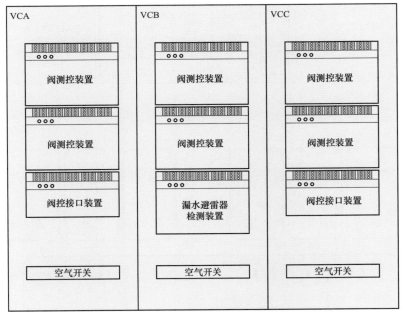

图 4-8　换流阀控制设备机箱配置图

② 阀控系统设计。VCE 采用冗余设计，分为 A、B 两个控制系统，每个系统包括独立的电源系统、阀控接口装置、阀测控装置和漏水避雷器检测装置。

VCE 阀控设备 A/B 系统与控制保护系统 A/B 系统采用一对一连接方式，各系统控制信号、状态信号和通信连接，相互独立。VCE 与控制保护系统、换流阀信号连接示意图如图 4-9 所示。

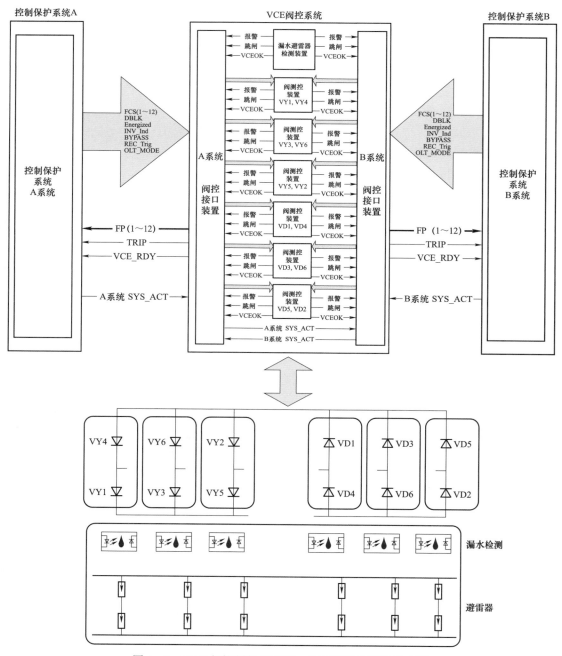

图 4-9 VCE 与控制保护系统、换流阀信号连接示意图

③ 阀控机箱设计。

a. 阀测控装置。阀测控装置采用 19in（1in＝2.54cm）6U（1U≈44.45mm）机箱，与阀控接口装置的连接采用光纤连接方式。阀测控装置电源采用冗余设计。该装置主要包含 7 个功能：

- 每个装置监视控制 2 个单阀。
- 接收控制信号和 TCE 的回报信号，产生触发脉冲。
- 检测光纤触发通道。
- 监视晶闸管状态，输出报警、跳闸和 VCE_RDY 信号。
- 接口信号录波功能。
- 系统的对时功能。
- 与阀控接口装置的光纤通信功能，输出报警和状态事件信息。

b. 漏水避雷器检测装置。该装置实现对 6 个阀塔漏水点漏水状态、12 个阀避雷器动作信号监测，并对各避雷器动作进行计数。具有避雷器动作信号录波功能，当避雷器动作时，自动保存避雷器动作信号，并产生动作避雷器位置和动作次数事件到后台。该装置主要包含两个功能：

- 阀塔漏水状态监视。
- 避雷器动作信号监视。

c. 阀控接口装置。阀控接口装置主要包含 7 个功能：

- 该装置将接收的控制系统的信号分配到 6 个阀测控装置。
- 汇总阀测控装置、VCE_RDY 信号，输出到控制系统。
- 实现 6 个阀测控装置、1 个漏水避雷器检测装置的通信功能。
- 实现与后台监视系统的通信功能。
- 接收对时系统 IRIG－B 的时钟信息。
- 具备测试模式设置接口。
- 监视电源和控制开关的状态，控制散热风机的工作。

d. VCE 外接口信号设计。

接口信号类型：光信号。

光纤：62.5/125。

波长：820nm，ST 接头，调制信号频率误差小于 10%。

VCE 接口信号信息见表 4－1。

表 4－1　　　　　　　　　　　VCE 接 口 信 号 信 息

信号		信号描述	连接方式	
控制系统输出到阀控系统的信号	FCS（1～12）	触发控制信号	宽度为 120°电角度（约 6.66ms）调制光信号，1MHz 表示应向对应的单阀发出触发脉冲，无光表示停发对应单阀的触发脉冲	光信号
	Energized	充电信号	调制光信号，10kHz 时 Energized 信号无效，1MHz 时 Energized 信号有效	

续表

信号		信号描述	连接方式	
控制系统输出到阀控系统的信号	DBLK	解锁信号	调制光信号，10kHz 时 DBLK 信号无效，1MHz 时 DBLK 信号有效	光信号
	INV_Ind	逆变模式信号	调制光信号，10kHz 时逆变模式控制信号无效，1MHz 时逆变模式控制信号有效	
	BYPASS	旁通有效信号	调制光信号，10kHz 时旁通对信号无效，1MHz 时旁通对信号有效	
	ACTIVE	系统主动信号	调制光信号，10kHz 时 ACTIVE 信号无效，1MHz 时 ACTIVE 信号有效	
	REC_Trig	阀控录波信号	调制光信号，10kHz 时 REC_Trig 信号无效，1MHz 时 REC_ Trig 信号有效	
	OLT_MODE	OLT 控制模式	调制光信号，10kHz 时 OLT_MODE 信号无效，1MHz 时 OLT_MODE 信号有效	
阀控系统输出到控制系统的信号	FP（1－12）	触发反馈信号	调制光信号，信号通道正常时输出 1MHZ 信号，系统单阀输出触发脉冲时叠加 16us 宽脉冲信号 1MHz 信号	光信号
	VCE_RDY	VCE 准备就绪信号	调制光信号，10kHz 或其他频率时 VCE_RDY 无效，1MHz 时 VCE_RDY 有效	
	VCE_TRIP	跳闸信号	调制光信号，10kHz 时无跳闸，1MHz 或其他频率时有跳闸	
对时系统到阀控系统	IRIG－B	GPS B 码对时	RS－422 接口	电信号
监视系统到阀控系统	PROFIBUS－DP	阀控系统事件信息输出	RS－485 接口	电信号

注：以上所有控制系统和阀控系统之间的信号，只是阀控冗余系统其中一个系统的信号。

　　e. VCE 和换流阀相关故障处理机制。

　　VCE 请求极控进行系统切换的条件，由阀控设备故障和阀跳闸两部分组成。

　　阀控设备故障条件：

　　● 输入到阀控机箱的控制信号异常，包括 Energized、DBLK、ACTIVE 信号（除备用信号和录波启动信号，BYPASS，INV_Ind 外）。

　　● FCS 信号丢失时间大于或等于 60ms。

　　● 插件异常。

　　● 阀控接口装置和阀测控装置、漏水与避雷器监检装置通信异常。

　　● 阀控接口装置接收阀测控装置的跳闸信号、VCE_RDY 光纤信号非 1MHz 且非 10kHz，6 路信号任一路信号异常。

　　阀跳闸条件：

　　● 单阀晶闸管状态故障个数大于冗余数量。

　　● 单阀 BOD 动作晶闸管个数大于保护值。

　　报警事件输出条件：

　　● 单阀中存在晶闸管 BOD 动作。

- 单阀中存在触发通道故障。
- 主备信号重叠。
- 备用信号异常。
- 录波启动信号异常。
- 检测到阀塔漏水。
- 单阀中存在晶闸管故障。
- 监视到电源模块异常或 UPS 电源异常。

2. 五脉冲换流阀控制技术路线

（1）基本原理。

阀控设备与一个晶闸管触发控制单元之间通过一收一发两根光纤连接进行通信，两者之间通过光编码脉冲进行信息交互。根据极控控制命令，阀控设备可工作在预检模式或者换相模式。

1）预检模式。在换流变压器交流侧断路器闭合且交流电压满足换流阀自检的要求时，极控下发充电信号有效至阀控设备，此时阀控设备处于预检模式。在此工作模式下，阀控设备对晶闸管状态进行检测。

换流阀承受电压后，晶闸管未被触发，处于阻断状态。阀控设备每个周期产生一个检测脉冲到晶闸管触发控制单元（TCE 板）。如果晶闸管及其相关的 TCE 板和光缆的功能正常，TCE 板返回一个回报脉冲到阀控设备。阀控设备监测回报脉冲并上报缺失回检信号的晶闸管级位置信息。预检模式时序图如图 4－10 所示。

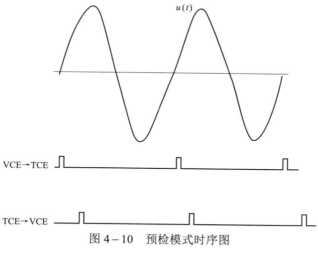

图 4－10　预检模式时序图

2）换相模式。直流系统正常运行时，阀控设备根据极控的控制命令发出光脉冲编码，控制晶闸管触发控制单元的运行状态，换相运行状态下的时序图如图 4－11 所示。

① 阶段 1：触发阶段。本阶段可以对晶闸管进行触发。在这个阶段，阀控设备接收到控制保护系统发来的触发控制脉冲，就在控制脉冲的上升沿，产生双脉冲，该脉冲送到晶闸管触发控制单元（TCE 板）上去触发晶闸管。此时，如果晶闸管两端的电压超过触发门槛值，TCE 板就会产生一个触发脉冲到晶闸管的门极。

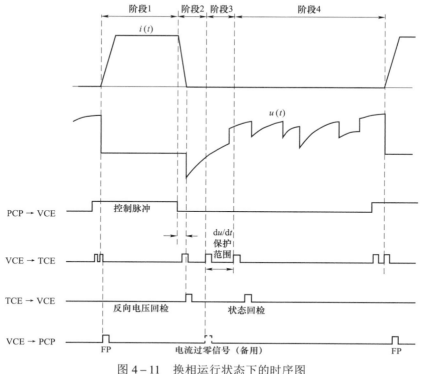

图 4-11　换相运行状态下的时序图

在这个阶段，只要检测到晶闸管两端的电压超过门槛值，就会补发一个新的门极触发脉冲，导通晶闸管。

② 阶段 2：闭锁阶段。在控制脉冲的下降沿，阀控设备发送第一个单个脉冲到 TCE 板。这个脉冲为停止脉冲，表示晶闸管需结束导通状态从而进入关断状态。当晶闸管关断，并且 TCE 板检测到晶闸管两端的电压低于关断门槛值时，TCE 板就会把一个表示电流过零的回检信号送至阀控设备，阀控设备对收到的信息进行统计和判断，当接收到一定数量的电流过零信号时，则判定为整个阀都已关断，就发送一个电流过零信号到控制保护系统，同时发送一个单脉冲到 TCE 板，切换到阶段 3。

③ 阶段 3：反向恢复期保护。在此阶段，晶闸管正处于反向恢复期，如果检测到晶闸管上的正向电压上升率超过晶闸管反向恢复电压耐受值，TCE 板将触发导通晶闸管。此阶段过后，阀控设备产生第 3 个单脉冲来改变 TCE 板的运行模式。

④ 阶段 4：状态监测。如果晶闸管上的电压高于触发门槛值或低于关断门槛指示值，在接收到第 3 个单个脉冲后，TCE 板会发送状态回检脉冲到阀控设备。该信号直接来源于晶闸管的关断或阻断电压，可以立即检测出晶闸管是否有故障。

3）阀控监视功能。

① 晶闸管状态监视。阀控设备发送单个光脉冲到 TCE 板，然后根据 TCE 板回检光脉冲，判断该晶闸管级是否正常。

预检模式下，阀控设备根据极控触发控制信号，在控制信号上升沿发出一个单脉冲，TCE板检测到晶闸管运行状态正常，回报一个单脉冲到阀控设备。阀控设备如果连续多个周期没有检测到回报单脉冲，则产生该级晶闸管故障报警信息。

换相模式下，在阶段4进行晶闸管状态检测。阀控设备发出第3个单脉冲后，TCE板会返回状态脉冲信号，如果阀控设备连续多个周期未接收到回报脉冲信号，则产生该级晶闸管故障报警信息。

② BOD动作监视。正常换相运行时，如果TCE板发送的门极脉冲丢失，将利用后备触发电路触发晶闸管，保护晶闸管免受过电压的损坏。当晶闸管上的正向电压超过晶闸管耐压保护值时，后备触发电路对晶闸管进行触发。这种触发状态将告知阀控设备，由阀控设备进行相应处理。

阀控监测系统对发出双脉冲之后一定的时间段进行监测，在此时间段内出现的任何回检信号都认作是保护触发回报信号。

单阀内多个晶闸管连续多个周期保护触发超过保护定值。发出跳闸信号到保护系统，并将相关信息上报控制保护系统。

③ 报警跳闸。根据实际工程，阀控系统发出的报警、跳闸信息条件各不相同。

输出报警信号条件：

- 单阀内存在晶闸管故障。
- 单阀内存在BOD动作。

满足以上任意一个条件即上报报警事件到控制保护系统。

输出跳闸信号条件：

- 单阀内晶闸管故障个数大于冗余数量。
- 单阀晶闸管BOD动作个数大于保护值。

满足以上任意一个条件即输出跳闸信号到控制保护系统。

（2）晶闸管触发单元功能设计。TCE板是电控技术路线阀控设备与换流阀本体的接口。它由8个功能模块组成：① 直流均压及电压检测；② 反向恢复期保护；③ 正向过电压保护；④ 取能及电源转换；⑤ 门极触发脉冲放大；⑥ 逻辑处理；⑦ 光发射；⑧ 光接收。其原理框图如图4-12所示。TCE板的主要功能是将阀控设备的信号进行光电转换，从而实现高、低压电路之间的光隔离，并对晶闸管进行触发、监测和保护。

1）触发功能。直流均压电阻同时作为电压检测电路的分压电阻，TCE板通过取样电阻实时监测晶闸管两端电压，如果达到正电压建立值，且同时TCE板接收到阀控设备发送的触发光脉冲信号，TCE板将向晶闸管发送触发电脉冲信号，使晶闸管导通。触发电脉冲通过TCE板的门极脉冲放大器，将强触发电脉冲发送到晶闸管门极，保证单阀中所有晶闸管能够同时被触发，没有任何延迟。

2）电流过零检测。当通过晶闸管正向电流过零后，端电压达到一定负值时，此时刻晶闸管端电压被称为负电压建立值，达到负电压被视为晶闸管过零关断的标志。TCE板一旦检测到晶闸管两端电压达到负电压建立值时，便会向阀控设备发送负向电压建立回检光回报脉冲。阀控设备便会向TCE板发送开启反向恢复期保护功能的光信号脉冲。

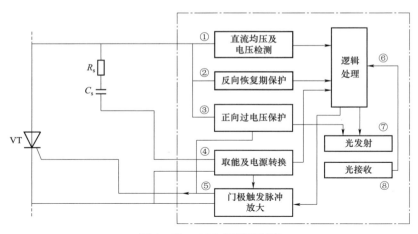

图 4-12 TCE 板原理框图

3）反向恢复期保护功能。TCE 板具有 du/dt 检测电路，它会实时计算晶闸管两端电压上升率，当 TCE 板检测到负电压建立，并且接收到阀控设备发送的启动光脉冲时，TCE 板开启反向恢复期保护功能。当 TCE 再次接收到阀控设备的光脉冲时，反向恢复期保护功能便会关闭。在此期间晶闸管两端电压上升率一旦超过既定值，TCE 板将向晶闸管发送保护触发脉冲触发晶闸管，并向阀控设备发送回报光信号。

4）过电压保护功能。TCE 板实时监测晶闸管两端电压，当晶闸管两端承受的电压峰值高于过电压保护值时，TCE 板产生保护触发脉冲，使晶闸管导通，从而避免晶闸管击穿，同时产生回报光信号发送给阀控设备。这部分电路是完全独立于 TCE 板其他功能之外的，它不需要任何电源的供给，即使 TCE 板其他功能故障，该部分电路仍然能够正常工作，并能够长时间运行，没有时间限制，具有极高的可靠性。

5）取能功能。TCE 板取能电路通过 RC 阻尼回路进行耦合取能，并储存在 TCE 板储能电容中。储能电容能够在交流系统故障时，仍可以提供足够的能量，使 TCE 板可以在电压降至正常电压的 30% 以下时持续工作至少 0.7s，足以安全地触发晶闸管，不会因为储能电容需要再次充电而造成触发的延迟。

（3）应用案例。目前，在国内工程中应用五脉冲技术路线的厂家主要有许继集团、西门子公司等。

锡泰直流工程逆变站阀控设备由许继集团供货，采用五脉冲技术路线。以下对泰州站阀控设备进行详细介绍。

VCE 是许继集团供货的换流阀的控制和监视系统，实现对晶闸管阀的触发和监测功能，同时也是阀与其他控制保护系统的接口设备。VCE 的主要功能如下：① 产生触发控制脉冲，发送到晶闸管触发控制单元（TCE 板），控制晶闸管的触发；② 监视晶闸管状态，输出报警事件或跳闸请求信号；③ 监视来自控制系统的接口信号；④ 发送换流阀触发反馈信号到控制系统；⑤ 阀控设备的自检；⑥ 监视避雷器动作，输出避雷器动作事件报文；⑦ 检测阀塔漏水情况，输出报警信息和事件报文。

1）VCE 控制柜设计。VCE 控制柜安装于主控室内，每个 12 脉动阀组有 1 套 VCE，每套 VCE 由 2 套互为冗余的阀控系统和 2 套冗余的漏水监视及避雷器监视系统组成。每个 12 脉动阀组的 VCE 功能机箱安装在 3 面柜体内，漏水监视和避雷器监视机箱安装在其中 1 面柜体内。

一套 VCE 控制柜内包括 6 个阀测控装置、2 个阀控接口装置和 1 个漏水避雷器检测装置。

VCE 控制柜安装在控制保护设备室内。为了方便运行维护人员直观地观察 VCE 控制柜的工作状态，3 面柜体的前门采用玻璃门。12 脉动换流器阀控设备如图 4-13 所示。

因为 VCE 采取了冗余配置，单个元器件的故障不会影响到系统的正常传输，而且在系统运行时，可以对备用系统中的接口插件、处理器插件和光发射插件以及阀控接口机箱进行更换。

2）换流阀控制与监视。VCE 的阀测控装置包括接口插件、处理器插件、光发射插件和光接收插件。一方面阀测控装置接收来自极控的触发和控制信号，另一方面接收来自 TCE 板的回检信号，由装置内的处理器插件进行处理。

处理器插件产生每个单阀的控制脉冲。这些脉冲分别通过光发射插件转化为光脉冲，然后通过光纤发送到每个晶闸管级的 TCE 板，由 TCE 板依据晶闸管运行状态发出触发脉冲或回检脉冲。

图 4-13　12 脉动换流器阀控设备

晶闸管触发控制单元的回检信号通过光纤传到 VCE 的光接收插件上，光接收插件把这些光信号转换为电信号以后，传给晶闸管控制和监视单元进行处理。一旦检测到换流阀出现了故障，处理器插件内晶闸管监视单元将产生 VCE 报警和阀保护跳闸信号。

为了将相关晶闸管故障或运行状态的信息分别输出，VCE 通过通信总线和控制信号分别与控制监视系统相连接。如果存在损坏的晶闸管，当故障晶闸管小于或等于冗余数量时，VCE 将发出报警事件；当故障晶闸管大于冗余数量，VCE 将发出一个跳闸请求信号到控制保护系统，同时输出故障报警事件到监视系统。

处理器插件的硬件由两套冗余的微处理器系统组成，它们互为热备用，也就是两套系统都运行，但只有主系统才能控制阀。每个系统的故障逻辑检查包括信号核对、自检等。一旦检测出故障，立即取消 VCE_RDY 信号，由控制保护系统控制 VCE 系统切换到冗余系统。

VCE 阀控机箱里的处理器插件监测控制保护系统发出的控制信号。如果控制信号发生故障，VCE_RDY 信号无效，向控制保护系统发出系统切换申请，此时，如果备用系统可用，将会进行冗余系统的切换。同时处理器插件将发送一个故障事件给控制保护系统，指出故障的控制信号。

换流阀加上电压后，就开始进行系统预检功能，开始对晶闸管的监测工作。如果单阀内故障的晶闸管级数量超过冗余，将输出跳闸请求信号，中止换流阀的启动。

3）漏水避雷器监视。漏水避雷器检测装置可以实现对 6 个阀塔的漏水检测，输出漏水报警事件。同时可以监视 12 个阀避雷器的动作情况。

阀塔的漏水监视根据漏水流量的大小分为两级报警：

① 漏水流量大于 7L/h 为 1 级漏水报警。

② 漏水流量大于 14L/h 为 2 级漏水报警。

漏水监视只输出报警事件，不输出跳闸信号。

4）VCE 的冗余设计。VCE 换流阀控制系统采用冗余设计，分为 A/B 两个控制系统。每个系统包括冗余的电源系统、独立的信号输入接口、VCE_RDY 信号输出接口和跳闸输出接口，以及独立的通信通道。

① 电源系统采用冗余设计，能够独立控制。

② 阀测控装置和漏水检测装置在机箱内通过配置冗余的插件，实现系统的冗余。

③ 阀控接口机箱的冗余方式是每个独立的系统分别配置独立的装置。

④ 散热模块内部风机采用冗余配置，保障任一风机故障不影响系统的正常运行。

VCE 实现了完全冗余配置，除光接收插件外的其他板卡均能够在换流阀不停运的情况下进行故障处理。

5）VCE 接口信号设计说明。换流站的控制保护系统采用冗余的控制方式，控制保护系统与 VCE 之间用一一对应的连接方式，即控制保护系统 A 对应 VCE 的系统 A，控制保护系统 B 对应 VCE 的系统 B。VCE 与控制保护系统的接口信号见表 4-2。

表 4-2　　　　　　　　　　　　VCE 与控制保护系统的接口信号

信号		信号描述	连接方式	
控制保护系统输出到阀控系统的信号	FCS（1～12）	触发控制信号	宽度为 120°电角度（约 6.66ms）调制光信号，1MHz 表示应向对应的单阀发出触发脉冲，无光表示停发对应单阀的触发脉冲	光信号
	Energized	充电信号	调制光信号，10kHz 时 Energized 信号无效，1MHz 时 Energized 信号有效	
	DBLK	解锁信号	调制光信号，10kHz 时 DBLK 信号无效，1MHz 时 DBLK 信号有效	
	INV_Ind	逆变模式信号	调制光信号，10kHz 时逆变模式控制信号无效，1MHz 时逆变模式控制信号有效	
	BYPASS	旁通有效信号	调制光信号，10kHz 时旁通对信号无效，1MHz 时旁通对信号有效	
	ACTIVE	系统主动信号	调制光信号，10kHz 时 ACTIVE 信号无效，1MHz 时 ACTIVE 信号有效	
	REC_Trig	阀控录波信号	调制光信号，10kHz 时 REC_Trig 信号无效，1MHz 时 REC_Trig 信号有效	
	OLT_MODE	OLT 控制模式	调制光信号，10kHz 时 OLT_MODE 信号无效，1MHz 时 OLT_MODE 信号有效	

续表

信号		信号描述	连接方式	
阀控系统输出到控制保护系统的信号	FP（1~12）	触发反馈信号	调制光信号，信号通道正常时输出 1MHZ 信号，系统单阀输出触发脉冲时叠加 16μs 宽脉冲信号到 1MHz 信号	光信号
	VCE_RDY	VCE 准备就绪信号	调制光信号，10kHz 或其他频率时 VCE_RDY 无效，1MHz 时 VCE_RDY 有效	
	VCE_TRIP	跳闸信号	调制光信号，10kHz 时无跳闸，1MHz 或其他频率时有跳闸	
对时系统到阀控系统	IRIG−B	GPS B 码对时	RS−485 接口	电信号
监视系统到阀控系统	PROFIBUS−DP	阀控系统事件信息输出	RS−485 接口	电信号

6）VCE 和换流阀相关故障处理机制。VCE 实时监视换流阀上晶闸管的回报信号，同时监视来自控制保护系统的控制信号，由 VCE 输出报警信息和跳闸请求信号，申请控制保护系统进行系统切换。VCE 相关故障信息对应的控制系统处理机制见表 4−3。

表 4−3　　　　　　　　　　　VCE 相关故障信息对应的控制系统处理机制

序号	故障现象	处理措施
1	单阀内存在晶闸管故障	输出报警事件
2	单阀内存在晶闸管 BOD 动作	
3	各阀塔漏水监视监测到阀塔漏水量达到设定值	
4	任一电源系统监视信号异常	
5	任一激光触发通道故障	
6	一个单阀内有大于一定数量的晶闸管故障	输出跳闸信号申请系统切换
7	一个单阀内有大于一定数量的晶闸管级 BOD 动作	
8	VCE 监视功能使能时，FCS 丢失，FCS 触发脉冲丢失时间超过 60ms	输出 VCE_RDY 无效申请系统切换
9	机箱插件出现故障	
10	VCE 内部通信出现故障	
11	VCE 监视功能使能时，换流变压器充电信号、系统解锁、系统主动信号无信号或为 1MHz 和 10kHz 以外的频率或调制光信号频率误差超过 ±20%	

4.2.2　光控晶闸管级触发监视

1. 基本原理

（1）基本设备介绍。光控换流阀采用光控晶闸管（LTT）设计，换流阀控制设备用以实现对晶闸管阀的触发和监测，而且还是阀与其他控制和保护系统的接口设备。涉及光控换流阀控制及监视的设备主要包括 VCE、晶闸管电压监测板（TVM）、多路星形耦合器（multiple star coupler，MSC）、反向恢复保护单元（reverse recovery protection unit，RPU）和传输光纤等。

光控换流阀控制设备连接示意图如图 4−14 所示，VCE 接收控制保护系统下发的控制命令,控制命令既可以控制 VCE 的主动及备用系统的状态切换,也可以控制 VCE 进入不同的工作模式,如预检模式、换相模式、监视暂态模式等。同时 VCE 可以通过数据总线或硬接点连线将换流阀的运行状态以及阀控制设备自身的运行状态发送至控制保护系统,并通过人机界面显示具体的故障信息。

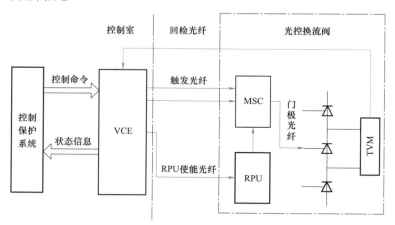

图 4-14　光控换流阀控制设备连接示意图

　　用于光控换流阀晶闸管触发、监视及保护的 MSC、RPU 板、TVM 板均安装在换流阀组件内部。与电控换流阀需要将阀控设备的光触发脉冲转换为电信号后再发送至晶闸管门极触发晶闸管导通不同,光控换流阀阀控设备可以直接产生激光脉冲并经过 MSC 耦合后发送至各个光控晶闸管的门极触发晶闸管导通。RPU 通过接收 VCE 发送的 RPU 使能信号判断换流阀的运行阶段,同时监视换流阀电压上升率 du/dt。当换流阀处于反向恢复期阶段,且监视到换流阀电压上升率 du/dt 过高时,便会产生一个触发脉冲发送至 MSC,触发晶闸管导通。TVM 负责监视晶闸管两端的电压,通过晶闸管两端的电压判断晶闸管的状态,如正向电压建立状态、负向电压建立状态、BOD 动作状态等。同时通过光纤将晶闸管的状态发送至 VCE。

　　(2)触发监视时序。

　　1)预检模式监视时序。在预检模式下可以监测换流阀晶闸管级的状态,以及 VCE 自身的运行状态。预检模式下的脉冲时序图如图 4-15 所示。

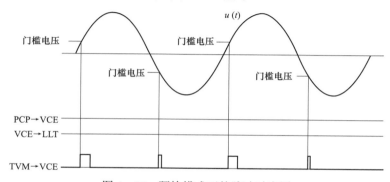

图 4-15　预检模式下的脉冲时序图

　　当换流阀闭锁充电后，控制保护系统会向 VCE 发送"换流阀充电"信号，当 VCE 收到来自极控的"换流阀充电"信号后，VCE 就会启动如图 4-16 所示的预检模式。在此模式下，不用触发晶闸管，就可以测试晶闸管的闭锁能力和 TVM 的性能。如果晶闸管及其相关的 TVM 和光纤状况良好，只要晶闸管两端电压达到 TVM 的正向或反向门槛电压值，TVM 就会返送回检信号到 VCE 的光接收板，光接收板将光信号转换为电信号后进行处理。

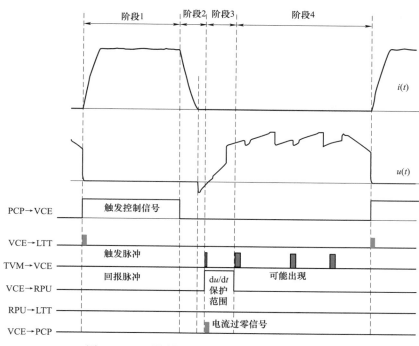

图 4-16　预检模式下的触发及监视脉冲时序图

　　2）解锁模式。换流阀阀控设备在工作时会根据控制保护系统下发的控制命令切换自身的运行模式。当控制保护系统下发的换流阀解锁信号由无效切换为有效后，阀控设备进入换相运行模式。在换相运行模式下阀控设备将会根据控制保护系统下发的触发同步信号产生触发脉冲，并通过光纤发送至换流阀。

　　阶段 1：触发。如果晶闸管两端的正向电压超过门槛值，那么 TVM 将发送正向电压建立脉冲到光接收板，代表晶闸管满足触发条件。当 VCE 检测到极控发送的"触发控制信号"的上升沿时，就会产生一个触发脉冲，经由光发射板发送到晶闸管。在此期间，只要晶闸管两端的正向电压再次超过门槛值，VCE 就会再次发送新的门极触发脉冲来导通晶闸管。如果来自 VCE 的触发脉冲丢失，为了保护相应的晶闸管免受过电压而损坏，当晶闸管两端的正向电压超过了保护值，LTT 集成的 BOD 功能将会触发晶闸管。如果晶闸管两端的正向电压超过保护值，TVM 将产生 BOD 动作信号，VCE 接收到此类脉冲后，判断该级晶闸管 BOD 动作，连续多个触发周期 BOD 动作同时将结果传送至控制和保护系统监控后台。保护触发模式下的脉冲时序图如图 4-17 所示。

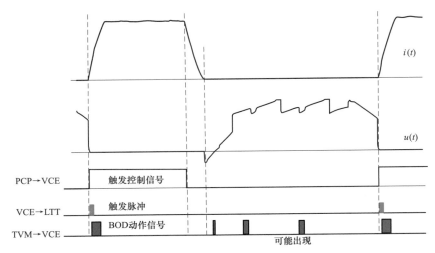

图 4-17　保护触发模式下的脉冲时序图

　　阶段 2：反向电压建立阶段。如果检测到"触发控制信号"的下降沿，将禁止继续触发。如果晶闸管关断且晶闸管两端的反向电压低于门槛值时，TVM 将产生负向电压状态信号给 VCE，VCE 检测到该脉冲后识别为该级晶闸管负向电压建立。为了缩短延时，当 VCE 检测到部分晶闸管负向电压建立后，VCE 就发送"电流结束"信号给极控，与此同时，VCE 工作状态转入阶段 3。

　　阶段 3：反向恢复保护。VCE 向 RPU 接口板产生一个控制脉冲，启动 RPU。当阀段上的电压上升率大于保护值时，RPU 触发导通一个阀段内的所有晶闸管。反向恢复期内保护触发脉冲时序图如图 4-18 所示。

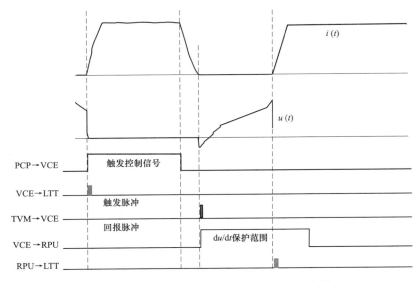

图 4-18　反向恢复期内保护触发脉冲时序图

阶段4：关断。在这个阶段里，晶闸管电压监测板将会继续监视晶闸管两端的电压，在电压达到相应的门槛值后同样会输出相应的回报信号，VCE可根据当时的时序对回报信号进行解析。

2. 高电位板卡功能设计

（1）晶闸管电压监测板（TVM）。每个晶闸管级配备一块TVM，与晶闸管级一一对应，安装在该晶闸管级的附近。TVM一方面提供晶闸管级的直流均压回路，同时对该晶闸管级两端的电压进行监测，并产生相应的回检信号。当晶闸管两端正向电压超过门槛值时，TVM产生"正向电压建立"回检信号，通过回检光纤送往VCE，表明该晶闸管满足触发条件，处于完好状态。当晶闸管两端负电压低于门槛值时，TVM产生"负向电压建立"回检信号，通过回检光纤送往VCE，表明该晶闸管已关断。当晶闸管两端正向电压超过过电压保护值时，TVM产生"BOD动作"回检信号，表明此时正常光触发系统存在故障，无法完成晶闸管的正常触发，晶闸管自身的过电压保护功能启动。TVM产生的回检信号通过光纤送到VCE的光接收插件板，将信号处理识别后实现下述功能：

1）检查晶闸管的状态。

2）检测晶闸管是否满足触发条件（正向电压）。

3）检测晶闸管是否关断（反向电压）。

4）检测晶闸管的过电压保护功能是否能够正常工作。

TVM与阻尼电路相并联，流经阻尼电路的电流不通过TVM。TVM上没有集成电路，因此，具有很强的抗电磁干扰能力。

（2）反向恢复保护单元（RPU）。高压直流输电系统中，晶闸管处于反向恢复期时，对正向电压上升率比较敏感，如果正向电压上升率过高，将会损坏晶闸管。为避免这种情况的出现，设计RPU对反向恢复期内的晶闸管进行保护，如图4-19所示。每个阀段由若干只光触发晶闸管和饱和电抗器串联，之后并联一个均压电容组成。每个阀段配备一块RPU板，对阀段内的串联晶闸管进行集体保护，并在VCE的控制下仅在晶闸管的反向恢复期内有效。

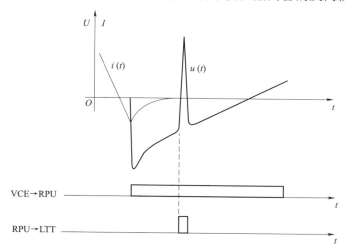

图4-19 反向恢复保护单元起作用时所产生的激光脉冲

每个阀段设计一块 RPU 板，串联在组件均压电容和组件屏蔽罩之间。图 4-20 为 RPU 板的原理框图。反向恢复期内，如果 RPU 监测到阀段上正向电压的上升率超过允许值，就会启动内部的激光发射电路，通过光纤直接向该组件中的 MSC 发出触发光脉冲，每个 MSC 将触发光脉冲均匀分配并发送给与其相连的晶闸管使其导通，从而避免晶闸管受过高的 $\mathrm{d}u/\mathrm{d}t$ 而损坏，对晶闸管起到保护作用。VCE 通过光纤发送使能信号，实现对 RPU 的控制。为了可靠地保护处于反向恢复期内的晶闸管，RPU 采取了冗余配置并且不采用逻辑电路，使用时不需要进行调整。

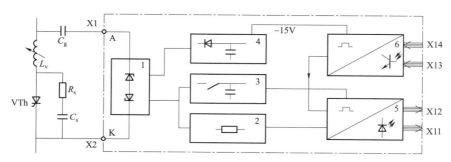

图 4-20　RPU 板原理框图

1—冲击电压抑制器；2—电流采样；3—脉冲扩展；4—光接收器电源；5—光发射器；6—光接收器；
VTh—光直接触发晶闸管；R_s—阻尼电阻；C_s—阻尼电容；L_v—非线性饱和电抗器；C_g—阀段均压电容

功能描述：

① 检测阀段上的正向电压上升率。RPU 的主要功能是在反向恢复期检测阀段上的正向电压上升率，通过均压电容（C_g，图 4-20）电流的变化，根据电流的基本定义 $I = \mathrm{d}q/\mathrm{d}t$，$q = uC$ 实现对正向电压上升率的检测。在反向恢复期内，如果检测出阀段上的正向电压上升率超过预定值时，RPU 将产生激光触发脉冲。

② 产生激光触发脉冲。如果电流采样器上的压降超过了触发值，而且 RPU 收到了保护使能信号，RPU 将产生激光脉冲信号，触发导通阀段内的晶闸管。光发射器由一个两级放大器组成，所产生的激光脉冲宽度取决于冲击电压正向上升率的持续时间。

③ 扩展瞬时电压脉冲。出现陡波冲击时，正向电压的上升时间和正向偏移电流的持续时间可能会小，此时，RPU 将对这样的脉冲进行扩展，以保证 RPU 输出的触发脉冲有足够的宽度。

④ 限制冲击电压。晶闸管阀两端出现的冲击电压波形不同，电压上升率也各不相同。上升时间从几百毫秒（操作冲击电压）到 0.5μs（陡波冲击电压）不等，所产生的偏移电流在几安和 1200A 之间。过高的冲击电压会产生很大的冲击电流，RPU 的取样电阻上会产生很高的压降，过高的电压会损坏 RPU 上的电子元器件，因此 RPU 必须有冲击电压抑制功能。

⑤ 检测反向恢复保护使能信号。RPU 只能在晶闸管的反向恢复期起作用，由于 RPU 本身没有监视晶闸管是否处于反向恢复期的功能，因此 RPU 必须接受 VCE 的控制。VCE 根据

晶闸管的运行状态，如果判定晶闸管处于恢复期，便产生一个光脉冲，对 RPU 进行使能。光脉冲为可见红光，通过光纤送至 RPU。

3. 应用案例

目前拥有光控换流阀及阀控设备生产能力的厂家主要是西门子公司、许继集团和西电集团。其中许继集团自主研发的 VCE800L 型光控换流阀阀控系统已经在南方电网鲁西背靠背换流站中成功应用，运行稳定。

4.3 与换流阀光通信回路

4.3.1 光纤系统

光纤是连接阀塔与阀控设备的唯一信息传输及高压绝缘隔离的通道载体，在换流阀阀控设备接收到极控信号后，基于当前换流阀运行状态，把经过处理的信息通过光纤传输到晶闸管控制单元，进而实现对晶闸管的控制和监视。

电控换流阀光纤按照功能一般分为晶闸管触发光纤、晶闸管回检光纤、阀避雷器光纤、阀塔漏水检测光纤等，以实现对晶闸管控制、避雷器动作监视和漏水检测等功能，电控换流阀光纤连接图如图 4-21 所示。

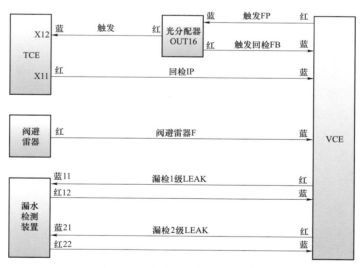

图 4-21 电控换流阀光纤连接图

光控换流阀光纤按照功能一般分类为从 VCE 到 MSC 的阀塔触发光纤、从 MSC 到晶闸管的组件触发光纤、从 TVM 到 VCE 的回检光纤、从 VCE 到 RPU 的 RPU 使能控制光纤、从 RPU 到 MSC 的组件短触发光纤、从 MSC 到 VCE 的触发回检光纤、从阀避雷器到 VCE 的避雷器动作信号传输光纤、阀塔与 VCE 之间的阀塔漏水检测光纤，以实现对晶闸管控制、避雷器动作监视和漏水检测等功能，光控换流阀光纤连接图如图 4-22 所示。

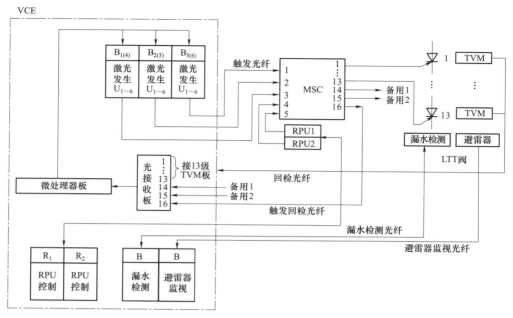

图 4 – 22　光控换流阀光纤连接图

4.3.2　光触发分配器

　　光触发分配器又称为星形多模耦合器，简称 MSC，是一种 $n×m$ 的光耦合器，最多可将 n 根光纤输入的光功率组合在一起，均匀地分配给 m 根光纤，当然每个单独输入端的光功率也可分配到所有输出端口。

　　1. 电控阀光触发分配器

　　电控阀采用的 MSC 是 $2×16（18）$ 的光耦合器，可将 2 根光纤输入的光功率组合在一起，然后均匀地分配给 $16（18）$ 根光纤。电控阀光触发分配器外形如图 4 – 23 所示。

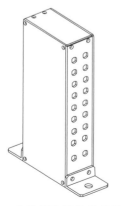

图 4 – 23　电控阀光触发分配器外形图

　　MSC 接收阀控下发的触发光脉冲，混合并均匀分配给各级晶闸管。电控阀阀控与晶闸管级的触发通道采取了"二取一"冗余触发通道配置，二路激光二极管只要有一路正常发光，就可以实现 VCE 对晶闸管的可靠触发，从而大大增强了 VCE 的可用性和可靠性，并提高了晶闸管触发的可靠性，同时可大量减少光纤的用量，节约工程成本。

　　电控阀每个阀段（9～15 个晶闸管）配有一台 $2×16$ 的 MSC，当每个阀段内晶闸管数量小于 9 个时，两个阀段可共用一台 $2×18$ 的 MSC。MSC 集成在一个壳体内，MSC 通过金属支撑板固定在阀组件阳极侧的铝梁上，接收 VCE 发的触发脉冲，发送到与其相连的 TCE 上。

2. 光控阀光触发分配器

光控阀采用的 MSC 单元是 5×16 的光耦合器,最多可将 5 根光纤输入的光功率组合在一起,然后均匀地分配给 16 根光纤,光控阀光触发分配器如图 4-24 所示。

图 4-24 光控阀光触发分配器

与电控阀相比,光控阀的阀控设备与晶闸管级的触发通道采取的是"三取二"冗余触发通道配置,三路激光二极管只要有两路正常发光,就可以实现 VCE 对晶闸管的可靠触发,同样具有增加可靠性和降低成本的特点。

光控阀每个阀段配有一台光分配器 MSC,组件左右两侧阀段的两个 MSC 集成在一个 MSC 壳体内。MSC 通过金属支撑板固定在阀组件硅堆侧长边框的内侧,靠近中横梁。MSC 接收 VCE 中三路激光二极管同时发出的触发光脉冲,混合并均匀分配,然后发送到与其相连的光触发晶闸管的门极,对晶闸管进行触发。

另外,在晶闸管的反向恢复期内,MSC 也接收 RPU 发出的保护触发光脉冲,同样将触发脉冲均匀分配并发送到与其相连晶闸管,直接触发该阀段,对晶闸管进行保护。

3. 光触发分配器的光学特性

MSC 具有很好的分光均匀性,可用分光比(coupling ratio,CR)来量化其分光的均匀特性,它定义为光耦合器各输出端口输出功率相对输出总功率的百分比;也可用各输出端口相当输入端口光衰减值的最大差值予以描述。理想情况下,MSC 的分光比为 1:1,或者说各输出端口相当输入端口光衰减值的差值总为零,即输出为均分的器件。但由于工艺局限,几乎不可能做到绝对的均匀,但凭借较高的工艺水平,能够保证 MSC 具有较高的分光均匀性。

MSC 具有工作范围宽的优点。当传导模进入熔锥区时,纤芯变细导致束缚的模式数减少,远离光轴的高阶模进入包层形成包层模;当纤芯变粗时以一定比例被耦合臂捕获,获得耦合光功率。但大多数低阶模只能从直通臂输出而不参与耦合,因而两输出端模式不同,器件对传输光的模式比较敏感。为克服这种缺陷,需改进熔融拉锥工艺,使多模信号在融锥区能够实现模式混合,消除器件的模式敏感性。

MSC 具有插入损耗低的优点。MSC 的插入损耗(insertin loss,IL)定义为指定输出端口的光功率相对全部输入光功率的减少值,该值通常以分贝(dB)表示。插入损耗是各输出端口的输出功率状况，不仅与固有损耗有关，而且与分光比有很大的关系。

MSC 具有附加损耗低的优点。附加损耗（excess loss，EL）定义为所有输出端口的光功率总和相对于全部输入光功率的减小值。

MSC 的光纤接口采用高精度的光纤活动连接器，采用特殊的机械和光学结构，使两根光纤的纤芯对接，保证 98% 以上的光能通过连接器。

总之，MSC 具有分光均匀性高、工作波段范围宽、插入损耗低、附加损耗低、光纤接口精度高、封装紧凑、环境适应力强与抗压能力强等诸多优点，不仅能保证晶闸管触发的可靠性，而且减少了光纤的用量，大大节约了成本。

参 考 文 献

[1] 袁清云. HVDC 换流阀及其触发与在线监测系统 [M]. 北京：中国电力出版社，1999.

[2] 孙学康，张金菊. 光纤通信 [M]. 3 版. 北京：人民邮电出版社，2012.

[3] 国家电网公司运维检修部组. 换流阀及阀控系统 [M]. 北京：中国电力出版社，2012.

[4] 赵畹君. 高压直流输电工程技术 [M]. 2 版. 北京：中国电力出版社，2011.

[5] 刘振亚. 特高压直流输电理论 [M]. 北京：中国电力出版社，2009.

[6] Kamran Sharifabadi, Lennart Harnefors, et al. Design, Control and Application of Modular Multilevel Converters for HVDC Transmission Systems [M]. England: WILEY, 2016.

[7] 陈立，全昌前. 特高压直流输电线路运检及考核标准 [M]. 北京：中国电力出版社，2019.

[8] 胡庆. 光纤通信系统与网络 [M]. 4 版. 北京：电子工业出版社，2019.

[9] 王振，刘坤，国建宝，唐金昆. 电控与光控晶闸管换流阀触发机理对比分析研究 [J]. 电力电子技术，2019，53（03）：74 – 77.

[10] 李志平. 高压直流换流器单阀触发导通的基本电路分析 [J]. 电工技术，2019（01）：37 – 41.

[11] 王定佳. 特高压直流输电接地极在线监测系统的设计与实现 [D]. 南昌航空大学学报，2018.

[12] 文俊，殷威扬，温家良，韩民晓. 高压直流输电系统换流器技术综述 [J]. 南方电网技术，2015，9（02）：16 – 24.

[13] 钱龙. 直流系统接地极监测与保护分析 [D]. 华北电力大学学报，2012.

[14] Jingjing Wang, Ming Ding, Shenghu Li. Reliability Analysis of Converter Valves for VSC – HVDC Power Transmission System [C]. Power and Energy Engineering Conference（APPEEC），2010 Asia – Pacific，2010.

[15] Xiao, S., Cao, J., Donoghue, M.W.. Valve section capacitance for 660kV HVDC converter valves [C]. AC and DC Power Transmission，2010. ACDC. 9th IET International Conference on，2010.

[16] Li Xiao – hua, Liu Yang, Cai Zexiang, Han Kunlun. Research on single phase grounding fault at HVDC converter transformer valve side [C]. Electric Utility Deregulation and Restructuring and Power Technologies（DRPT），2011 4th International Conference on，2011.

[17] Changzheng Gao, Lin Li, Zhibin Zhao, Yang Liu. Electromagnetic interference and shielding of valve hall in HVDC converter station [J]. Frontiers of Electrical and Electronic Engineering in China，2010，5（1）：100 – 105.

［18］ LIAO R J，ZHANG Y，YANG L J，et al. A cloud and evidential reasoning integrated model for insulation condition assessment of high voltage transformers ［J］. International Transactions on Electrical Energy Systems，2014，24（7）：913 – 926.

［19］ Kun Liu，Jin Kun Tang，Zhen Wang，et al. The Application of a Novel Infrared Temperature Measurement System in HVDC Converter Valve Equipment Connector Overheat Failure Prevention ［J］. Procedia Computer Science，2019，154：267 – 273.

［20］ N. A. Alekseev，P. Yu. Bulykin，E. Yu. Zmaznov，et al. Upgrading of the Vyborg Converter Substation：Analysis of Lightning Impulse Voltage Withstand Capability［J］. Power Technology and Engineering，2019，53（1）：106 – 112.

［21］ Zhenyu Yang，Qiang Xie，Yong Zhou，et al. Seismic performance and restraint system of suspended 800kV thyristor valve ［J］. Engineering Structures，2018，169：179 – 187.

第5章 换流阀试验技术

换流阀试验包含型式试验、例行试验和现场试验等，型式试验利用等效试验技术模拟换流阀运行工况，复现极端电气应力，以验证换流阀的各项性能；例行试验也被称为出厂试验，是换流阀生产过程中必不可少的试验，主要目的是确保换流阀生产过程和性能的一致性；现场试验是为了确保换流阀安装完毕后能够正常工作。

5.1 型式试验

高压直流输电换流阀型式试验是为检验换流阀是否符合设计要求，型式试验包括绝缘试验和运行试验。

5.1.1 型式试验的一般要求

1. 替代证明

高压直流输电换流阀的设计都应以标准规定的型式试验为依据，若换流阀与以前试验过的产品类似，供货方可提交以前的型式试验报告替代进行型式试验，供购买方考虑，同时应提供一个独立的报告，详细说明设计的差异并论述参照型式试验如何能满足建议设计的试验对象。

2. 试验对象

（1）某些型式试验可在整个阀或阀组件上进行，在阀组件上进行的型式试验，试验的阀组件总数不少于一个完整阀中组件的数量。

（2）同一个阀组件应进行所有的型式试验。

（3）在型式试验开始之前，阀、阀组件和/或其元器件，都应证明通过了出厂试验，确保制造质量合格。

3. 试验顺序

规定的型式试验可按任意顺序进行。

4. 试验方法

试验应按照高压直流输电换流阀电气试验标准和高电压试验标准进行。

5. 试验环境温度

试验应在试验设备正常工作的环境温度下进行。

6. 试验频率

交流绝缘试验可在 50Hz 或 60Hz 下进行，运行试验对频率的特别要求在相关条款中给出。

7. 试验报告

型式试验完成后，供货方应按要求提供型式试验报告。

5.1.2 大气修正

相关条款规定，按照 GB/T 16927.1《高电压试验技术一般定义及试验要求》，试验电压应进行大气修正。进行修正的参考条件如下：

气压：标准大气压（101.3kPa），修正到设备安装地点的海拔。

温度：设计的阀厅空气最高温度。

湿度：设计的阀厅最低绝对湿度。

1. 绝缘试验

对于在阀端子间的所有绝缘试验，除了阀非周期触发试验外，应短接冗余的晶闸管级。

2. 运行试验

对于运行试验，冗余的晶闸管级不应被短接，使用的试验电压应用比例因子 k_n 调整，见式（5-1）。

$$k_n = \frac{N_{tut}}{N_t - N_r} \qquad (5-1)$$

式中：N_{tut} 为试品中串联晶闸管级数量；N_t 为阀中串联晶闸管级总数；N_r 为阀中冗余的串联晶闸管级总数。

5.1.3 型式试验的标准

型式试验判据参照高压直流输电换流阀电气试验标准。

1. 晶闸管级适用的判据

（1）在任何一项型式试验后，如果短路的晶闸管级数大于 1，或大于一个完整阀中晶闸管级数的 1%（取两者中较大的），则未通过型式试验。

（2）任何一项型式试验后，如果短路的晶闸管级数等于 1，或者更多，但仍小于一个完整阀中晶闸管级数的 1%，则需修复损坏的晶闸管级，重新进行该项试验。

（3）在重复进行某项型式试验时，如果在相同的位置上再次发生晶闸管级短路，即使数量不超过上述（2）的规定，则未通过型式试验；如果发生短路的晶闸管级的位置不同，同时数量不超过上述（2）的规定，则需修复损坏的晶闸管级，重新进行该项试验。

（4）所有型式试验完成后，如果累积的短路晶闸管级数大于一个完整阀中晶闸管级数的 3%，则未通过型式试验。

（5）如果型式试验是对阀组件进行，被试的阀组件数不得少于一个完整阀中的组件数，同时可采用相同的试验判据。

（6）每次型式试验后，都应检查阀或阀组件，以判断是否有晶闸管级发生短路。在进一步试验前，型式试验中或型式试验后发现的故障的晶闸管或辅助元件可以更换。

（7）型式试验结束后应按例行试验的要求，对阀或阀组件须进行检查。

（8）应按上述规定将试验中出现的短路晶闸管级数作为验收标准之一。除短路的晶闸管级外，在型式试验以及随后进行的检查中劣化但尚未短路的晶闸管级数不能超过一个完整阀中全部晶闸管级数的 3%。

（9）当按上述百分比确定最大允许的短路晶闸管级数和劣化但尚未短路的晶闸管级数时，小数点后数字处理由购买方和供货商协商解决。

2. 整体阀适用的判据

在试验中阀的外部闪络、冷却系统的损坏以及触发脉冲传输和分配系统的任何绝缘材料的击穿。

任何元器件、导体及其接头的温度，附近物体的表面温度都不能超过设计允许值。

5.1.4 绝缘试验

1. 绝缘试验总则

按照换流阀技术规范书及高压直流输电换流阀电气试验标准中有关章节的规定，对晶闸管阀进行绝缘试验。

绝缘试验包括阀支架绝缘试验、多重阀（MVU）绝缘试验和单阀绝缘试验，试品搭建时必须充分考虑实际运行工况的空间布置。

若无特殊说明，阀内冷却水为室温，电导率不小于 0.5μS/cm，阀冷却系统水管、避雷器外套和光纤等要安装完整。试验电压的大气校正因数按照 GB/T 16927.1 进行计算，首先把试验电压从换流站所处位置的海拔条件校正到标准大气条件下，具体做试验时，再把试验电压从标准大气条件校正到试验室大气条件。

除了阀非周期触发试验外，对于在阀端子间的所有电介质试验，应短路冗余的晶闸管级。试验项目结束后，须对试品的每个晶闸管级进行检查，短路晶闸管计入试验判据。

2. 绝缘试验项目

高压直流输电换流阀绝缘试验项目见表 5-1。

表 5-1 高压直流输电换流阀绝缘试验项目

试验项目	试验对象
阀支架直流电压试验	阀支架
阀支架交流电压试验	阀支架
阀支架操作冲击试验	阀支架
阀支架陡波冲击	阀支架
多重阀单元对地直流电压试验	多重阀单元
多重阀单元交流电压试验	多重阀单元
多重阀单元操作冲击试验	多重阀单元
多重阀单元雷电冲击试验	多重阀单元
阀直流电压试验	阀
阀交流电压试验	阀
阀操作冲击试验	阀

续表

试验项目	试验对象
阀雷电冲击试验	阀
阀陡波前冲击试验	阀
阀非周期触发试验	阀
阀抗电磁干扰试验	阀或阀组件
特殊性能试验	阀或阀组件

3. 阀支架绝缘试验

（1）试验目的。检查阀支架（包括阀支撑结构内的冷却介质管道、光纤通道等）对各种过电压（直流、交流、操作冲击、雷电冲击和陡波）的耐受能力。通过这些试验应能表明阀支架具有足够的绝缘能力，可以耐受所规定的各种试验电压，并能保证在过电压条件下的局部放电不超过规定值。

（2）试验对象。本项试验的试品为阀支架，包括冷却水管、光纤等。阀的各主要端子需短接，试验电压将加在阀的主端子与地之间。

（3）试验内容。

1）阀支架直流电压试验。阀的两个主端子应短接在一起，直流电压施加在短接的两个端子与地之间，分别用两种极性的直流电压进行试验，1min 试验电压 U_{tds1} 和 3h 试验电压 U_{tds2} 根据阀支架对地的最大稳态运行直流电压 U_{dms} 进行计算，试验电压 U_{tds} 计算见式（5−2）。

$$U_{tds} = \pm U_{dms} k_1 k_t \qquad (5-2)$$

式中：U_{dms} 是跨接在阀支架上的稳态运行电压直流分量的最大值；k_1 是试验安全系数，1min 试验 $k_1 = 1.6$，3h 试验 $k_1 = 1.3$；k_t 是大气修正系数，1min 试验 k_t 按照大气修正取值，3h 试验 $k_t = 1.0$。

试验步骤：起始电压不超过 50% 的 1min 试验电压 U_{tds1}，在约 10s 内上升到 1min 试验电压，保持 1min 后下降到 3h 试验电压 U_{tds2}，保持 3h，然后缓慢降到零。在规定的 3h 试验的最后 1h，监测和记录局部放电的水平。另外需要注意的是更换电压极性前，需保证试品接地数小时。

试验判据：阀支架在 1min 试验期间，应能耐受该试验电压，在 3h 试验的最后 1h 局部放电测量应满足以下要求：

超过 300pC 的局部放电脉冲，每分钟最多 15 个。

超过 500pC 的局部放电脉冲，每分钟最多 7 个。

超过 1000pC 的局部放电脉冲，每分钟最多 3 个。

超过 2000pC 的局部放电脉冲，每分钟最多 1 个。

以上为记录时间内的平均值。

如果局部放电超过上述标准，应该采取正确的措施处理后重新进行试验。

2）阀支架交流电压试验。进行这个试验，阀的两个主端子需要连接在一起，交流试验电压施加在阀已连接在一起的两主端子与地之间。阀支架交流试验电压 U_{tas} 的方均根值计算，见式（5-3）。

$$U_{tas} = \frac{U_{ms}}{\sqrt{2}} k_2 k_t k_r \qquad (5-3)$$

式中：U_{ms} 是稳态运行期间，加在阀支架的最大重复运行电压的峰值，包括换相过冲量；k_2 是试验安全系数，1min 试验，$k_2 = 1.3$，30min 试验，$k_2 = 1.15$；k_t 是大气修正系数，1min 试验，k_t 按照大气修正取值，30min 试验 $k_t = 1.0$；k_r 是暂时过电压系数，1min 试验，k_r 由系统研究确定，30min 试验 $k_r = 1.0$。

试验步骤：试验时，起始电压不超过 1min 试验电压的 50%，在约 10s 时间内上升到 1min 试验电压，保持 1min 恒定，然后降低至规定的 30min 试验电压，保持 30min 恒定，最后电压降至零。在规定的 30min 试验期间的最后 1min，监测和记录局部放电的水平。

试验判据：要求无闪络、击穿放电，冷却系统无损坏，局部放电水平不超过 200pC；如果大于 200pC，则应按相关要求对试验结果进行评估。

3）阀支架操作冲击试验。在阀两个主端子对公共地之间分别施加正极性和负极性操作冲击电压。

试验电压：按照高压直流输电换流站的绝缘配合选取。

波形：采用 IEC 60060 中的标准操作冲击电压波形。

冲击次数：每种极性 3 次。

试验判据：阀支架能耐受该试验电压，试验期间无闪络、击穿放电，冷却系统无损坏。

4）阀支架雷电冲击试验。在阀两个主端子对地之间分别施加正极性和负极性操作冲击电压。

试验电压：按照高压直流输电换流站的绝缘配合选取。

波形：采用 IEC 60060 中标准雷电冲击电压波形。

冲击次数：每种极性 3 次。

试验判据：阀支架能耐受该试验电压，试验期间无闪络、击穿放电，冷却系统无损坏。

5）阀支架陡波前冲击试验。在阀两个主端子对公共地之间分别施加正极性和负极性陡波前冲击电压。

试验电压：按照高压直流输电换流站的绝缘配合选取。

波形：标准定义的波形。

冲击次数：每种极性 3 次。

试验判据：阀支架能耐受该试验电压，试验期间无闪络、击穿放电，冷却系统无损坏。

4. 多重阀单元（MVU）绝缘试验

（1）试验目的。

1）检验多重阀单元外部绝缘的耐受电压能力。

2）验证多重阀单元结构中各个单阀之间的耐受电压能力。

3）验证局部放电水平在规定的限值内。

（2）试验对象。阀和多重阀单元有多种设计结构，试验时应尽可能精确地选取试验对象，反映阀运行的接线方式。试验对象应当是一个完整的多重阀，除非能够证明一些部件可以模拟或忽略，而不会对试验结果造成实质的影响。

试验中应围绕阀支撑结构合理地设置接地屏蔽，以模拟附近建筑物中的钢结构、接地网和其他任何结构物的影响，这些结构会影响受试结构对地的杂散电容。

针对特高压直流输电换流阀电压等级高，考虑到实验室空间有限，多重阀单元试验可采用模拟负载方法来等效试验。

（3）试验内容。

1）多重阀对地直流电压试验。直流试验电压应加在多重阀单元最高电位的直流端子与地之间，试验用两种极性的直流电压分别进行，试验电压 U_{tdm} 根据多重阀单元高压端子对地间的稳态运行电压直流分量的最大值 U_{dmm} 进行计算，试验电压 U_{tdm} 计算，见式（5-4）。

$$U_{tdm} = \pm U_{dmm} k_3 k_t \tag{5-4}$$

式中：U_{dmm} 为出现在多重阀单元高压端子对地间的稳态运行电压直流分量的最大值；k_3 为试验安全系数，1min 试验 $k_3=1.6$，3h 试验，$k_3=1.3$；k_t 为大气修正系数，1min 试验，k_t 按照大气修正取值，3h 试验，$k_t=1.0$。

试验步骤：起始电压不超过 50%的 1min 试验电压 U_{tds1}，在约 10s 内上升到 1min 试验电压，保持 1min 后下降到 3h 试验电压 U_{tds2}，保持 3h，然后缓慢降到零。在规定的 3h 试验的最后 1h，监测和记录局部放电的水平。另外需要注意的是更换电压极性前，须保证试品接地数小时。

试验判据：多重阀单元在 1min 试验期间，应能耐受该试验电压，在 3h 试验的最后 1h 局部放电测量应满足以下要求：

超过 300pC 的局部放电脉冲，每分钟最多 15 个。

超过 500pC 的局部放电脉冲，每分钟最多 7 个。

超过 1000pC 的局部放电脉冲，每分钟最多 3 个。

超过 2000pC 的局部放电脉冲，每分钟最多 1 个。

以上为记录时间内的平均值。

如果局部放电超过上述标准，应该采取正确的措施处理后重新进行试验。

2）多重阀交流电压试验。如果多重阀单元在任何两个端子之间耐受了交流或交直流复合电压，但其耐受能力未被其他试验充分证明，那么就有必要在多重阀单元的这些端子间进行交流电压试验。

试验前，多重阀单元的端子应短接在一起并接地至少 2h。

多重阀单元交流试验电压 U_{tam} 的方均根计算，见式（5-5）。

$$U_{tam} = \frac{U_{mm}}{\sqrt{2}} k_4 k_t k_r \tag{5-5}$$

式中：U_{mm} 为稳态运行期间，多重阀端子间出现的最大重复运行电压的峰值，包括换相过冲量；k_4 为试验安全系数，1min 试验，$k_4=1.3$，30min 试验，$k_4=1.15$；k_t 为大气修正系数，1min

试验，k_t 按照大气修正取值，30min 试验，$k_t=1.0$；k_r 为暂时过电压系数，1min 试验，k_r 由系统研究确定，30min 试验，$k_r=1.0$。

试验步骤：试验时，起始电压不超过 1min 试验电压的 50%，在约 10s 时间内上升到 1min 试验电压，保持 1min 恒定，然后降低至规定的 30min 试验电压，保持 30min 恒定，最后电压降至零。在规定的 30min 试验期间的最后 1min，监测和记录局部放电的水平。

试验判据：要求无闪络、击穿放电，冷却系统无损坏，局部放电水平不超过 200pC，如果大于 200pC，则应按相关要求对试验结果进行评估。

3）多重阀操作冲击试验。多重阀单元操作冲击试验电压加于多重阀单元高压端子与地之间，分别施加正极性和负极性的规定幅值的操作冲击电压。

多重阀单元操作冲击试验电压 U_{tsm} 计算，见式（5-6）。

$$U_{tsm} = \pm SIWL_m k_t \tag{5-6}$$

式中：$SIWL_m$ 为考虑到多重阀单元高压端子与地之间的由绝缘配合所决定的操作冲击电压耐受水平；k_t 为大气修正系数，按照大气修正取值。

试验电压：按照高压直流输电换流站的绝缘配合选取。

波形：采用 IEC 60060 中的标准操作冲击电压波形。

冲击次数：每种极性 3 次。

试验判据：多重阀单元能耐受该试验电压，试验期间无闪络、击穿放电，冷却系统无损坏。

4）多重阀雷电冲击试验。多重阀单元雷电冲击试验电压加于多重阀单元高压端子与地之间，分别施加正极性和负极性规定幅值的雷电冲击电压。

多重阀单元雷电冲击试验电压 U_{tlm} 计算，见式（5-7）。

$$U_{tlm} = \pm LIWL_m k_t \tag{5-7}$$

式中：$LIWL_m$ 为考虑到多重阀单元高压端子与地之间的由绝缘配合所决定的雷电冲击电压耐受水平；k_t 为大气修正系数，按照大气修正取值。

波形：采用 IEC 60060 中的标准雷电冲击电压波形。

冲击次数：每种极性 3 次。

试验判据：多重阀单元能耐受该试验电压，试验期间无闪络、击穿放电，冷却系统无损坏。

5）多重阀陡波前冲击试验。多重阀单元陡波前冲击试验电压加于多重阀单元高压端子与地之间，分别施加正极性和负极性的规定幅值的陡波前冲击电压。

试验电压：按照高压直流输电换流站的绝缘配合选取，电压峰值应达到多重阀单元的陡波前冲击耐受水平。

波形：标准定义的波形。

冲击次数：每种极性 3 次。

试验判据：多重阀单元能耐受该试验电压，试验期间无闪络、击穿放电，冷却系统无损坏。

5. 阀绝缘试验

（1）试验目的。阀端子间绝缘试验是验证阀设计的各种类型过电压（直流、交流、操作冲击、雷电冲击及陡波前冲击过电压）相关的电压特性，应验证：

1）阀具有足够的绝缘水平，能够耐受所规定的各种过电压。

2）阀内部的各种过电压保护功能正确。

3）在正常情况下不产生局部放电，在过电压情况下，局部放电强度应在规定的范围内。

4）内部阻尼均压回路的额定容量足够大。

5）在各种过电压（包括过电压保护动作的情况）下，阀内任何部件，包括晶闸管级和饱和电抗器等元器件，实际承受的电压不超过其电压耐受能力。

6）各种电子回路具有足够的抗干扰能力，功能正确。

7）阀能在规定的过电压下触发而不发生损坏。

8）当电流从与阀并联的阀避雷器上向阀转换时，阀应具有足够的通流能力。

（2）试验对象。阀绝缘试验的试品为一个完整的阀，阀避雷器除外，当阀避雷器需要安装在阀上时，试验时只需安装避雷器外套。阀可以为构成多重阀单元的一部分，包括冷却水管、光纤槽盒、避雷器连接件、悬挂结构、电晕屏蔽罩和所有正常运行时的其他部件。

被试阀应包括与处于地电位的元器件相连接的冷却设备和控制设备。应对完整的阀进行试验，包括阀运行所必需的附属设备（例如阀电抗器），以正确模拟阀的实际运行条件。

除了非周期触发试验外，其他试验中冗余晶闸管需要短接。非周期触发试验中，因冗余晶闸管不用短接，所以其试验电压需冗余系数核算。

对于所有的冲击试验，除非另按有规定，阀电子单元都需要充电。对于交流和直流电压试验，阀电子单元不需要充电。

阀冷系统的流量可适当减少，阀与其他电位之间的距离与工程中实际情况保持一致。

对于阀绝缘试验，其试验电压通常不允许使用大气修正系数，以免在晶闸管或其他内部部件上造成过电压应力。

（3）试验内容。

1）阀直流电压试验。直流试验电压应加在阀端子之间，试验用两种极性的直流电压分别进行，试验电压 U_{tdv} 根据 6 脉动桥额定电压 U_{dn} 进行计算，试验电压计算见式（5-8）。

$$U_{tdv} = U_{dn}k_7 \tag{5-8}$$

式中：U_{dn} 为 6 脉动桥额定电压；k_7 为试验安全系数，1min 试验，$k_7 = 1.6$，3h 试验，$k_7 = 0.8$。

试验步骤：起始电压不超过 50% 的 1min 试验电压，在约 10s 内上升到 1min 试验电压，保持 1min 后下降到 3h 试验电压，保持 3h，然后缓慢降到零。在规定的 3h 试验的最后 1h，监测和记录局部放电的水平。如果发现局部放电幅值或速率有上升趋势，可与购买方协商延长试验的时间。另外需要注意的是更换电压极性前，需保证试品接地数小时。

试验判据：阀单元在 1min 试验期间，应能耐受该试验电压，在 3h 试验的最后 1h 局部放电测量应满足以下要求：

超过 300pC 的局部放电脉冲，每分钟最多 15 个。

超过 500pC 的局部放电脉冲，每分钟最多 7 个。

超过 1000pC 的局部放电脉冲，每分钟最多 3 个。

超过 2000pC 的局部放电脉冲，每分钟最多 1 个。

以上为记录时间内的平均值。

如果局部放电超过上述标准，应该采取正确的措施处理后重新进行试验。

2）阀湿态直流电压试验。阀湿态直流电压试验在模拟顶部一个组件冷却水泄漏的情况下重复进行，冷却水的泄漏量应不小于要求值，在施加试验电压之前 1h 内应保持泄漏量恒定。泄漏冷却水的电导率应不小于实际运行过程中的最大电导率。

试验电压同阀直流电压试验电压：起始电压不超过 1min 试验电压的 50%，在约 10s 内上升到 1min 试验电压，保持 1min 后下降到 5min 试验电压，保持 5min，然后降至零。另外需要注意的是更换电压极性前，应保证试品接地数小时。

要求无闪络、击穿放电，冷却系统无损坏。

3）阀交流电压试验。试验时，试验电压加在阀的两个端子上，试验电压施加可采用对称的交流电压或带直流分量的交流电压。阀的 15s 反向试验电压 U_{tav1r} 计算，见式（5-9）；阀的 15s 正向试验电压 U_{tav1d} 计算，见式（5-10）。

$$U_{tav1r} = \sqrt{2}U_{vomax}k_8k_ck_r \tag{5-9}$$

$$U_{tav1d} = \sqrt{2}U_{vomax}k_8k_r \tag{5-10}$$

式中：U_{vomax} 为阀侧最大稳态空载线电压；k_8 为试验安全系数，$k_8 = 1.10$；k_c 为反向换相过冲系数，用来计算甩负荷过电压峰值（$\alpha = 90°$）的恢复，包括由晶闸管反向恢复电荷引起的电压增加，应当考虑并联阀避雷器的限制作用；k_r 为暂时过电压系数，由系统研究确定。

阀的 30min 试验电压 U_{tav2} 的方均根值计算，见式（5-11）。

$$U_{tav2} = \frac{U_{ppv}}{2\sqrt{2}}k_9 \tag{5-11}$$

式中：U_{ppv} 为阀稳态运行电压峰对峰最大值，含换向过冲；k_9 为试验安全系数，$k_9 = 1.15$。

试验步骤：起始电压不超过 15s 试验电压的 50%，在约 10s 内上升到 15s 试验电压，保持 15s 后下降到 30min 试验电压，保持 30min，然后降到零。在 30min 试验期间，如果有电晕产生，应记录电晕的起始和熄灭电压。在 30min 试验期间的最后 1min 记录局部放电水平。

试验判据：单阀在 15s 试验期间，应能耐受该试验电压。

局部放电水平不应超过 200pC，如果超过 200pC，应该按照标准要求对试验结果进行评估。如果局部放电不满足要求，应该采取正确的措施处理后重新进行试验。

4）阀操作冲击试验。阀操作冲击试验电压加于阀端子之间，分别施加正极性和负极性的规定幅值的操作冲击电压。试验中，阀电子回路需带电。在正向试验期间，如果阀出现过电压保护，必须施加 3 次附加的正向操作冲击，且不应保护触发。

阀操作冲击试验电压 U_{tsv} 计算，见式（5-12）。

$$U_{tsv} = \pm SIWL_v \tag{5-12}$$

式中，$SIWL_v$ 为系统研究确定的操作冲击电压耐受水平。

波形：250/2500μs。

冲击次数：每种极性 3 次。

试验判据：阀能够耐受该试验电压、试验期间无闪络、击穿放电，冷却系统无损坏。

5）阀湿态直流电压试验。阀湿态直流电压试验在模拟顶部一个组件冷却水泄漏的情况下重复进行，冷却水的泄漏量应不小于 15L/h，在施加试验电压之前 1h 内应保持泄漏量恒定。泄漏冷却水的电导率应至少比实际运行过程中的最大电导率高。

试验方法同阀操作冲击试验。

6）阀雷电冲击试验。阀单元雷电冲击试验电压加于阀端子之间，分别施加正极性和负极性的规定幅值的雷电冲击电压。在正向试验期间，如果阀出现过电压保护，必须施加 3 次附加的正向操作冲击，且不应保护触发。

阀雷电冲击试验电压 U_{tlv} 计算，见式（5-13）。

$$U_{tlv} = \pm LIWL_v \tag{5-13}$$

式中，$LIWL_v$ 为系统研究确定的雷电冲击保护水平。

波形：1.2/50μs。

冲击次数：每种极性 3 次。

试验判据：阀能耐受该试验电压，试验期间无闪络、击穿放电，冷却系统无损坏。

7）阀陡波前冲击试验。阀陡波前冲击试验电压加于阀单元高压端子与地之间，分别施加正极性和负极性的规定幅值的陡波前冲击电压。在正向试验期间，如果阀出现过电压保护，必须施加 3 次的正向操作冲击，且不应保护触发。

为了获得较高的陡度，可采用线性上升波前截断的冲击波形。

阀陡波前冲击试验电压 U_{tslv} 计算，见式（5-14）。

$$U_{tslv} = \pm STIWL_v \tag{5-14}$$

式中，$STIWL_v$ 为系统研究确定的陡波前冲击电压耐受水平。

波形：标准定义的波形。

冲击次数：每种极性 3 次。

试验判据：阀能耐受该试验电压，试验期间无闪络、击穿放电，冷却系统无损坏。

8）阀非周期触发试验。阀非周期触发试验是换流阀型式试验中的一项重要内容，主要考核换流阀在高电压和大电流联合作用下的耐受能力及抗干扰能力。换流阀在实际运行过程中，存在非周期触发的特殊工况，即换流阀承受操作冲击时，当电压峰值超过阀避雷器的动作电压时，阀避雷器中建立电流，此时，在冲击电压峰值时，若换流阀触发导通（由于阀导通前，阀端杂散电容也被充至冲击电压峰值），换流阀中的晶闸管会承受避雷器中的转移电流、杂散电容的放电电流和换流阀中阻尼电容的放电电流等三方面叠加的电流总和，晶闸管承受严酷的电流应力。

阀非周期触发试验进行的方法有两种：一是并联避雷器法；二是并联电容器法。从实际工况考虑，并联避雷器法是首选方法，因为它的试验情况更加接近实际运行工况。

如果在绝缘型式试验中进行阀非周期触发试验，一般都采用并联电容器法进行。因为绝缘试验中进行非周期触发试验是在一个完整的单阀上进行的，若是用并联避雷器法，所需试验设备容量大，一般高压试验室都不具备条件。

试验时，阀电子回路带电，阀应在略低于保护触发电压水平下触发导通，阀触发时的电流应该模拟阀保护触发动作时产生的最大电流应力。

试验要求阀能耐受极端电压和电流，无击穿损坏情况出现。

9）阀电磁兼容试验。本试验将在绝缘型式试验的阀冲击试验和阀非周期触发试验过程中同时进行验证。在试验过程中，与进行冲击电压试验的试品阀相邻的阀作为辅助阀，在辅助阀上施加交流电压，通过监视系统监视辅助阀在冲击电压试验的过程中是否有误触发、故障显示或错误回报信号。

试验要求换流阀晶闸管无误触发，无晶闸管级故障显示。

10）阀电压分布试验。在单阀操作冲击试验、雷电冲击试验和陡波冲击试验时，在电压水平大于或等于试验电压幅值的50%时，沿阀4个或更多个中间测点测量施加于晶闸管器件上的电压，以确定阀内部的电压分布。

试验要求电压分布情况应符合设计要求。

6. 绝缘试验电路

直流输电换流阀的交流电压试验、直流电压试验、冲击电压试验和非周期触发试验电路，如图5-1~图5-4所示，绝缘试验系统如图5-5所示。

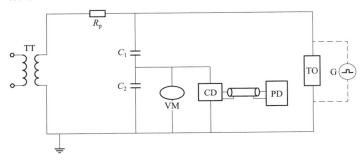

图5-1 交流电压试验电路

VM—峰值电压表；CD—耦合装置；PD—局部放电测试仪；TO—试品；G—方波校准器

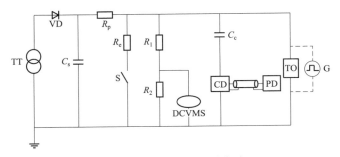

图5-2 直流电压试验电路

DCVMS—直流电压测量系统

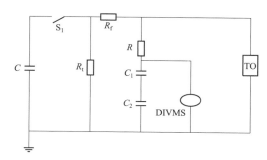

图 5-3　冲击电压试验电路
DIVMS—数字冲击电压测量系统

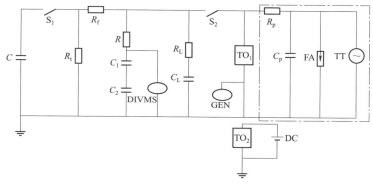

图 5-4　非周期触发试验电路
GEN—数据采集系统

图 5-5　绝缘试验系统

7. 绝缘试验典型波形

绝缘试验典型波形如图 5-6～图 5-13 所示。

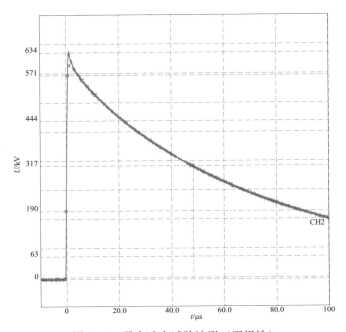

图 5-6　雷电冲击试验波形（正极性）

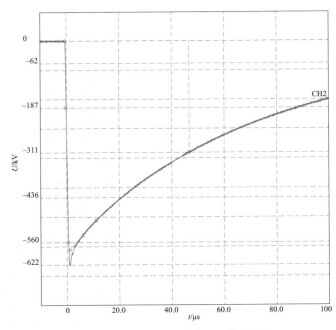

图 5-7　雷电冲击试验波形（负极性）

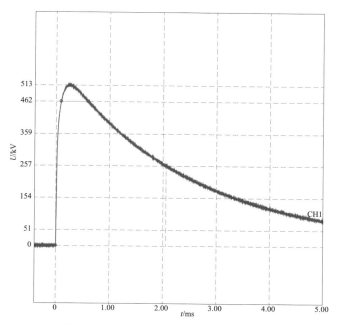

图 5-8　操作冲击试验波形（正极性）

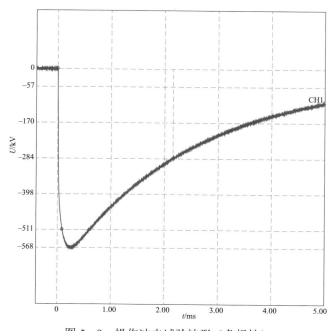

图 5-9　操作冲击试验波形（负极性）

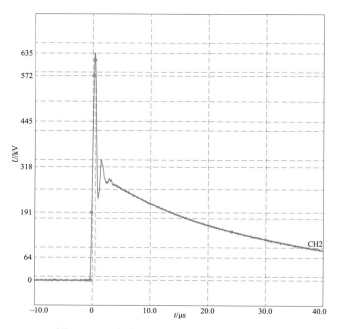

图 5-10　陡波前冲击试验波形（正极性）

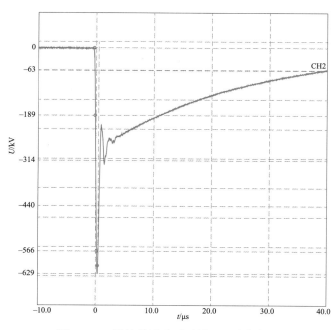

图 5-11　陡波前冲击试验波形（负极性）

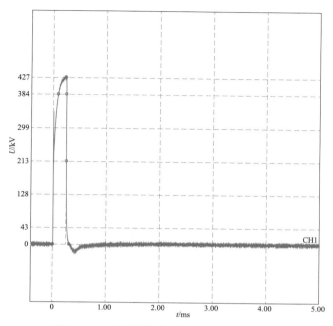

图 5－12 阀非周期触发试验波形（电压）

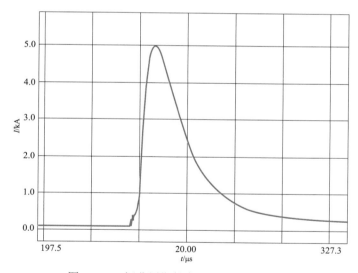

图 5－13 阀非周期触发试验波形（电流）

8. 绝缘试验常见问题处理

（1）局部放电问题。在进行换流阀局部放电试验时，会遇到局部放电超标问题，如果遇到这种问题可以从以下几个方面加以解决：

1）从电源带来的干扰。如果测试回路通电，但不升压，此时局部放电测试仪指示的主要是电源干扰。

2）测试回路本身的局部放电。一般测试回路的局部放电主要来自升压装置及与高压连接的各设备，可通过空载升压来查找，即不带试品，升压到要求电压，从局部放电测试仪判断测试回路本身是否有局部放电。

3）空间干扰信号。它是指空间传播的电磁干扰信号，在开阔的现场进行局部放电试验可能会受影响，空间干扰信号的判断也比较简单，测试回路不通电条件下，如果局部放电测试仪指示有局部放电信号，这主要就是空间干扰信号，一般屏蔽实验室不需要考虑空间干扰信号。

4）试品本身出现放电。试品放电主要是电晕放电和元器件放电。对于电晕放电，可以借助紫外成像仪来查找电晕放电点；而对于元器件放电，可以使用短接排除法。

5）接地干扰信号。通常指接地不好或多重接地，不同接地点的电位差在测量仪器上造成的干扰。可以单独接地，把试验电路接到适当接地点消除，另外试验回路附近不允许出现悬浮电位，必须短接接地，特别是电容器性质的设备。

（2）非周期触发试验的电流过零问题。换流阀非周期触发试验是一项要求较高、风险较大的试验，换流阀晶闸管承受了较大的电压电流应力，容易出现晶闸管损坏情况。为了避免损坏情况，计算试验回路参数时，要充分考虑换流阀触发导通后的电流过零问题，选择合适的回路参数来阻尼和抑制电流过零，保护晶闸管。

（3）单阀陡波冲击试验易出现晶闸管损坏问题。单阀陡波冲击试验条件相当严苛，试验前要求晶闸管阀处于过负荷运行时的最大结温，并且施加到晶闸管阀上的冲击电压陡度非常高，本试验对晶闸管的电压应力和热应力有极大的考核。

目前进行单阀陡波冲击试验有两种试验方式：一种是直接冲击电压法；另一种是截波电压法。直接冲击电压法风险更大，易造成晶闸管损坏。直接冲击电压法容易导致晶闸管损坏的原因：首先是没有充分考虑晶闸管处于高结温和高电压变化率情况下的保护水平会降低，导致晶闸管低于预期电压而出现保护触发；其次是单方面考虑提高波形陡波，最大化减小波头电阻，导致试验回路的阻尼系数过低，对瞬间开通电流阻尼作用不强，导致晶闸管开通瞬间电流变化率过大，出现热击穿，或电流出现振荡损坏晶闸管。

5.1.5 运行试验

1. 运行试验总则

换流阀运行试验是为了有效验证换流阀的运行特性，以确保换流阀能够满足直流输电系统运行要求，保证系统安全和可靠运行，为此专门制定了相关标准对运行试验项目以及试验参数明确地做出了规定。

运行试验应采用合适的试验电路进行，给出等效于相应运行条件的应力，像两个6脉动桥背靠背连接或适当的合成试验电路。为了获得代表运行条件的电压和电流作用，最重要的是正确地反映阀相关的总杂散电容和电路中电感对换相电感的作用。

当对阀的组件进行试验时，试验参数按比例系数核算。试验电压和试验电路电阻及电感应由实际值乘以比例系数确定，而试验电路电容应由实际值除以比例系数确定。

为了验证热效应，周期性触发和关断试验应在工作频率下进行。如果不能做到这一点，实际工作频率与试验频率不同，那么就要调整试验条件以近似补偿同频率有关损耗的差值。

试验期间，要监测最危险的发热元器件以及它们的相邻安装表面温度的上升，以验证达到的最高温度在设计允许限值内。需要确定监测组件的数量和位置，而且每种不得少于 3 个。例如，晶闸管外壳温度、阻尼电阻器表面温度、阀饱和电抗器表面温度。

运行试验对冷却系统参数有明确的要求，必须等效换流阀最恶劣的运行工况。

试验项目结束后，需对试品的每个晶闸管级进行检查。

2. 运行试验目的

（1）验证高压串联阀在长期额定负荷及暂态过负荷时承受的电压、电流、热强度及其联合作用的能力。

（2）验证高压串联阀附属电路（包括缓冲电路、保护触发电路）在额定负荷及暂态过负荷情况下的运行可靠性。

（3）验证阀基电子、触发系统、监控系统在实际运行中的可靠性。

（4）验证高压串联阀的阀体在最大开通电流上升率和最大关断电流下降率的情况下，承受开通损耗、关断损耗的能力以及关断后承受反向恢复电压峰值和恢复期间正向电压上升率的能力。

（5）验证晶闸管阀短路故障后承受正向和反向电压的能力。

3. 运行试验项目

高压直流输电换流阀运行试验项目见表 5-2。

表 5-2　　　　　　　　　　　高压直流输电换流阀运行试验项目

试验项目	试验对象
最大连续运行负荷试验	阀或阀组件
最大暂态运行负荷试验（$\alpha = 90°$）	阀或阀组件
最小交流电压试验	阀或阀组件
暂态低电压试验	阀或阀组件
断续直流电流试验	阀或阀组件
恢复期暂态正向电压试验	阀或阀组件
单波故障电流加正向电压试验	阀或阀组件
多波故障电流不加正向电压试验	阀或阀组件

4. 运行试验内容

（1）最大连续运行负荷试验。验证换流阀或阀组件能够在最恶劣的运行条件下正确运行，不引起晶闸管器件和其他附属元器件的损坏或劣化，并检查冷却介质的温升。验证换流阀或阀组件最关键的发热元器件的温升不超过规定的极限范围，并且没有任何元器件或材料将经受过高的温度。验证换流阀或阀组件在周期性的开通和关断引起的电流和电压冲击下的性能。验证换流阀或阀组件具有承受由于某些晶闸管级保护触发连续动作所产生的更严重的电压和电流冲击的能力。

试验电流应是最高环境温度下的最大持续直流电流，按 1.05 的试验安全系数考虑，冷却剂温度不低于实际运行中最高稳态晶闸管结温，对应的冷却剂温度。

高压直流输电换流阀运行的基本单元就是 6 脉动桥，6 脉动桥换流器空载线电压的试验电压 U_{tpv1} 计算见式（5-15）。

$$U_{tpv1} = U_{vomax} k_n k_{13} \tag{5-15}$$

式中：U_{vomax} 为变压器阀侧最高稳态空载线电压；k_n 为试验比例系数，$k_n = 1.1$；k_{13} 为试验安全系数，$k_{13} = 1.05$。

1）最大持续触发电压试验。试品以延迟角 α 运行，以使阀（组件）的触发电压不低于下面的较大者，触发电压 u_{fr} 和 u_{fi} 的计算见式（5-16）和式（5-17）。

$$u_{fr} = \sqrt{2} U_{tpv1} \sin \alpha_{max} \tag{5-16}$$

$$u_{fi} = \sqrt{2} U_{tpv1} \sin(\gamma_{max} + \mu_{max}) \tag{5-17}$$

式中：α_{max} 为整流器最大触发角；μ_{max} 为逆变运行最大换相角；γ_{max} 为逆变运行时的最大关断角。

试验持续时间不少于 30min，在此试验基础上，闭锁一级晶闸管触发功能，进行持续性保护触发试验，且运行时间不少于 1h。

2）最大持续恢复电压试验。阀或阀组件以触发角 α 运行，电流过零后，预期的恢复电压不低于恢复电压 u_{rr} 和 u_{ri} 的较大者，恢复电压 u_{rr} 和 u_{ri} 的计算见式（5-18）和式（5-19）。

$$u_{rr} = \sqrt{2} U_{tpv1} k_c \sin(\alpha_{max} + \mu_{max}) \tag{5-18}$$

$$u_{ri} = \sqrt{2} U_{tpv1} k_c \sin \gamma_{max} \tag{5-19}$$

式中：α_{max} 为整流器最大触发角；μ_{max} 为逆变运行最大换相角；γ_{max} 为逆变运行时的最大关断角；k_c 是换相过冲系数。

试验持续时间不少于 30min。

3）热运行试验。为考核持续运行中晶闸管和阻尼电路的最大综合损耗，阀或阀组件以触发角 α 运行，一周期内测量的阀电压波形中的阶跃电压的平方和（不包括换相瞬时冲击）不低于计算值，阶跃电压的平方和计算见式（5-20）。

$$\sum \Delta V^2 = (1.75 + 1.5m^2) \times 2U_{tpv1}^2 \left[\sin^2 \alpha_{max} + \sin^2(\alpha_{max} + \mu_{max}) \right] \tag{5-20}$$

式中：m 为电磁耦合系数；α_{max} 为整流器最大触发角；μ_{max} 为逆变运行最大换相角。

试验持续时间不少于 1h。

（2）最大暂态运行负载试验（$\alpha = 90°$）。6 脉动桥换流器空载线电压的试验电压 U_{tpv2} 计算见式（5-21）。

$$U_{tpv2} = U_{vomax} k_n k_r k_{14} \tag{5-21}$$

式中：U_{vomax} 为阀侧稳态最高空载线电压；k_n 为试验比例系数；k_r 为暂时过电压系数，由系统研究确定；k_{14} 为试验安全系数，$k_{14} = 1.05$。

进行试验前，阀或阀组件都应达到最大连续触发电压试验时的热平衡。在规定的时间内，

触发角 $\alpha = 90°$，运行阀或阀组件，使得触发和预期的恢复电压均不低于 U_{tpv2} 的 1.414 倍。阀电压波形中的阶跃电压的平方和不应低于热运行试验的数值。计算时，在 $\alpha = 90°$ 运行期间，电流至少要等于由系统研究确定的 $\alpha = 90°$ 运行的最大值乘以试验安全系数 1.05。在为 $\alpha = 90°$ 规定的时间之后，返回到最大连续触发电压试验的相应条件，至少再保持恒定 15min。

在 $\alpha = 90°$ 运行的持续时间，应至少 2 倍于在此触发角运行的正常允许时间。

（3）最小交流电压试验。进行最小交流电压试验，以验证换流阀在最小触发角和最小熄弧角下能正确触发，不发生换相失败。冷却管出口的冷却介质温度稳定在过负荷运行的最高温度，晶闸管器件和所有辅助电路工作正常。

1）最小触发角试验。阀或阀组件以整流器触发角 α 运行，使得阀（组件）的触发电压不高于触发电压 u_{fr}，触发电压 u_{fr} 计算见式（5−22），其中 U_{tpv3} 的计算见式（5−23）。

$$u_{fr} = \sqrt{2} U_{tpv3} \sin \alpha_{min} \tag{5−22}$$

式中，α_{min} 为整流器最小触发角。

$$U_{tpv3} = U_{vomin} \frac{n_t}{n_v} k_{15} \tag{5−23}$$

式中：U_{vomin} 为阀侧稳态最低空载线电压；n_t 为试验串联的晶闸管级数；n_v 为一个完整的阀串联晶闸管级的总数，包括冗余级；k_{15} 为试验安全系数，$k_{15} = 0.95$。

试验持续时间不少于 15min。

2）最小关断角试验。阀或阀组件以逆变器关断角 γ 运行，使得在电流过零时，试验时恢复电压不大于恢复电压 u_{ri} 计算值，u_{ri} 计算见式（5−24）。

$$u_{ri} = \sqrt{2} U_{tpv3} k_c \sin \gamma_{min} \tag{5−24}$$

式中：k_c 为换相过冲系数；γ_{min} 为稳态运行最小关断角。

电流过零到正向电压过零点的时间不大于恢复时间 t_{off} 计算值，恢复时间 t_{off} 计算见式（5−25）。

$$t_{off} = \frac{\gamma_{min}}{360 \times f} \tag{5−25}$$

式中：f 为工作频率；γ_{min} 为稳态运行最小关断角。

试验持续时间不少于 15min。

若换流器运行策略允许 γ 在低于最小稳态值的条件下短时运行，那么在这个值下试验也需要进行。运行在暂态 γ_{min} 的持续时间应至少为在此关断角下正常的允许运行时间的 2 倍，验证在 γ_{min} 的稳态或暂态值都不会发生换流失败。

（4）暂态低电压试验。暂态低电压试验的目的是在正常交流电压运行时，在交流系统故障引起的暂时低电压期间，晶闸管器件和所有辅助电路能够正常运行。试验时间应不小于交流系统清除故障的恢复时间。

阀或阀组件以整流器触发角 α 运行，使得阀（组件）的触发电压不高于触发电压 u_{fr}，触发电压 u_{fr} 计算见式（5−26），其中 U_{tpv4} 的计算见式（5−27）。

$$u_{\mathrm{fr}} = \sqrt{2} U_{\mathrm{tpv4}} \sin \alpha_{\min} \qquad\qquad (5-26)$$

式中，$\alpha_{\min}$ 为整流器最小触发角。

$$U_{\mathrm{tpv4}} = U_{\mathrm{voN}} \frac{n_{\mathrm{t}}}{n_{\mathrm{v}}} k_{\mathrm{u}} k_{16} \qquad\qquad (5-27)$$

式中：U_{voN} 为阀侧标称空载线电压；n_{t} 为试验串联的晶闸管级数；n_{v} 为一个完整的阀串联晶闸管级的总数，包括冗余级；k_{u} 为暂态低电压系数；k_{16} 为试验安全系数，$k_{16} = 0.95$。

试验持续时间不少于 15min。

应该证明阀（组件）在整个暂态欠电压期间保持可控。

根据暂态欠电压水平和采用的试验方法，也许不能在此试验期间保持试验电路的额定运行。如果发生这种情况，需要证明这是试验期间反常电压情况的固有结果，而不是阀（组件）正确反映触发控制信号所导致的故障结果。

（5）断续直流电流试验。验证在正常触发条件和过电压保护触发条件下，阀的触发系统功能正确，另外阀对于直流断续电流有足够的耐受能力。

在冷却管出口的冷却介质温度稳定在过负荷运行的最高温度后，需在两种工况下进行：第一种工况是最大交流电压运行（$\alpha = 90°$），且 $k_{\mathrm{r}} = 1.0$；第二种工况是最小交流电压运行（$\alpha = \alpha_{\min}$）。

对于在一个完整阀或阀组件上所进行的合成试验，应调整断续电流脉冲的数量、波形和幅值，以正确模拟运行中所出现的断续电流。

断续电流或模拟断续电流的持续时间至少为实际运行中该种现象持续时间的 2 倍，然后将试验电路的运行条件调节至试验开始时的状态，并持续正常运行至少 5min。

（6）恢复期暂态正向电压试验。恢复期间，暂态正向电压试验的主要目的是检查在最高温度下，阀能够承受随着周期电流关断立即施加的暂态正向电压。试验应证明阀既能承受正向电压又能安全地导通。其次的目的是验证对在恢复期间后施加的暂态正向电压，阀的保护触发水平和 du/dt 耐受能力。

应当选取试验电流和冷却剂温度，产生晶闸管最大持续运行结温。在稳态 $\gamma_{\min}$ 的运行条件下进行。进行试验的暂态脉冲电压的正向峰值略小于试品正向保护触发电压值，施加波头时间分别为 1.2(1±30%)μs，10(1±30%)μs 和 100(1±30%)μs 的暂态过电压，证实阀的保护触发功能对暂态电压 du/dt 的灵敏度。脉冲发生器的触发应当与正常运行波形同步，在电流关断的规定时刻，立即施加正向冲击到试验的试品。

（7）故障电流试验。故障电流试验的目的是验证阀承受短路电流引起的电流、电压和温度应力作用的设计是否正确。

试验验证阀的以下能力：

① 抑制一个最大幅值的单波次故障电流，从最高温度开始且紧随闭锁发生的反向和正向电压，包括任何甩负荷造成的过电压。

② 在与单波次试验相同的条件下，在断路器跳闸后，继续存在多波次故障电流，但不再施加正向电压。

此试验应该用有再现能力的试验电路进行，能够尽可能接近规定的最严重的故障电流条件。

对于单波次故障电流试验，主要的要求是跟随单波次故障电流后，重新施加电压的第一个正半周顶峰时刻，再现最严重的正向电压与晶闸管结温的联合作用。

对于多波次故障电流试验，主要要求是跟随多波次故障电流的倒数第二个波次后，反向恢复时，再现最严重的反向电压与晶闸管结温的联合作用。

单波次故障电流试验是验证晶闸管有充分的关断时间，能够耐受故障电流过零后的正向电压。

在多波次故障电流试验期间，为了再现正确的暂态反向电压，正确地表示阀相关的总杂散电容和回路中换相电抗的电感是非常重要的。在故障电流结束后，不需要耐受恢复电压。

1）单波故障电流加正向电压试验。试验进行前，应使阀或阀组件运行达到最大连续运行晶闸管结温。

使阀或阀组件经受规定的峰值和导通时间的单波次故障电流，接着重加正向电压。正向电压第一个半波峰值 u_{tfvd} 的计算见式（5-28）。

$$u_{tfvd} = \sqrt{2}U_{vom}k_n k_r k_{17} \tag{5-28}$$

式中：U_{vom} 为阀侧最高稳态空载线电压；k_n 为试验比例系数；k_r 为暂态过电压系数，由系统研究决定的值；k_{17} 为试验安全系数，$k_{17} = 1.05$。

故障电流的峰值和持续时间由系统研究决定。

若试验电路的参数妨碍获得规定的故障电流幅值和导通持续时间，那么可以采用一个严格等效的电流波形。但需要证明，等效的电流波形在峰值电压作用时产生的晶闸管结温，至少要和正确的电流波形产生的值一样大。

2）多波故障电流不加正向电压试验。试验进行前，应使阀或阀组件运行至最大持续运行晶闸管结温。

阀或阀组件经受一个施加规定峰值和导通时间的规定波次数故障电流。阀或阀组件应经受起在各个故障电流波次之间的反向电压，但应通过持续触发晶闸管防止经受正向闭锁电压。

故障电流波过零后，反向电压峰值 u_{tfvr} 计算见式（5-29）。

$$u_{tfvr} = \sqrt{2}U_{vom} \sin\psi k_n k_r k_{18} \tag{5-29}$$

式中：U_{vom} 为阀侧最高稳态空载线电压；k_n 为试验比例系数；k_r 为暂态过电压系数，由系统研究决定的值；k_{18} 为试验安全系数，$k_{18} = 1.05$。

故障电流的峰值和持续时间由系统研究决定。

5. 运行试验回路

运行试验回路包含 2 个不同的电源，一个是电流源，在换流阀导通时提供大电流，另一个是电压源，提供换流阀关断时的电压，同时还包括一些辅助电路，以提供换流阀导通和关断时的电流变化率，整个回路由控制系统控制电压回路和电流回路交叠施加至试品阀。运行试验回路原理框图如图 5-14 所示，运行试验系统如图 5-15 所示。

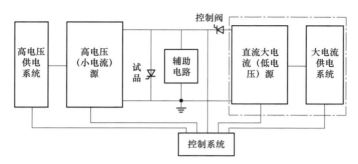

图 5－14　运行试验回路原理框图

图 5－15　运行试验系统

6. 运行试验典型波形

运行试验典型波形图如图 5－16～图 5－20 所示。

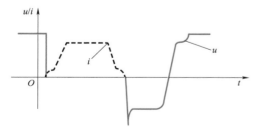

图 5－16　最大连续运行负荷试验波形

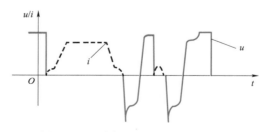

图 5－17　最大暂态运行负荷试验波形

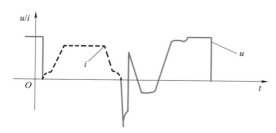

图 5-18　恢复期暂态正向电压试验波形

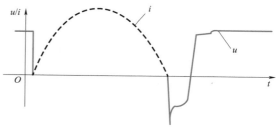

图 5-19　单波故障电流加正向电压试验波形

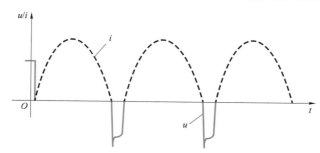

图 5-20　多波故障电流不加正向电压试验波形

5.2　例行试验

例行试验主要包括装配检查和产品试验两个方面，所有出厂的换流阀组件都需要完成例行试验，例行试验合格后才允许产品出厂。

根据产品的设计方案制定相应的例行试验规范，以达到验证产品是否满足设计要求的目的。例行试验规范是每台装配完成的换流阀组件出厂前必须进行的检查与试验项目，任何与设计要求相悖的情况必须查明原因，进行进一步处理，直到通过例行试验。每个换流阀组件例行试验完成后，都要出具相应的例行试验合格证，代表产品具备出厂条件。

5.2.1　试验目的

例行试验的目的是通过以下检验内容来证明制造的正确性：

（1）阀中所用的所有部件已按照设计要求正确地安装。

（2）阀设备预期的功能和预定的参数都处在规定的验收范围内。

（3）阀组件和晶闸管级（适当的）有足够的电压耐受能力。

（4）保证产品的一致性。

5.2.2　试验要求

为工程所制造的所有阀组件或部件都要经过出厂的例行试验。

例行试验规范包含了考虑阀及其部件特殊设计的性能、组装前进行试验的部件、有关特殊的制造规程和工艺等因素。具体试验时，按照例行试验规范要求对产品进行检验。

5.2.3 试验项目

1. 装配检查

（1）外观检查。检查所有材料和部件完好且安装正确，裸眼检查各种元器件外观是否损坏破裂，是否有深的划痕、凹痕、毛边等。

（2）螺栓检查。根据装配图，使用力矩扳手，检查所有的机械连接和载流母线连接螺栓安装力矩是否符合装配图要求，并做上标记。

（3）晶闸管硅堆压力检查。根据装配图，使用专用工具，检查晶闸管硅堆的压紧压力是否符合装配要求，太大太小都会影响晶闸管硅堆的正常运行和使用寿命。

（4）元器件的完整性检查。检查晶闸管、阻尼电阻、阻尼电容、晶闸管控制单元等部件是否与装配图和部件清单相一致。

（5）电气接线检查。检查阀组件所有的连接导线是否连接正确，检查导线绝缘层是否完好无损，检查导线的线鼻子压接和安装是否牢靠，不同电位之间导线的间隙是否满足绝缘要求。

（6）冷却水管的检查。检查冷却水管安装是否符合图纸要求，要求水管接头紧固力矩是否符合图纸要求，水管表面是否完好无损，水管内部应干净无脏污，水管没有缠绞在一起。

2. 例行试验内容

例行试验进行前，必须完成换流阀组件的所有装配检查项目，且试验项目的实施顺序是有要求的，为了保证出厂的换流阀组件是合格产品，一般按下述试验顺序对换流阀晶闸管级进行试验。

（1）功能试验。

1）短路试验。短路试验是指晶闸管级的短路测试，检查晶闸管、阻尼回路、均压电阻等元器件有没有短路的情况，一般通过施加给定频率的交流电压来测试。

2）阻抗测试。阻抗测试中的阻抗是指阻尼回路的阻抗，通过施加不同频率的交流电来测试阻尼回路的阻抗，然后根据不同频率下的阻抗对阻尼回路的器件参数进行综合评估，验证是否满足阻尼回路设计要求。

3）触发试验。触发试验是换流阀晶闸管控制单元控制晶闸管导通的功能，一般通过对晶闸管级的正常触发功能进行测试，来检验晶闸管控制单元的触发功能是否正常可靠，一般通过晶闸管级测试仪进行。

4）保护触发试验。保护触发试验是晶闸管控制单元保护晶闸管不受过电压损坏的功能。当晶闸管控制单元检测晶闸管级正常触发功能异常时，随着晶闸管两端电压的升高，当电压值达到晶闸管控制单元预设的保护触发动作值时，由晶闸管控制单元或晶闸管本身发出触发导通信号，达到保护晶闸管的目的。一般通过交流高压或冲击电压来测试。

5）恢复期保护触发试验。恢复期保护触发功能是晶闸管控制单元保护晶闸管恢复期不受过电压损坏的功能。大致的工作过程是当晶闸管导通电流过零后，晶闸管开始恢复阻断能力但又没完全恢复阻断能力的时间内，当一定斜率和幅值的外部暂态高压施加到晶闸管两端时，由晶闸管控制单元根据暂态高压斜率和幅值大小，发出触发导通信号，保护晶闸管不受恢复期过电压破坏。一般通过专门的测试仪进行，测试仪的工作原理是先检测晶闸管电流过零时刻，然后在过零时刻后的某一时间点给晶闸管级施加一定斜率、幅值的暂态冲击电压，最后由晶闸管控制单元检测暂态冲击电压，并发出触发信号给晶闸管，以达到保护晶闸管的作用。

6）反向阻断电压检查。反向阻断是指晶闸管级耐受反向电压的能力，一般通过施加反向冲击电压来检测晶闸管级的反向电压耐受能力。

（2）水路试验。

1）水压试验。水压试验是指对充满去离子水的换流阀组件冷却管路进行指定压力的试验，一般要求在指定压力和时间内，阀组件的冷却管路本身和接头不出现漏水、渗水和水管破裂的情况。

2）水流检查。水流检查的目的是检查换流阀组件每个支路所有水流，是对换流阀组件的所有冷却主水管和支水管进行冷却水流动的一种肉眼检查。首先使阀组件的冷却管路处于水循环，然后把一定压力的压缩空气施加到阀组件的进水管，最后肉眼检查所有水管是否都有均匀的气泡流过。如果某根水管没有气泡，说明该水管已堵塞，没有水流通，以此类推检查其他水管。

3）流量压差试验。流量压差是指换流阀组件冷却管路在一定冷却流量下所呈现的压力损失，一般给换流阀组件通以指定的流量，然后再读取进出阀的压力差，压力差必须控制在设计范围内，否则会导致换流阀组件冷却流量不均衡，出现换流阀过热情况。这项试验是一项非常重要的试验。

（3）均压试验。均压是指换流阀组件多个串联晶闸管级的电压均匀情况，这里指的是静态均压，因为晶闸管没有开通和关断过程。均压试验要求每个串联晶闸管级的电压均匀度在一定范围内，不允许晶闸管级出现电压过高或过低的情况，这种情况在实际工程运行中容易导致电压偏高的晶闸管寿命大大缩短。该试验的原理是通过给串联晶闸管施加交流高压，然后应用测量装置读取每个晶闸管级的电压读数，最后对读数进行分析判断，得出晶闸管级的均压性能。

（4）工频耐压局放试验。工频耐压局部放电试验包括工频电压耐受试验和局部放电试验两部分。在电压耐受试验中，主要检验被试晶闸管级耐受工频试验电压的能力；而局部放电试验，则检验晶闸管的绝缘好坏情况。

局放测量回路需要综合试品的负载特性和试验系统的能力进行选择搭建。

在加压过程中一定要注意是否有异常现象，如果有则需立即停止试验，并查找原因。同样在局放测量中，如果发现局部放电超标，需进一步查找引起局部放电超标的原因，并进行相关的处理，直到试验结果满足试验规范要求。

（5）重复均压试验。重复均压试验的做法同（3），主要目的是检测经过工频耐压局部放电试验后的晶闸管级均压回路参数是否正常，是否出现元器件阻抗性能劣化降低的情况。

（6）重复功能试验。重复功能试验的项目与（1）功能试验项目一致，主要目的是对进行过均压试验和工频耐压局部放电试验的换流阀晶闸管级的阀电子单元、阻尼回路、晶闸管等元器件进行重复的功能测试。

高压直流输电换流阀通过上述一系列的检查和试验合格后，才具备出厂条件。

5.3 现场试验

高压直流输电换流阀现场试验包括阀本体试验、分系统试验和系统试验。

5.3.1 阀本体试验

高压直流输电工程现场的换流阀安装完毕后，需要对换流阀进行阀本体试验。阀本体试验主要是安装检查、光纤衰减测试、水路试验、晶闸管级功能测试、晶闸管级保护触发试验。

1. 安装检查

安装检查是对现场安装完成的换流阀进行全面检查的项目，在进行换流阀的任何试验之前，要求对换流阀已完成的安装进行检查。

主要有以下几个方面的检查内容：

（1）机械检查。按照安装图纸检查换流阀所有的电气连接和机械安装是否符合图纸要求，所有元器件是否完好无损。

（2）母排连接螺栓力矩检查。对换流阀的电流通路的各种母排连接和金具连接的螺栓进行力矩检查，要求达到指定力矩要求，检查完后做好检查标识，以便日后检查螺栓是否出现松动。

（3）母排接触电阻测量。按照现场试验规范对换流阀电流回路的母排连接接触面进行接触电阻测量，测量值应小于规范要求。如果所测量的接触电阻不满足要求，则对母线连接进行重新处理，如重新打磨、重新涂抹导电膏、重新紧固连接螺栓。母排接触电阻的测量也是一项非常重要的检查，可以确保直流系统运行时母排连接处的温度在允许范围内。

2. 光纤衰减试验

光纤衰减试验是对换流阀到阀控设备之间的触发光纤、回检光纤、避雷器监视光纤、漏水检测光纤进行光纤衰减性能测试的项目。

（1）触发光纤衰减测试。触发光纤对衰减的要求较高，在实际运行过程中，阀控设备的发光管发出的光功率有限，还需经过数十米乃至上百米长度光纤的传输距离，来控制晶闸管的触发功能，这个传输过程要求光纤的衰减小，具有足够能量传送到晶闸管控制单元。

触发光纤衰减测试使用专用测试仪，一般按照仪器使用说明书操作就行，测试结果评判则依照光纤技术要求。

（2）回检光纤衰减测试。回检光纤是晶闸管阀到阀控设备之间的光纤，主要作用是时刻上传晶闸管的状态信号给阀控设备，该光纤的长度与触发光纤长度大致相当，一般数十米到百十米不等。

回检光纤衰减测试参照（1）触发光纤衰减测试。

（3）避雷器监视光纤衰减测试。避雷器监视光纤是换流阀避雷器监视单元到阀控设备之间的光纤，该光纤的作用是时刻监视避雷器的工作状态，当避雷器动作时，避雷器监视单元会产生一个光脉冲信号，通过光纤传递给阀控设备。

避雷器监视光纤的衰减测试参照（1）触发光纤衰减测试。

（4）漏水检测光纤衰减测试。漏水检测光纤是换流阀漏水检测装置到阀控设备之间的光纤，一般漏水检测装置都是安装在换流阀阀塔的最底部屏蔽罩，主要作用是时刻监视换流阀的漏水状态。

漏水检测光纤衰减测试参照（1）触发光纤衰减测试。

3. 水路试验

水路试验是指对一个阀厅所有换流阀阀塔安装完成的冷却管路开展的试验，水路试验包括水压试验、流量压差试验。

（1）水压试验。当前直流工程阀厅的换流阀阀塔都是悬吊安装，一个阀厅包含数量不等的悬吊阀塔。

水压试验是检验装配完成后的换流阀阀塔冷却系统的密封性能和耐受冷却介质压力的能力。

试验过程是：先给换流阀阀塔冷却系统注入满足试验要求的冷却介质，同时检查阀塔冷却系统是否有明显泄漏情况；运行内冷却系统，把阀塔内冷却系统内的所有气体排出；停止内冷却系统，并封闭所有相关阀门，开始给阀塔冷却系统施加压力，当压力达到标准要求时，保持压力至要求时间；最后检查阀塔水冷却系统所有管路接头和法兰连接是否有泄漏情况。

如果有漏水情况，应按要求泄放压力，检查泄漏来源，排水并检查、紧固或者更换元器件；重新进行水压试验，直到满足试验要求。

（2）流量压差试验。该流量压差试验是测试一个冷却系统内，与之连接的每个换流阀阀塔的进出管路的压力差，试验方法与例行试验的流量压差试验方法相同。首先是运行内冷却系统，把阀塔内冷却系统内的所有气体排出；然后调节冷却系统运行流量至某一数值，冷却系统运行稳定后，读取换流阀阀塔进出水管的压力表读数，两个读数差值就是阀塔的压力差。要求同一个冷却系统的某一流量下的每个阀塔的压力差在要求的范围内，否则会导致阀塔流量不均匀，影响换流阀的散热。

4. 晶闸管级功能测试

直流工程现场的换流阀安装完毕后，需对换流阀晶闸管级进行功能性检查。现场进行本项试验的试验项目包括晶闸管级阻抗检查和触发试验，这两项试验都是通过晶闸管级测试仪来完成的，试验时，可以使用晶闸管级测试仪分别对换流阀晶闸管级进行阻抗检查和触发试验。

直流工程现场进行换流阀晶闸管触发试验的方式有两种：第一种是直接使用晶闸管级测试仪直接发触发信号来触发导通晶闸管；第二种是通过阀控设备发触发信号来触发导通晶闸管。这两种试验方式的最大区别是第二种方式对阀控设备的控制信号、触发光纤、回检光纤的工作情况同时进行了检查，检查项目更多。目前直流工程现场更倾向使用第二种试验方式，第一种方式相对操作简单，下面介绍第二种试验方式的方法。

首先是针对工程换流阀晶闸管的电气参数，设置好晶闸管级测试仪中的阻抗参数和触发相关参数；然后把晶闸管测试单元设备放到升降平台，连接好设备电源线和接地线，把测试线连接到被试换流阀晶闸管级；接着把被试晶闸管所对应的阀控设备设置成试验模式，以满足晶闸管单级触发试验要求，同时用监控后台对被试晶闸管级的状态信息进行监视。上面的准备工作完成后，开始测试，每个晶闸管级要求进行触发试验和阻抗测量，并且检查被试晶闸管上传的状态信息，确保所报信息正确。

5. 晶闸管级保护触发试验

直流工程现场安装完毕的换流阀可以根据需要进行晶闸管级保护触发试验，现场进行的晶闸管级保护触发试验与厂内例行试验中的保护触发试验的目的和操作方法一样，唯一的区别就是试验环境的不同。因为现场施工环境复杂，保护触发试验施加的冲击电压峰值达到近十千伏，特别需要注意高压试验的安全防护，一般尽可能把试品隔离，解除同周围设备或金具的电气连接。

5.3.2 分系统试验

分系统试验是相对于整个直流输电系统而言，本节介绍的分系统试验是针对换流阀及其相关设备组成的子系统所开展的试验项目。关于换流阀及其设备的分系统试验主要包括阀控分系统试验和低压加压试验。

1. 阀控分系统试验

阀控分系统试验包括输入输出信号检测和功能测试。

（1）输入输出信号检测。

1）控制触发信号检测。检查从极控发向阀控的触发控制信号与阀的对应关系，通过拆拔对应光纤的方法进行，核对后台事件是否正确。

2）触发回检信号检测。检查从阀控到极控的触发信号回检脉冲，通过拆拔对应光纤的方法进行，核对后台事件是否正确。

3）主备动信号检测。检查从极控到阀控的主备动信号，通过极控切换阀控的主备动系统状态和移除主备动光纤的方法进行测试，判断主备动光纤信号与阀控机箱是否一一对应。

（2）功能测试。

1）状态不一致报警。拔下阀控每个机箱控制板卡的主动信号光纤，模拟不同机箱阀控系统不在同一模式，核对后台事件是否正确。

2）功能跳闸。通过断开阀控系统电源，模拟阀控板卡故障，模拟触发脉冲回报信号，来测试阀控系统正确输出"功能跳闸"事件。

3）旁通信号测试。在现场，必须进行旁通信号测试，以保证当 PCP－OK 信号消失时，逆变运行的换流阀能正确投入旁通对，保证系统运行正确。

4）漏水检测测试。分别对每个阀塔漏水检测装置进行漏水检测功能测试，核对漏水检测位置与光纤对应关系，以及后台对应漏水事件。

5）避雷器动作测试。通过光发射器模拟避雷器动作信号，核对避雷器位置与光纤对应关系，以及后台避雷器动作事件。

2. 低压加压试验

（1）试验目的。低压加压试验是在完成换流变压器本体试验、换流阀本体及阀控系统联调试验、换流站控制保护装置试验及极控与阀控联调试验后进行的项目。

试验时在换流变压器网侧施加工频低压试验电压，对换流器完成下述试验和检查工作：

1）检查换流变压器一次接线正确性。

2）检查换流阀触发同步电压正确性。

3）检查换流阀触发控制电压正确性。

4）检查一次电压相序正确性及阀组触发顺序关系。

5）检查阀控系统监测功能正确性。

6）检查 12 脉动换流器输出正确性。

（2）试验条件。为保证试验顺利进行，做换流站低压加压试验前，需确认被试系统满足下述条件：

1）相关设备试验已经完成，试验结果合格。

2）试验中的相关设备已经接好辅助电源。

3）本侧（整流侧或逆变侧）与交流系统隔离，对侧（逆变侧或整流侧）与交流系统隔离，整流侧和逆变侧隔离。

4）试验时主电路的连接按试验连接图实施。

5）试验准备过程中，两侧换流变压器线路侧的接地开关和阀组的接地开关必须合上。

6）试验过程中，接地必须解除，当接地解除后视作主电路已经充电。

（3）试验接线图。直流输电工程换流阀低压加压试验就是 12 脉动阀组在低电压条件下的工作过程，换流阀低压加压试验对一整个 12 脉动阀组进行，试验中不带平波电抗器，不带直流滤波器。低压加压试验一次接线图如图 5-21 所示。一般试验在换流变压器线路侧直接接入 1 个交流电源以及 1 台感应调压器和 1 台换流变压器来满足晶闸管阀导通的电压要求，另外还需要 1 台自耦调压器，来供给换流阀触发控制装置的同步电压。

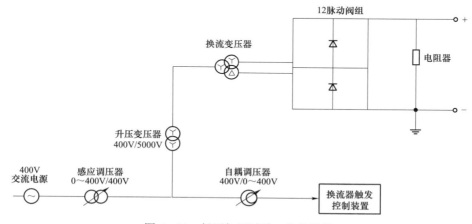

图 5-21　低压加压试验一次接线图

（4）换流阀接线。在本试验中，需要在换流阀的每一个桥臂留一个晶闸管级，其他晶闸管级都短接，这样给换流阀提供的电压就比较低，只需满足一个晶闸管级取能回路和不同触发角度的触发要求即可,因此所需试验设备容量将减小。一般电控晶闸管两端交流电压 380V,可以满足晶闸管控制单元取能和触发电压的需要。

(5)低压加压试验参数计算。试验前应进行试验参数计算,得到电源容量和直流电压输出端连接的电阻值,再决定感应调压器和升压变压器的参数。建议在晶闸管阀能够连续导通的前提下,输出直流电流 I_d 尽可能小,可选为 $I_d = 2 \sim 10A$,阀侧电压能够保证阀正常被触发的前提下尽可能小。

电源容量和晶闸管阀两侧施加的电阻值可以用式(5-30)~式(5-33)进行估算。

$$U_{\text{thyristor}} = U_{\text{test}} \frac{U_{\text{vN}}}{U_{\text{acN}}} \tag{5-30}$$

$$U_d = \frac{3\sqrt{2}}{\pi} U_{\text{thyristor}} \cos\alpha \tag{5-31}$$

$$R_d = \frac{U_d}{I_d} \tag{5-32}$$

$$P_d = I_d^2 R_d \tag{5-33}$$

式中:U_{thyistor} 为晶闸管两端电压有效值;U_{test} 为试验时施加到换流变压器一次侧的线电压;U_{vN} 为换流变压器阀侧额定电压;U_{acN} 为换流变压器网侧额定电压;U_d 为 6 脉动桥输出直流电压;R_d 为直流输出端的负载电阻;I_d 为直流电流;α 为触发角。

(6)低压加压试验方法。

1)手动置数操作极控系统,选择控制系统 A,确定控制系统 A 运行正常。

2)给 12 脉动阀组施加交流电压,并通过极控系统启动阀控系统的预检模式,检查试验晶闸管级回报信号是否正常。

3)使用相位测试仪对换流变压器的接线相位进行测量,确认测试结果是否满足设计要求的电气连接方式。

4)手动置数操作极控对阀控发送解锁命令,触发晶闸管级;解锁时触发角设置为 160°左右;然后逐渐减小触发角,对每个规定触发角,检查和记录各触发角对应的直流电压和直流电流波形。

5)按照减小触发角的操作逐渐增大触发角度,对每个规定触发角,检查和记录各触发角对应的直流电压和直流电流波形。

6)闭锁换流阀,然后切换控制系统 A 到系统 B,重复上述操作。

7)在系统 A 和 B 的解闭锁操作完成后,在某一运行角度下,手动操作切换控制系统,检查系统切换过程中系统运行是否受到影响。

8)试验完成后,退出交流电压,断开试验回路,并接地。

9)随后拆除试验回路,恢复原状。

5.3.3 系统试验

根据直流输电工程系统调试方法,换流阀设备考核的系统试验主要是空载加压试验和故障晶闸管级跳闸试验。

1. 空载加压试验

空载加压试验（open line tests，OLT）是一项直流系统带电的调试项目，从操作方式上可以分为手动和自动，从试验对象上可以分为不带线路和带线路。具体试验时，根据调试方法要求选择试验对象。带线路和不带线路空载试验的操作方法相同，下面仅介绍空载加压试验的手动操作和自动操作。

（1）试验目的。检查换流阀的触发能力及其电压耐受能力；检查直流场设备与直流线路的耐压能力；检查线路开路试验顺序控制与开路保护动作的正确性；检查直流电压控制能否正确工作。空载加压试验也是直流输电系统在投运前与故障检修后，检验直流设备和直流线路绝缘水平，以及控制系统是否正常的重要手段。

（2）试验条件。直流控制保护系统分系统调试已经结束，试验结果合格并通过验收；交流场具备带电运行条件；交流保护、极控和直流保护投运；试验前交流母线已经带电；与对站系统已经完全隔离；已完成最后跳闸试验；换流变压器充电试验已完成。

（3）测量和监视。记录相关避雷器的动作次数，读取交流母线电压和直流电压；用录波仪录取同步电压、直流电压、直流电流、触发角、竖琴脉冲和紧急停机信号。

（4）手动开路试验方法。

1）按照调试方法操作要求，进行带线路或不带线路试验。

2）设置换流变压器分接头控制方式为"手动"，并设置换流变压器分接头在二次电压最低挡，极控制和保护处于投运状态。

3）在运行人员工作站实现从直流冷备用到换流变压器充电连接方式的转换。

4）在运行人员工作站投开关，开始换流变压器充电。

5）退出极控的直流欠电压保护。

6）极控选"OLT"控制，设置点火角控制方式为"手动"，并设置直流电压上升率。

7）置直流电压参考值，在运行人员工作站启动 OLT 顺序，监视直流电压按要求速率上升，对直流设备进行检查和巡视。

8）根据调试方法设置直流电压参考值和电压上升率，在运行人员工作站启动 OLT 顺序，监视直流电压按要求速率上升。

9）当直流电压升到额定直流电压时，停留要求时间，对直流设备进行检查和巡视。

10）极控执行"停机"操作，确认 OLT 顺序进入停机过程，直流电压降到零。

（5）自动开路试验方法。

1）极控置直流电压参考值，置直流电压上升率。

2）极控执行"OLT"顺序，直流电压按要求上升速率升至直流电压设置值。

3）自动进入停机顺序，直流电压按要求下降速率降到零，试验过程中对直流设备进行检查和巡视。

2. 故障晶闸管级跳闸试验

跳闸试验是系统试验中非常重要的试验项目，此试验关系到系统运行过程中遇到异常情况时，系统能够正确执行相关预设的保护策略，对设备进行保护。

现场进行故障晶闸管级的跳闸试验是为了保证运行时能够正确跳闸动作。在系统调试阶段，换流阀处于正常运行状态时，进行故障晶闸正常管级跳闸试验。

试验方法：

（1）换流阀正常运行条件下，查看后台是否有晶闸管故障事件，进行跳闸试验最好在无故障晶闸管的换流阀上进行。

（2）借助于光纤拆拔工具，拔下一根回检光纤，然后复原，检查后台是否有对应的晶闸管级故障事件。

（3）依次拔下几根回检光纤直到激活故障晶闸管级跳闸功能，如果备用系统运行正常，会先出现系统切换，然后直流系统再跳闸。如果没有备用系统，直流系统会立即跳闸。

（4）系统跳闸后，核对激活跳闸的故障晶闸管级数量是否与预设的数量一致，同时核对后台事件是否正确。

参 考 文 献

[1] IEC60700 – 1. Thyristor valves for high voltage direct current（HVDC）power transmission，part 1：electrical testing [S]. Geneva：International Electrotechnical Commission，2015.

[2] 全国电力电子学标准化技术委员会. GB/T 20990.1—2007 高压直流输电晶闸管阀 第 1 部分：电气试验 [S]. 北京：中国标准出版社，2008.

[3] 全国电力电子学标准化技术委员会. GB/T 28563—2012. ±800kV 特高压直流输电用晶闸管阀电气试验 [S]. 北京：中国标准出版社，2012.

[4] 韩民晓，文俊，徐永海. 高压直流输电原理与运行 [M]. 北京：机械工业出版社，2010.

[5] 刘泽洪. 特高压直流输电工程换流站设备监造指南 晶闸管换流阀 [M]. 2 版. 北京：中国电力出版社，2017.

[6] 李应文. 换流变压器电站检修试验质量控制卡汇编 [M]. 成都：电子科技大学出版社. 2017.

[7] 汤广福. 电力系统电力电子及其试验技术 [M]. 北京：中国电力出版社. 2015.

[8] 国家能源局. DL/T 1568—2016 换流阀现场试验导则 [S]. 北京：中国电力出版社. 2016.

[9] 高冲，盛财旺，周建辉，等. 巴西美丽山 II 期特高压直流工程换流阀运行试验等效性研究 [J]. 电网技术，2019，43（11）：4246 – 4254.

[10] 董意锋，常忠廷，胡永雄，等. 锡盟 – 泰州 ±800kV/6250A 特高压直流输电换流阀优化设计及型式试验 [J]. 电气应用，2019，38（4）：110 – 119.

[11] 查鲲鹏，周万迪，高冲，等. 高压直流换流阀例行试验方法研究及工程实践 [J]. 电网技术，2013，37（2）：466 – 470.

[12] 查鲲鹏，王高勇，周军川，等. HVDC 换流阀非周期触发试验方法 [J]. 高电压技术，2012，38（11）：3074 – 3079.

[13] Woodhouse M L. Voltage and current stresses on HVDC valves [J]. IEEE Tran on Power Delivery，1987，2（1）：199 – 206.

[14] BAUER T，LIPS H P，THIELE G，et al. Operational tests on HVDC thyristor modules in a synthetic test circuit for the Sylmar east restoration project [J]. IEEE Trans. on Power Delivery，1997，12（3）：1151 – 1158.

［15］ TANABA S，KOBAYASHI S. Operational test method on valves section for HVDC thyristor valves ［J］. Toshiba`s Selected Papers on Science and Technology，1996，10（4）：119 − 124.

［16］ Research on 1100kV/5500A Ultra − High Voltage Thyristor Valve Key Technology and Its Application ［J］. IEEE TRANSACTIONS ON POWER ELECTRONICS，2019，34（11）：10524 − 10533.

［17］ Su，Chunqiang；Liu，Chen；Zhou，Mingang，et al. Study on MVU Tests Method of + / − 1100kV Thyristor Valves for HVDC Power Transmission［C］. IEEE International Conference on High Voltage Engineering and Application（ICHVE），Athens，GREECE，2018：2381 − 5043.

第6章 换流阀冷却系统

在换流阀设备工作时，为确保直流输电系统工作在允许温度范围内，需要加入冷却系统进行主设备温度控制。高压直流输电系统每个12脉动换流阀配置一套独立的水冷却系统，该系统由内冷却循环系统和外冷却循环系统组成。换流阀冷却系统以下简称阀冷系统。

6.1 阀冷系统工作原理

直流工程换流阀一般采用水冷却技术，去离子冷却水在户内换流阀热交换器（散热器）内加热升温后，在主循环泵驱动下进入户外换热设备［空气冷却器（简称空冷器）、冷却塔］并被冷却。降温后的冷却水由主循环水泵再送至室内，如此周而复始地循环。

根据户外换热设备冷却形式不同，阀冷系统通常可以分为三种类型，分别是空冷器冷却、闭式冷却塔冷却和空冷器串闭式冷却塔冷却。空冷器冷却适用于环境温度（干球温度）不太高的地区；闭式冷却塔冷却适用于水资源相对丰富的地区；空冷器串闭式冷却塔冷却适用于输送功率大、环境温度高且水资源缺乏的地区。闭式冷却塔作为空冷器的补充，当温度超过设计温度或者进阀温度接近报警值时，将启动辅助冷却系统闭式冷却塔及其喷淋装置，以保证换流阀对进阀温度的要求。三种形式的阀冷系统流程简图如图 6-1 所示。

内冷却水补水回路主要由补水泵、补水过滤器及离子交换器等组成。冷却系统运行时，当膨胀水箱的水位低于设定值，则补水泵会自动启动进行补水。补充水为市场用纯水或蒸馏水，补充水经补水泵驱动先经过补水过滤器，再经过离子交换器以保证补充水的电导率满足换流阀要求。

为了控制进入换流阀内冷却水的电导率，在主循环回路上并联一水处理回路。水处理回路主要由一用一备的离子交换器和交换器出水段的精密过滤器组成。系统运行时，部分内冷却水将从主循环回路旁通进入水处理装置进行去离子处理，去离子后的内冷却水的电导率将会降低，处理后的内冷却水再回至主循环回路。通过水处理装置连续不断地运行，内冷却水的电导率将会被控制在换流阀所要求的范围之内。为防止交换器中的树脂被冲出而污染冷却水水质，在交换器出水口设置一个精密过滤器。为保持内冷却水回路中压力恒定，设置一个氮气稳压系统以维持整个冷却系统的压力。为降低晶闸管阀阀组承压，提高阀组的运行安全，冷却水回路将阀组布置在循环水泵入口端。

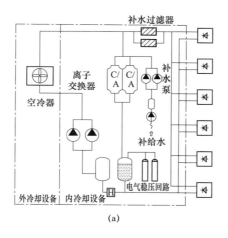

(a)

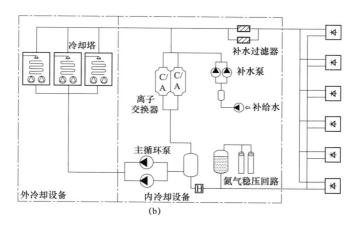

(b)

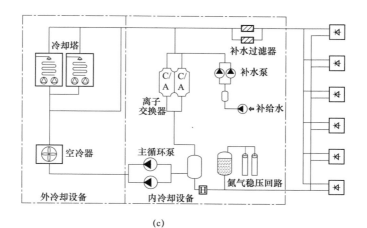

(c)

图 6-1　三种形式阀冷系统流程简图

（a）空冷器冷却系统；（b）闭式冷却塔冷却系统；（c）空冷器串闭式冷却塔系统

6.2 阀冷系统设备组成

高压直流输电系统每 12 脉动换流阀配置一套独立的水冷却系统。该系统由两个冷却循环系统组成：一是内冷水循环系统，通过去离子水对阀进行冷却；二是外冷水循环系统，通过空冷器或冷却塔对内冷水进行冷却。

内冷水循环系统主要由主循环泵、补水泵、主通道过滤器、离子交换器、脱气罐、膨胀罐、补水箱、氮气稳压系统等组成。一般将主循环回路中的相关设备如主循环泵、脱气罐、电加热器、主过滤器、相应阀门及管道等部分安装在一个基座上，称为"主机"；将去离子回路、氮气稳压回路、补水回路中的相关设备如离子交换器、补水泵、补水箱、相应阀门、仪表及管道等部分安装在一个基座上，称为"辅机"。

常用的外冷水循环系统有三种方式：第一种主要由空冷器组成的外冷系统；第二种主要由喷淋泵、闭式冷却塔、水处理系统组成的外冷系统；第三种由空冷器串联闭式冷却塔组成的外冷系统。

除冷却系统主设备外，冷却系统还需电控设备及其配电和控制保护系统。

6.2.1 内冷主机

换流阀冷却系统的内冷却设备分为主机和辅机两部分。同类产品的内冷主机外形结构如图 6-2 所示。

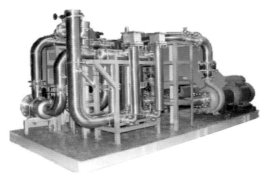

图 6-2 同类产品的内冷主机外形结构图

主机部分主要由主循环泵、主过滤器、脱气罐、电加热器、相应阀门及管道等部分组成。冷却水在主循环泵动力作用下，被冷却器件带走热量，热介质通过室外换热设备，进行二次散热后，直接回流主循环回路。

1. 主循环泵

（1）主循环泵选型计算。主循环泵的选型包含主泵流量和主泵扬程的计算两部分。由于主泵流量取决于换流阀的要求，因此其计算主要为泵扬程的计算。

主泵扬程设计主要考虑主循环管道沿程压力损失、管道局部压力损失、净扬程、阀塔和冷却塔或空冷器扬程。

1）主循环管道沿程压力损失 H_1 计算。

管道沿程压力损失可以通过式（6-1）计算。

$$H_1 = i \frac{L}{1000} \tag{6-1}$$

式中：H_1 为管道沿程压力损失，kPa；i 为设定流量和管径时的单位长度管道压力损失，kPa/km；L 为管道长度，m。

2）管道局部压力损失 H_2 计算。管道局部损失可通过式（6-2）计算。

$$H_2 = \sum \varepsilon \frac{v^2}{2g} \qquad (6-2)$$

式中：ε 为局部压力损失系数；v 为流体流速，m/s；g 为重力加速度，m/s²。

3）净扬程 H_3 计算。在闭式循环系统中，默认系统的净扬程都为 0。

4）阀塔、冷却塔或空冷器扬程 H_4 计算。阀塔、冷却塔或空冷器的扬程（或者写成压差）可以查阅产品手册得到。

（2）主循环泵选型及漏水检测。主循环泵为换流阀闭环冷却系统中冷却介质的总动力源。为降低泵在启动时对冷却系统和供电系统的冲击，在主循环泵上配置了软启动器。主循环泵外形图如图 6-3 所示。

每台主循环泵底部均设置主泵轴封漏水检测装置，如图 6-4 所示，主泵前后均设置检修阀门，一旦出现主循环泵漏水，阀冷系统将及时给出报警，提醒运行人员及运行检修人员进行问题处理，保证主循环泵安全、可靠运行。

图 6-3　主循环泵外形图

图 6-4　主泵轴封漏水检测装置

2. 主过滤器

主过滤器是主循环回路中一种在换流阀入口前的全流量过滤器，以防止系统中的纤维物等杂物进入换流阀，其过滤器滤芯为不锈钢材质。

为方便在线维护或更换主过滤器，主过滤器都采用一用一备模式。在主过滤器上设置了压差表，用来监测主过滤器的污堵程度，以判断主过滤器是否需要维护。在主过滤器进出口均设有阀门以便在主循环泵停运时更换或清洗过滤器，也减少了冷却介质的损失。为方便主过滤器在在线维护时排气并将其中的冷却水放空，在过滤器顶部设置手动排气阀；在过滤器底部设置手动放空阀。主过滤器外形图如图 6-5 所示。

3. 脱气罐

内冷却回路中残留下的及运行中新产生的气体聚集在管路中会产生诸多不良影响，增大水泵的噪声和振动，降低水泵流量，减少流道截面，增大管道压力甚至导致支路断流现象，因此回路中的主要容器及高端管路均设置了自动排气阀进行排气。为了更好地排气，内冷却系统利用脱气罐在主泵入口处作为气水分离器，以去除管路系统中产生的气体。

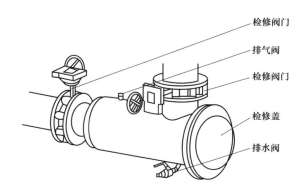

图 6-5　主过滤器外形图

4. 氮气稳压系统

氮气稳压系统由膨胀罐、氮气瓶、减压阀、电磁阀、压力传感器、安全阀等组成。使用氮气密封可以使冷却水与空气隔绝，对管路中冷却水的电导率及溶解氧等指标的稳定起着重要的作用。其中充氮管路由氮气瓶、减压阀、安全阀、电磁阀、压力传感器组成。当主回路冷却水因温度升高导致膨胀罐压力增高时，膨胀罐顶部的电磁阀将自动打开完成排气；当冷却回路冷却水损失或温度降低导致膨胀水箱压力降低时，膨胀水箱即以自身压力将罐内冷却水输出，以维持主回路的压力恒定和冷却水的充满。膨胀罐上安装了采用冗余设计的液位传感器，当膨胀罐液位超低时请求跳闸。膨胀罐上的液位传感器传递线性连续信号，如果下降速率超过整定值（温度突变除外），系统将判断管路可能存在泄漏。

5. 电加热器

为了防止因冷却水温度过低而造成换流阀水管壁上凝露或室外管道结冻，需要设置电加热器以保证冷却水温度。

假设在室外最低干球温度时，所有冷却塔风机或空冷器风机均处于停运状态，此时电加热器所提供的热量应能满足外冷系统室外管道部分及冷却塔或空冷器停机后的自然耗散能力时的消耗功率，包括辐射损耗和对流损耗。

以下计算是在冷却水额定流量下外冷设备（含管路部分）的散热量，电加热器的容量设置应能满足此时的最大要求。

（1）辐射损耗。系统停止运行后，室外设备的主要损耗为辐射损耗。室外换热设备辐射散热量可根据式（6-3）计算。

$$Q_{管束辐射散热} = \varepsilon_2 A_2 C_0 \left[\left(\frac{T_1}{100} \right)^4 - \left(\frac{T_2}{100} \right)^4 \right] \qquad (6-3)$$

式中：ε_2 为空冷器不锈钢基管表面及冷却塔换热盘管的法向发射率；C_0 为黑体辐射系数，$W/(m^2 \cdot K^4)$；A_2 为换热器换热面积，m^2；T_1 为管道内壁温度，℃；T_2 为管道外壁温度，℃。

（2）对流损耗。当冷却塔风机或空冷器停机时，外侧的空气流动很小，可认为空气流速为 0m/s，此时基本认为冷却管盘管表面没有对流损耗。此时仅有室外主循环管道部分存在对流损耗，管道对流散热量可通过式（6-4）计算。

$$Q_{管道对流散热} = hA_1\Delta T \tag{6-4}$$

式中：h 为不锈钢钢管表面传热系数，W/（m^2·K）；A_1 为管道外表面面积，m^2。

6.2.2　内冷辅机

内冷辅机部分主要由去离子回路、离子交换器、补水回路及电动三通回路组成。内冷辅机的外形结构如图 6-6 所示。

1. 去离子回路

去离子回路由离子交换器、精密过滤器、转子流量计、在线电导仪和功能阀门串联组成。该回路并联于主回路运行，从主泵出口高压段引出的小流量冷却介质通过本回路后净化成超纯水，然后进入主泵进口管路完成并联循环回路。

2. 离子交换器

水处理回路用于确保冷却介质电导率稳定，而离子交换器是冷却水水处理回路的主要组成部分之一。离子交换器内安装长效高交换量免维护离子交换树脂，正常情况下，可以使用三年以上。为防止离子交换器中树脂或其他杂质进入主循环回路，在离子交换器出口安装了精密过滤器作为保安过滤器。

图 6-6　内冷辅机外形结构

3. 补水回路

补水回路用于补充内冷却系统中损失的水，该回路由补水箱、补水泵、止回阀、离子交换器和过滤器等组成。

当膨胀水箱水位降至设定点时，控制系统指令报警，此时应开始补水。补充水为市场用纯水或蒸馏水。补充水在补水泵驱动下经补水过滤器和离子交换器进入主循环回路。当补水箱液位低于设定值时，提示操作人员启动补水泵补水，维持补水箱中的液位；自动补水泵根据膨胀水箱液位自动进行补水，也可根据情况手动补水。当补水箱水位下降至设定点，报警系统出现警示画面，值机人员应向补水箱补水。

4. 电动三通回路

在通向室外换热设备的进、出水管路间，设置电动三通回路，用于控制流向外冷系统的内冷却介质流量。回路中设置有手动排气球阀，可以方便地进行管路的手动排气。

如图 6-7 所示，整个电动三通回路由电动开关阀、电动比例阀、蝶阀、止回阀、球阀及管道等组成。电动开关阀、电动比例阀、蝶阀和止回阀主要组成两个主冷却回路，一用一备、冗余设置，用于控制流向外冷的流量。

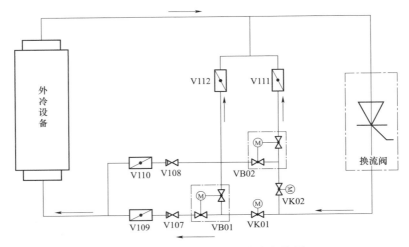

图 6-7 电动三通回路功能流程简图

同时为了更好地控制流向外冷系统的内冷却介质流量，电动三通回路设置三种运行控制模式：

（1）内冷却介质基本不流经外冷系统，外冷系统仅保持最小流量。

（2）内冷却介质部分流经外冷系统。

（3）内冷却介质全部流经外冷系统。

6.2.3　空气冷却器

1. 空气冷却器设计主要输入参数

空气冷却器的设计参数主要有冷却容量、冷却介质类型及介质流量、空气冷却器进口或出口的冷却介质温度、空气冷却器设计环境温度（即空气温度）等。换流站阀冷空气冷却器布置如图 6-8 所示。

图 6-8　换流站阀冷空气冷却器布置

空气冷却器的设计参数确定原则：

（1）空气冷却器冷却容量的确定。由换流阀的冷却要求可知，换流阀组件在正常工作时的发热量，将空气冷却器的设计面积裕量取 30%以上。

（2）空气冷却器冷却介质及介质流量的确定。冷却介质为去离子水。冷却介质流量为进阀额定流量与去离子流量之和。

（3）空气冷却器出口冷却介质温度的确定。为保证换流阀长期可靠稳定运行，在 2h 连续过负荷运行时，根据换流阀的进水温度报警值，空气冷却器出口冷却介质温度的设计必须留有一定余量。

（4）空气冷却器设计环境温度的确定。根据换流阀允许的最高进阀温度报警值与站址极端最高环境温度，考虑热岛效应对空冷器换热能力的影响后确定。

2. 空气冷却器结构形式的选择

空气冷却器架构和换热管束的进风方式分为引风式（风机位于管束上方）和鼓风式（风机位于管束下方）两种，如图 6－9 所示。其优缺点比较见表 6－1。

表 6－1　　　　　　　　　　鼓风式与引风式的优缺点比较

进风方式	优　　点	缺　　点
鼓风式	1. 电机温度相对较低 2. 风机维修较方便 3. 翅间易发生端流 4. 电机、轴承不受热空气影响，使用寿命长 5. 百叶窗防冻效果好，防风沙效果好	1. 风流分布不均匀 2. 噪声略高
引风式	1. 风流分布均匀，有利控温 2. 不易发生热风再循环 3. 噪声相对较小 4. 具烟囱效应，比较节能	1. 维修风机、电机均相对不便 2. 防冻效果略差

6.2.4　闭式冷却塔及喷淋回路

1. 闭式冷却塔

闭式冷却塔通常由换热盘管、热交换层、冷却塔塔体、冷却塔风机及配套电机、进风导叶板、动力传动系统、水分配系统、集水箱和底部滤网组成（见图 6－10）。

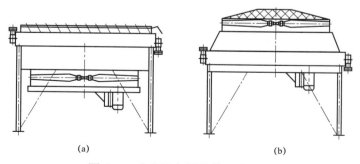

(a)　　　　　　　　　　　(b)

图 6－9　空气冷却器结构形式分类

（a）鼓风式；（b）引风式

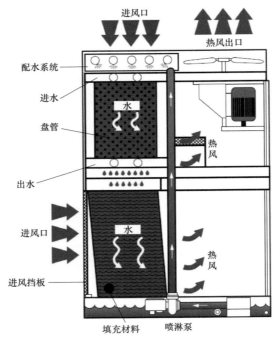

图 6-10 闭式冷却塔组成及运行原理

（1）换热管盘。换流阀冷却系统对于冷却介质水质要求特别严格，故对换热盘管的材质要求也较高。

换热盘管的特点如下：

1）采用连续弯不锈钢换热盘管制管技术，保证了盘管内壁的高度清洁及连续弯的高强

图 6-11 连续弯换热盘管外形

度，让系统运行更稳定、安全、可靠。

2）每组换热管先经过预检和压力实验，合格后再组装，组装完成后在水中进行气压实验，确保运行中承受系统压力以确保无泄漏，能承受冬季设备停机期间结冰对盘管的压力影响。

3）盘管与联箱处采用焊接连接。风水同向包覆盘管及专利设计的盘管填料布置方式使水温下降更低，盘管上结垢率极低，不必经常清洗，因此无需采用可拆卸法兰的方式。连续弯换热盘管的外形如图 6-11 所示。

（2）热交换层。闭式冷却塔先进的热交换层和盘管技术与传统的冷凝器相比，换热效率极高，结垢趋势也得到了减缓，其原因有以下 4 点：

1）平行的空气和水流路。较佳的水覆盖与管外表使空气和喷淋水以顺畅、平行和向下的路径流过盘管表面，维持了完全的管外覆盖。这种平行的流动方式，水不会由于空气流动

的影响出现与管底侧分离的现象，从而消除了水垢形成的干点。

2）增加流过盘管表面水流量。盘管表面的喷淋水流量超出绝大多数传动闭式冷却塔水流量的一倍以上。主要的热传导表面持续湿润可以降低发生结垢的可能性。由于独特的热传导系统，使高流量的淋水并不需要增加喷淋水泵的能耗。

3）蒸发过程主要发生在热交换层部分。采用了主要和辅助传导表面的复合流技术。主要热传导表面为蛇形盘管，它是闭式塔的主要部件，盘管在有害结垢防护方面的效果更好，这是由于盘管主要依靠显热热传导的方式，较其他主要依靠潜热传导（蒸发热传导）的方式，盘管表面结垢的可能性更低。

4）较低的喷淋水温度。在较低温度的喷淋水中，由于易结垢的成分保持在溶解状态下，而不能沉积在盘管表面，所以结垢的倾向更低。

（3）冷却塔塔体。闭式冷却塔所有构件均有足够的耐腐能力以满足在室外布置需要。闭式冷却塔壁板采用不锈钢板制作，壁板与框架结构的连接采用不锈钢螺栓连接。外壁与框架结构等结合部均采用硬质密封材料填实，以使接缝处具有良好的密封性能，可以防止喷淋水渗出冷却塔体。

（4）冷却塔风机及配套电机。闭式冷却塔风机采用冷却塔专用风机，每一台风机对应一台电机。风机及电机的性能满足冷却塔对风量和风压的要求。电机的支座固定在冷却塔箱体的框架上，并采用不锈钢螺栓连接；风机叶片采用高强度铝合金叶片。

（5）进风导叶板。进风导叶板采用不锈钢材料制作，进风导叶板的角度、叶片数及其设置位置能使空气均匀地流向冷却盘管及热交换层，并尽量避免使冷却盘管及热交换层处于涡流区。调整叶片间距也能将空气阻力降至最低，并防止冷却水溅出。

（6）动力传动系统。风机与电机间的传动方式主要分为带传动方式和直联方式。风机采用直联方式驱动时性能稳定、效率高，但其缺点也很明显。首先，风机与电机采用直联方式，电机与风机同轴放置，设备长时间运转后必须将电机拆卸后进行更换轴承、压盖等部件的维护工作，十分不便，而且更换后需重新调整同轴度和同心度，电机较重也给安装带来不便。其次，闭式冷却塔设备属于蒸发换热设备，风机端会有大量湿热空气排出，而直联方式会使得电机处于湿热空气的环境中，电机长时间处于这种环境将影响使用寿命。采用带传动方式连接可以避免以上的缺点，电机安装在侧面使得轴承等备件易更换，方便设备维护。同时传动的价格远低于电机，避免电机处在湿热空气环境而延长了使用寿命。

（7）水分配系统。水分配系统由喷淋泵、喷淋给水管道及管道附件、喷淋布水系统、喷嘴等组成。在冷却塔本体内主要有喷淋水分配管道和喷嘴。

喷淋水分配管既可以在设备停运时进行外检视和维修，也可在满负荷运行时进行检查。喷淋水分配管最低点处安装喷嘴，流经的水无论何时都会经喷嘴喷淋至盘管上，喷淋水管内不会存水。如果在循环水中有脏的东西，可以把喷嘴拆卸后清洗，另外在喷淋水总管上设置了精密过滤器，阻止机械杂质进入水管，无需在配水管末端设置排污泄水管及手动泄水阀。

（8）集水箱。集水箱相对独立地置于塔体底部中央，采用不锈钢板无焊缝拼装技术，双面光滑，无需树脂密封，无渗漏，重量轻，倾斜式设计保证冷却水能顺利地流入排水口以便于清理。

（9）底部滤网。冷却塔底部出水口设置正方体的不锈钢滤网，过滤掉外部带来的树叶、杂草、昆虫等杂质，保证进入缓冲池的水清洁。不锈钢底部滤网可拆卸，方便维护清洗。

2. 喷淋回路

喷淋回路主要由喷淋水泵、喷淋水输送管道及管道附件（阀门、弯头、波纹管等）、缓冲水池等部件组成。

（1）喷淋水泵。每台闭式冷却塔均配置两台喷淋水泵，每台水泵均为100%的容量，互为备用；调试手动切换，投运后定期自动切换或遇故障（失电压、过热、过电流）自动切换，切换时间小于或等于0.5s。

（2）喷淋水输送管道及管道附件。喷淋水输送管道及管道附件主要包括止回阀、电动阀、蝶阀、防震接头、波纹管。为方便检修和维护，在泵的入口端设置泄空阀，用来彻底排空喷淋管道中的水。为实时观察喷淋泵的运行情况，在喷淋泵出口设置电接点压力表。

（3）缓冲水池。为了保证冷却塔喷淋水的稳定性和可靠性，在室外设置缓冲水池，为了方便控制在缓冲水池中装配了超声波液位计。

考虑到保证冷却塔喷淋水的稳定性和可靠性，室外水池一般设置为大约能储存24h用水量的缓冲水池。

6.2.5 喷淋水水处理回路

为避免喷淋水中杂质过多和菌类滋生，缓冲水池的水通过旁路循环管道进行过滤。旁路过滤系统主要由旁滤水处理装置、旁路循环水泵等部分组成。

1. 旁路水处理装置

冷却系统选用砂介质过滤器。根据实际需求，有多种接口标准，所有过滤器耐压均能达到1.0MPa。设备过滤效率高，无论是在过滤状态还是反洗状态均能对水进行合理的分配。模块化设计拥有多种类型及尺寸的筒体，以满足不同的过滤要求。设备占地面积小，安装方便。适用各种过滤介质，从设计、制造、自动反冲洗系统的配管和阀门以及控制系统均为最佳过滤解决方案。

2. 旁路循环水泵

旁路过滤系统配有两台旁路循环水泵（旁滤泵），PLC系统控制水泵定期自动运行。当水质传感器检测到水池内水质的浓缩倍数达到10倍时，将信号反馈给控制系统，打开排水阀排水；在浓缩倍数达到要求后关闭排水阀，以保证喷淋水水质在要求的范围内。

6.2.6 管路及阀门

1. 管路

（1）金属软管。管路与设备间的连接均为焊接或法兰，为使管路系统在安装时具有可调节性，在管道末端设置不锈钢软管。这种金属软管使得管路系统在安装时允许任意方向上有5mm的安装偏差。

（2）不锈钢波纹管。在主泵的进出口设置不锈钢波纹管，主要作用是缓冲主泵运行时产生的机械应力。

2. 阀门

（1）自动排气阀。管路系统的最高位置设有自动排气阀，能自动有效地进行气水分离和排气，保证最少的液体泄漏。冷却回路中残留的和运行中新产生的气体，聚集在管路中会产生诸多不良影响，会污染水质，减少流道截面，增大管道压力甚至导致支路断流。因此回路中的主要容器及高端管路均设置了自动排气阀进行排气，同时为方便检修和保养，在水冷系统管道的最低位置设置了排污口、紧急排放口等装置。

（2）减压阀。氮气减压阀和氮气瓶组成主供气瓶组和备用气瓶组的双气结构。由于在主供气瓶组与备用气瓶组减压器的压力设定方面有差别，当主供气瓶组的压力降至设定压力时，系统开始自动切换为备用气瓶组开始供气，从而实现不间断供气功能。为实现下一次的自动切换，在空瓶进行调换后，必须对气体减压器重新进行压力设定。这种形式的总线，通过管线的减压器二级减压实现出压稳定。

6.2.7　传感器

换流阀冷却系统中所用的传感器主要有以下几种：

（1）冷却水测温变送器：用于冷却水进、出阀温度的测量。

（2）环境温湿度变送器：用于阀厅和户外环境温湿度的测量。

（3）压力测量变送器：用于阀冷系统进出阀压力、主泵出口/缓冲罐、脱气罐、外冷回路等处压力的测量。

（4）电导率测量变送器：用于主循环回路、去离子回路、水处理回路的冷却水电导率的测量。

（5）冷却水流量变送器：用于冷却水进、出阀流量的测量。

（6）电容式液位变送器：用于缓冲罐和缓冲水池液位的测量。

（7）压力表：用于循环泵出口压力指示、脱气罐压力指示、缓冲罐压力指示等。

（8）压差表：用于主过滤器进出口压力差指示。

（9）磁翻板液位计：用于补水罐、缓冲罐液位指示。

6.3　阀冷控制与保护系统

6.3.1　阀冷控制与保护系统结构

阀冷控制系统采用双冗余配置，相互独立。每套系统包含 CPU、电源模块、I/O 模块、通信模块、人机界面模块等。控制系统的 CPU 与 I/O 模块采用总线通信；控制系统分别采集来自三个保护系统的保护逻辑出口信号，相同保护逻辑信号经"三取二"原则出口。控制系统与换流站监控平台进行软报文通信，控制系统和换流器控制保护的所有重要开关量和模拟量信号均以光信号传输。

阀冷控制与保护系统采用三重化配置，每套系统包含 CPU、I/O 模块等。三重化保护系统分别独立采集三重化配置的保护传感器，并将保护传感器信号发送至控制系统。阀冷控制与保护系统结构图如图 6－12 所示。

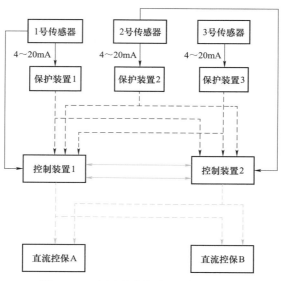

图 6－12　阀冷控制与保护系统结构图

6.3.2　阀冷控制系统

　　阀冷控制系统采用冗余配置，即从采样单元、传送数据总线、主设备到控制出口按完全双重化原则配置。两重系统分为有效系统和备用系统，只有有效系统才能发出调节指令。

　　在双重化的控制系统中，从有效系统到并列的热备用系统之间运行状态的转换可以手动或自动实现。在检测出有效系统故障时，这种控制系统转换是自动的。系统切换遵循如下原则：在任何时候，运行的有效系统都是双重化系统中较为完好的那一重系统。

　　在备用系统检测出故障时，将按照设备的故障等级产生相应警报及事件等级。如果一个系统有严重故障或已经被人工切换到维修状态，则不能再转换到有效状态。系统切换逻辑禁止以任何方式将有效系统切换至不可用系统。系统状态的转换不能影响到直流系统的正常运行，不会使传输的直流功率受到扰动或产生任何变化。

　　冗余控制系统的设计保证当一个系统出现故障时，不会将故障传播到另一个系统，可确保直流系统不会因为换流阀冷却控制系统的单重故障而发生停运。

　　1. 阀内冷控制功能

　　阀内冷控制系统的主要控制对象一般包括主循环泵、三通回路、内冷补水泵、补气和排气阀、电加热器等。阀冷控制系统通过合理地控制这些电气设备，使得进出阀的流量、压力和温度能够满足换流阀的运行要求。同时阀冷控制系统能够稳定地与控制保护系统进行软报文和光信号通信，及时将阀冷系统的运行状况上传至控制保护系统。

　　（1）主循环泵控制。主循环泵采用一用一备的冗余设置方式。每台主循环泵均配置外置旁路，正常情况下，主循环泵通过软启动器启动完成后，切换至相应主循环泵的外置旁路长期运行；当两台主循环泵的软启动器回路均故障时，也可通过主循环泵的外置旁路直接启动并稳定运行。旁通回路投入后，软启动器故障不影响旁通回路的工作。换流阀冷却系统各级流量报警及跳闸保护定值能满足包含主循环泵切换及配电装置备自投在内的各种运行要求。主泵切换不成功判据延时与回切时间的总延时小于流量低保护动作时间。流量低保护动作时间不小于 10s。主泵具有远程/本地启停、远程/本地手动切换、定时切换、故障切换和手动清除运行时间的功能。在切换过程中无进阀流量陡升、陡降现象，保证在切换过程中进阀流量变化满足换流阀对流量的要求。主泵安全开关辅助接点只作为报警，不参与设备正常判别逻辑，避免主泵因安全开关辅助接点及其回路故障导致控制系统误判退出运行。

（2）三通回路控制。三通回路包括一用一备的电动开关阀和两个电动调节阀。在运行模式下，两个电动调节阀根据进阀温度分段自动同步调节开度；当主回路电动开关阀故障时，自动打开备用电动开关阀。在调试模式下，可通过人机界面对三通回路进行手动操作。

（3）内冷补水泵控制。内冷补水回路设置两台互为冗余的补水泵，一用一备。在运行模式下，补水泵能够根据膨胀水箱液位进行自动启停控制，具有故障自动切换功能；在在线测试模式下，可对补水泵进行手动启停，具有补水罐液位低或膨胀水箱大于补水泵停止液位值时自动停止补水泵的后备保护功能，大大方便运行人员的操作。

膨胀水箱装设三套电容式液位传感器和一套就地显示磁翻板液位传感器，采用"三取二"原则处理。膨胀水箱液位变化定值和延时设置应有足够裕度，避免内冷水温度剧烈变化引起膨胀水箱的水位波动，有效地防止水位正常变化导致泄漏保护误动。

阀冷控制系统能够根据膨胀水箱液位进行微分泄漏和渗漏计算，泄漏投报警和跳闸信号，每次计算时长不大于 2s，总时长不小于 30s；渗漏保护仅投报警。内冷水进阀温度变化过大、主循环泵启动、冷却风机启动等其他正常情况引起的泄漏保护动作时，阀冷控制系统能够自动屏蔽泄漏保护，有效防止泄漏保护误动。

（4）补气和排气阀控制。为驱使具有除氧功能和保证冷却水进阀压力，阀冷系统设置氮气补气回路，补气电磁阀一用一备。当膨胀罐压力低于补气电磁阀打开压力值时，补气电磁阀自动打开；当膨胀罐压力高于补气电磁阀关闭压力值时，补气电磁阀自动关闭。补气电磁阀兼具手动操作和故障切换功能。

当膨胀罐压力高于排气电磁阀打开压力值时，排气电磁阀自动打开；当膨胀罐压力低于排气电磁阀关闭压力值时，排气电磁阀自动关闭。排气电磁阀具有手动操作功能。

（5）电加热器控制。为了防止换流阀凝露或环境温度过低而引起进阀温度过低，阀冷系统在内水冷系统的主机模块中设置 3 台电加热器。主机模块电加热器根据进阀温度进行控制，当进阀温度低于启动设定值时，电加热器分级启动；冷却水进阀温度高于停止设定值时，电加热器分级停止。冷却水进阀温度接近阀厅露点时，电加热器强制启动；高于露点温度设定值时，全部电加热器停止。如果阀内冷电加热器由于露点启动，当出现阀厅温湿度变送器故障时，电加热器强行停止。当进阀温度接近进阀温度高报警时，电加热器强制停止。电加热器的启动与主循环泵运行及冷却水流量超低值互锁，主循环泵停运或冷却水流量低时电加热器禁止运行。电加热器具有手动启停和故障切换的功能。

2. 阀外冷控制功能

（1）冷却塔控制。阀外冷系统的温度控制是通过调节冷却塔风机、喷淋泵的启停、风机运行频率以及风机运行组数等共同完成的。

1）风机控制。为了提高系统稳定性，变频风机配置了变频回路和工频旁路。正常运行时采用变频控制，当变频回路故障时自动切换至工频旁路运行。如果变频回路故障恢复，则切回变频回路运行。控制系统能对风机变频回路和工频旁路进行实时故障监测，并将风机相应的状态和故障信息上送至控制保护后台。

阀冷控制系统根据实时进阀温度和进阀温度给定值，利用 PID 控制原理对冷却塔风机的投入组数和运行频率进行合理控制，风机控制采用先启先停、先停先启的轮循启停控制策略；当进阀温度传感器全部故障时，所有可用冷却风机均被投入运行。合理的分组和控制方式能够保证进阀温度稳定在进阀温度给定值附近，且无风机频繁启停现象，使进阀温度变化平缓，能够很好地满足换流阀稳定运行的需要。为方便运行人员操作，冷却风机具有手动强投功能和故障手动复位功能。

2）喷淋泵控制。每台冷却塔配置两台喷淋泵，一用一备。喷淋泵根据进阀冷却水温度自动控制：当室外喷淋水位达到极限低水位且换流阀闭锁时，禁止启动喷淋泵并发出报警信号；当室外喷淋水位达到极限高水位时，发出报警信号。

喷淋泵具有故障切换、手动切换、定时切换等功能，达到均衡磨合延长喷淋泵的使用寿命；喷淋泵还具有手动强投功能，同时将喷淋泵的工作状态及报警、切换信息实时上传给极控后台。

（2）外冷补水控制。为了保证冷却塔喷淋水的稳定性和可靠性，室外设置地下水池，水池配置两套水位检测装置，并设置高低水位报警。当室外喷淋水位达到低水位限时，自动启动外冷补水泵；当室外喷淋水位达到高水位限时，自动关闭外冷补水泵。

（3）排水泵控制。系统配置两台排水泵，一用一备，具有故障切换功能。当集水池内水位高于一定高度时，报警并自动启动排水泵。若工作泵故障时，备用泵自动投入运行，同时发送信号到控制系统。当集水池内水位低于一定高度时，自动停泵。同时水泵还具有就地手动强制投入功能。极端情况下，可自动启动两台排水泵同时运行。

（4）喷淋水加药控制。喷淋水长期使用会造成水质变差，自动加药装置会根据预设定的加药量及加药时间自动向喷淋水加入缓蚀阻垢剂和杀菌灭藻剂。加药系统实现定期自动加药，加药泵和旁滤循环泵关联，只有当旁滤循环泵运行时加药泵才可以启动。

（5）旁滤循环泵控制。该系统配置两台旁滤循环泵，一用一备。无缓冲水池液位低报警时，旁滤循环泵一直运行，直到运行时间大于切换时间定值或者运行泵故障，切换到无故障备用旁滤循环泵工作；当缓冲水池液位低时，不允许启动旁滤循环泵。

旁滤循环泵具有手动切换、故障切换、定时切换功能。

（6）反渗透装置控制。反渗透装置配置升压泵、清洗泵、反渗透加药泵、旁通阀和排水阀。当外冷补水泵运行时，反渗透系统升压泵自动运行；当外冷补水泵停运时，反渗透系统升压泵自动停止。升压泵采用变频控制，根据反渗透入口压力自动调节运行频率。当升压泵进口压力低或出口压力高时，能够及时报警并停泵。反渗透装置严重故障时，外冷水通过旁路回路进入地下水池，此时升压泵禁止运行。

升压泵和清洗泵具有手动启停控制功能。

反渗透加药泵根据预设定的加药量和加药时间自动加入阻垢剂，实现定期自动加药。同时反渗透加药泵和反渗透升压泵关联，只有当反渗透升压泵运行时加药泵才可以启动。

整套反渗透控制装置能够满足程序启停控制要求，停用后能延时自动冲洗。

（7）空气冷却器控制。阀冷系统的温度控制是通过调节空气冷却器风机的启停、风机运行频率、风机运行组数等共同完成的。为了避免冷却水进阀温度波动和空冷器风机的频繁启停，采取如下两种措施：

1）对空气冷却器配置合理比例的变频风机。

2）对空气冷却器采用合理的分组和控制策略。

6.3.3　阀冷保护系统

1. 阀冷保护系统功能

阀冷保护系统中作用于跳闸的内冷水传感器按照三套冗余配置，三套保护系统分别采集其中一路传感器信号，并将保护信号送至控制系统，通过"三取二"原则出口；当一套保护系统故障时，出口采用"二取一"逻辑；当两套保护系统故障时，出口采用"一取一"逻辑。进阀的温度、流量、液位等任一物理量的 3 个传感器均故障时，出口跳闸。

（1）温度保护，采用"三取二"的原则进行处理。

（2）流量保护，采用"三取二"的原则进行处理。

（3）液位保护，3 个电容式液位变送器采用"三取二"的方式进行处理。

（4）泄漏保护，3 个电容式液位变送器采用"三取二"的方式进行处理。

A、B 控制系统同时故障：水冷 A、B 控制系统均发生 PLC 故障或 A、B 控制系统直流控制电源全部丢电时，立即闭锁直流。

A、B、C 保护系统同时故障：水冷 A、B、C 保护系统均发生 PLC 故障或 A、B、C 保护系统直流控制电源全部丢电时，立即闭锁直流。

2. 防误动措施

（1）所有涉及跳闸的传感器都采用"三取二"进行判断处理，防止由于单个保护系统的故障造成系统误发跳闸请求信号。

（2）系统具有传感器故障检测功能，当传感器故障或测量值超过范围时，相关保护能自动提前退出运行，不会导致保护误动。

（3）换流阀内冷水保护装置及各传感器电源由不同电源同时供电，任一电源失电不影响保护及传感器的稳定运行。

（4）每套水冷控制系统的 CPU 工作电源，保护系统的 CPU 工作电源均各自独立配置，避免共用 CPU 电源丢失，闭锁直流。水冷控制保护系统的工作电源和信号电源分开，且 A/B 系统的信号电源分开。

（5）水冷系统跳闸及降功率回路开关量信号设置合理的防抖延时，避免扰动导致直流强迫停运或降功率。

（6）阀冷设备安全开关辅助接点只作为报警，不参与设备正常判别逻辑。避免因安全开关辅助接点及其回路故障导致控制系统误判造成设备退出运行。

3. 防拒动措施

为了防止系统拒动，对流量和压力的保护采用了多级保护：

（1）冷却水流量、进阀温度、膨胀罐液位三冗余传感器。当一个保护装置故障时，按"二取一"逻辑出口；当两个保护装置故障时，按"一取一"逻辑出口。

（2）两主泵均故障且进阀压力低或进阀流量低跳闸。

（3）控制系统均故障跳闸。

（4）保护装置均故障跳闸。

6.3.4 与直流控制保护系统接口

换流器控制保护（converter control protect，CCP）和阀冷控制保护（valve cooling control protect，VCCP）之间的所有开关量信号均采用光调制信号，载波信号占空比为 50%，频率误差不得大于 10%；模拟量均采用光信号，通信规约为 IEC 60044-8；VCCP 产生的报警、事件等信息通过光纤向 OWS 传输，通信方式为 Profibus 或 IEC 61850。信号通道采用波长 820μm 的多模光纤。

换流器控制保护（CCP）和阀冷控制保护（VCCP）之间的交互信号见表 6-2。

表 6-2　　　换流器控制保护（CCP）和阀冷控制保护（VCCP）之间的交互信号

	信号名	信号作用
ccp 至 vccp 信号	start_pump	远方启动主泵
	stop_pump	远方停止主泵
	switch_pump	远方切换主泵
	deblock	解锁
	block	闭锁
	active	主用直流控制系统
	TRIP	阀冷跳闸命令（极控收到阀冷 TRIP 信号后，若两个阀冷系统都是好的且都有 trip 就闭锁，若备用系统不可用但收到阀冷主用系统的 trip 也闭锁）
	operating	阀冷系统运行（无报警）
	run_back	功率回降
	RFO	阀冷系统运行正常（具备解锁条件）
	No_red_cooling	失去冗余冷却（过负荷限制用）
	active	阀冷主用系统（控保系统仅取 active 阀冷的信号）
	valve_hall_temp	阀厅温度（过负荷限制用）
		进阀温度（结温保护用）
		出阀温度（结温保护用）
		室外温度

6.4　阀冷系统试验

1. 外观检查

（1）各部件安装应端正、整齐、无明显偏差、松动现象；容器和管道内无明显凹陷，焊缝无焊渣、疤痕等；表面喷涂均匀，不得有脱落、划痕、裂缝等缺陷。

（2）仪表校验试验，对外冷系统仪表进行校验，验证仪表读数和输出是否准确。

2. 绝缘试验

外冷系统设备的控制器、电机等低压电气设备与地（外壳）之间的绝缘电阻不低于 $10M\Omega$。低压设备与地（外壳）之间应能承受 2000V 的工频试验电压，持续时间为 1min。

3. 接地试验

所有可触及金属部分与接地点之间的电阻满足 GB 3797 条款 3.10.7.1 的要求。

4. 压力试验

（1）水压试验。对外冷系统所有设备和管路施加设计压力的 1.2～1.5 倍水压试验，保持合适的时间后，再降低到设计压力保持规定的时间内，各设备和管路应无破裂或漏水现象。

（2）气密性试验。对外冷系统所有设备施加工作压力 1.5～2 倍的气压保持 12h，在温度恒定的状态下压力变化应不大于初始气压的 5%。

5. 水质性能试验

接通去离子水管路，并将电导率仪接入其中；开启离子交换器到额定流量，记录 2h 内电导率随时间的变化参数，在规定时间内符合技术参数要求的则认为合格。

6. 模拟控制与保护性能试验

模拟各种运行模式和故障情况，验证外冷却系统控制与保护的功能是否满足设计要求。

7. 连续运行试验

为保证外冷系统和设备的可靠性，在各单项试验合格后应进行整套外冷系统的连续运行试验，连续运行时间不少于 6h。试验时，开启设备运行，调整管路各阀门，使水流量、压力等达到并维持在额定值，观察电机、风机、水泵等主要设备或部件在试验期间是否运转正常，设备和管道有无泄漏。

8. 通信和接口试验

（1）与内冷系统通信试验。验证外冷控制系统与内冷控制系统的通信是否顺畅，信息交换是否正确。

（2）与上位机通信试验。验证外冷控制系统是否能准确地把外冷系统的运行状态、报警报文、在线运行参数正确上传至直流控制与保护系统。

参 考 文 献

[1] 袁清云. HVDC 换流阀及其触发与在线监测系统［M］. 北京：中国电力出版社，1999.

[2] 国家电网公司. 晶闸管换流阀抽检作业规范［M］. 北京：中国电力出版社，2011.

［3］ 国家能源局. DL/T 1568—2016 换流阀现场试验导则［S］. 北京：中国电力出版社，2016.

［4］ 中国电力企业联合会. GB/T 50775—2012 ±800kV 及以下换流站换流阀施工及验收规范［S］. 2 版. 北京：中国计划出版社，2012.

［5］ 国家电网公司直流建设分公司. 特高压直流工程建设管理实践与创新［M］. 北京：中国电力出版社，2017.

［6］ 刘泽洪. 特高压直流输电工程换流站主设备监造手册［M］. 北京：中国电力出版社，2009.

［7］ 国家电网公司. 晶闸管换流阀监造作业规范［M］. 北京：中国电力出版社，2011.

［8］ 陈金文，付胜宪，戴支梅. 厦门柔直工程空调系统冷凝水回收应用于换流阀冷却的研究［J］. 科技创新与应用，2020（4）：101－103.

［9］ 江龙，景兆杰，蔡常群，等. 特高压直流输电换流站阀冷系统进阀温度波动问题分析及解决方案［J］. 自动化应用，2018（9）：24－25.

［10］ 梁旭明，张平，常勇. 高压直流输电技术现状及发展前景［J］. 电网技术，2012，36（4）：1－9.

［11］ 刘重强，文玉良，吴安兵，等. 换流阀外冷却系统冷却塔换热盘管结垢试验的研究［J］. 电力科学与工程，2019，35（11）：74－78.

［12］ 曹瑞，阮琳，闫静，等. 换流阀蒸发冷却系统关键部件的设计研究［J］. 工程热物理学报，2019，40（10）：2373－2376.

［13］ Kai Xiao，Kun Liu，Cui Peng Fei，et al. Research on Remote Monitoring System for Zero Discharge Treatment of External Cooling Water in Converter Valve［J］. Procedia Computer Science，2019，154：549－555.

［14］ YuXin Shi，ZeZhong Wang. A fast algorithm for calculating surface electric field of converter valve shield system by multipole boundary element method［J］. Science China Technological Sciences volume，2018，61：1745－1754.

［15］ Jin Xiao. An Artificial Seismic Wave Suitable for Suspended Converter Valve in the UHVDC Transmission Project［C］. Proceedings of 2019 4th International Conference on Advances in Energy and Environment Research（ICAEER 2019）. 2019：516－519.

第7章 换流阀维护技术

在换流阀设备正式验收并移交后，换流阀设备运行由换流站运维单位负责。运维人员需经过专业技术培训，具备换流阀设备运维能力和运维资格，并依据相关规程对换流阀设备进行运行和维护，为换流阀设备可靠稳定运行提供保障。换流阀的维护技术主要分为换流阀的检修维护和故障处理。

7.1 换流阀检修维护

换流阀检修的目的是为了发现并消除换流阀设备存在的隐患、缺陷，保障其安全可靠运行。

换流阀检修由换流站运维单位总体负责，一般采用业务外包的模式，将换流阀检修业务外包至换流阀设备厂家，在换流站运维单位工作负责人的配合及协调下完成。参与换流阀检修的人员必须为经过专业技术培训、具备换流阀设备检修能力、具有国家高空作业资质的专业技术人员，依据相关规程对换流阀设备进行检修维护。

1. 一般规定

（1）安全控制要求。

1）停电区域至少包含换流阀区域、换流变压器区域、直流场区域，换流阀检修才可开展。

2）完成工作票许可手续，确认安全措施已经满足，工作负责人对工作班成员完成安全技术交底，检修工作才可开展。

3）工作负责人需特别确认阀厅接地开关必须接地，并将接地开关切换至就地位置，关上操动机构箱门并上锁。

4）换流阀检修属于高空作业，应严格执行《国家电网公司电力安全工作规程（变电部分）》的相关要求，严禁无安全带或安全绳进行高空作业。

5）检修工作负责人应由有经验的人员担任，每天检修开始前，检修负责人应向全体参检人员详细交待检修安全注意事项。

6）工作前应对阀厅升降车进行检查，主要包括外观检查、电量检查、功能检查、安全检查等，检查合格后才可使用。每天升降车使用完毕后需按规定进行充电，以确保第二天使用前电量充足。

7）阀塔工作使用升降车上下时，升降车应可靠接地。在升降车上应正确使用安全帽、安全带，阀塔内安全带、安全帽的使用应满足现场安全管理规定。

8）阀塔施工时或升降车作业时，需设置专人进行安全监督，严禁无关人员从下方经过或站立，以防高空坠物伤人。

9）工作人员不得携带任何与工作无关物品进入阀塔，上下阀塔时，可由专人负责实行上下阀塔携带物品记录，并由上下阀塔人员进行确认签字，防止携带的物品遗留在阀塔上。

10）各类安全防护设施、遮栏、安全标志牌、警告牌和接地线等不得擅自拆除、变动。如确实需要拆除、变动的，必须征得工作负责人和安全管理人员的同意，按规程办理手续，并采取必要、可靠的安全措施后才能进行拆除、变动。

（2）质量控制要求。

1）检修开始前，参检人员需先熟悉该站换流阀设备的基本原理、结构特点和缺陷情况等，并根据现场情况，编制施工方案并准备检修工器具、耗材及备品备件等。

2）检修使用的所有机具、工器具、试验仪器必须在合格校验期内。

3）换流阀设备检修施工必须严格按照设备说明书和标准化作业指导书的要求进行。

4）升降车操作人员必须为经过专业培训且考试合格的人员。升降车操作时，一人操作、一人指挥，避免升降车行走或升降过程中碰撞设备，导致设备损坏。

5）检修发现问题时应及时汇报工作负责人，工作负责人根据问题严重性在每天的检修协调会上汇报或立即汇报。汇报由运维单位或换流阀设备厂家技术人员进行问题评估并给出合理的处理建议，做到不放过任何一个隐患或缺陷。

6）专项检修、停电消缺或技术改造须有专门的施工方案或其他指导性文件。

（3）进度控制要求。

1）根据调度批复情况，运维单位应第一时间通知相关参检单位，为各参检单位争取充足的准备时间。

2）运维单位及各参检单位需根据检修停电计划合理安排人员、机具和工作面，并以每半日为单位编制检修进度控制计划表。

3）检修过程中，发现问题应及时汇报，以便及时确定处理措施，保证换流阀设备能按时可靠投运。

4）运维单位每日组织召开一次检修协调例会，总体把握每日检修进度，提前协调处理相关需求，保证检修施工按计划进行。

（4）文明施工要求：

1）检修施工现场每个作业面都需设置展板，明确工作区域、工作负责人、主要工作内容、安全注意事项。

2）检修施工现场每个作业面都需做到"工完料尽场地清"，应设置专用废物回收箱。不得出现乱堆、乱放、摆放不整齐等情况，防止发生废水、废气、废液、废料等造成环境污染。

3）严禁参检人员在施工区域内出现嬉戏打闹、衣衫不整、精神涣散、行为散漫等影响现场文明施工行为。

2. 常规检修项目

（1）阀塔外观检查。

1）检修周期：每年1~2次，若设备存在外观缺陷，可适当增加检修频次。

2）检修范围：所有阀塔。

3）主要内容：对所有阀塔晶闸管、阻尼电阻、阻尼电容、饱和电抗器、晶闸管控制（监视）单元、阀塔光纤、阀塔水管等进行外观检查。

① 确认晶闸管、散热器外观无异常，硅堆压力正常。

② 绝缘支撑板无裂纹、无放电痕迹。

③ 铜排及导线无松动，连接牢固。

④ 电容器表面无胀气、无鼓起，外观形状正常。

⑤ 阀电抗器表面无裂缝，环氧树脂无变色，电抗器及其附属水管无变形、无泄漏。

⑥ 光纤无断裂、无破损，无灼烧痕迹，弯曲度正常，光纤护套表面颜色正常。

⑦ 捆绑光纤的扎带无缺失、无断裂。

⑧ 阀塔水管外观无异常，无放电痕迹，内部无明显沉积物，无漏水痕迹。

⑨ 均压电极安装牢固，无漏水痕迹，无放电痕迹，导线连接紧固、无断裂，不与水路形成磨损。

⑩ 所有螺栓无松动，力矩线明显、无移动。

⑪ 阀塔悬吊绝缘子外观无异常、无破损。

⑫ 阀塔外屏蔽罩安装牢固、无松动。

4）注意事项：该项工作应保留原始记录，并做到随时可查。

（2）阀塔清洁。

1）检修周期：每年至少 1 次，根据设备污秽形成速率，可适当增加频次。

2）检修范围：所有阀塔。

3）主要内容：对所有阀塔外屏蔽罩、悬吊绝缘子及阀组件内部进行清洁。由于阀厅内为微正压而且对补充的空气进行过滤，阀厅内不会出现大的污染物。

4）注意事项：

① 阀塔清洁时，应尽量避免碰触阀塔光纤。

② 在运行中，由于水管泄漏或其他原因导致空气潮湿时，严重污染的表面可能会导致局部闪络，继而造成阀故障。

（3）螺栓力矩校核。

1）检修周期：每年 1 次。

2）检修范围：所有阀塔总量的 1/6，根据现场工作量大小可适当扩大检修范围。

3）主要内容：按照安装力矩值的 80%对阀塔主通流回路所有螺栓进行力矩校核。若发现超过 10%以上的螺栓校核结果不合格，则应实施全检，按 100%的力矩值对所有螺栓进行重新紧固，并重新标记力矩线。

4）注意事项：

① 该项工作应保留原始记录，并做到随时可查。

② 若为抽检项目，尽量采用轮换方式，即 6 年（或 3 年）完成所有阀塔的力矩校核。

③ 力矩校核时，若有螺栓力矩线移动的，需重新标记力矩线。

（4）静态水压试验。

1）检修周期：每年 1 次，在每次水路改动后。

2）检修范围：所有阀塔，改动阀塔。

3）主要内容：对阀塔施加一定静态压力值，保压 30～60min，检查水路是否有漏水、渗水情况。

一般情况下，投运 1～10 年的换流阀设备水压试验值为运行压力值 1.1～1.2 倍，投运 10 年及以上的换流阀设备水压试验值为 1.0～1.1 倍。

4）注意事项：

① 若检修期间有阀塔放水、补水工作，一般在加压前，需先启动主泵使阀塔水路循环 12～24h 以上，确保水路空气排尽。

② 保压过程中，应每 10min 记录一次进阀压力值，若保压结束时，压力值有明显下降，则意味着阀塔或阀冷设备中可能存在漏水、渗水情况。

③ 当阀塔某位置出现十分轻微的渗漏时，可能会形成暂时性的水滴，由于阀运行时阀厅温度比较高，这些水滴可能会蒸发而不往下滴落，不能被漏水检测装置检测出来。因此，对水路进行渗水检查时，可用手或检漏试纸进行判断。

（5）漏水检测试验。

1）检修周期：每年 1 次。

2）检修范围：所有阀塔。

3）主要内容：向漏水检测装置处注水，模拟阀塔漏水现象，观察主控室后台是否出现对应阀塔位置的Ⅰ段、Ⅱ段漏水告警信息。

4）注意事项：该项工作应记录后台告警信息，并保留原始记录，做到随时可查。

（6）晶闸管级触发、阻抗测试。

1）检修周期：每年 1 次，每次晶闸管级器件改动后进行。

2）检修范围：所有阀塔，晶闸管级器件有改动的阀组件。

3）主要内容：

① 使用晶闸管级测试仪对晶闸管级进行触发、阻抗测试。

② 一般情况下对于光控换流阀，该测试项目需记录晶闸管导通压降值 U_f、阻尼回路电阻值 R_s、电容值 C_s。若测试项目包含回检信息，则还需记录回检脉宽值 t_p；对于电控换流阀，该测试项目只需记录触发测试结果、阻抗测试结果。

4）注意事项：该项工作应保留原始记录，并做到随时可查。

3. 特殊检修项目

（1）主通流回路"十步法"专项检修。

1）检修周期：每 1～3 年检修 1 次，根据运行测温记录，随发热异常情况严重程度而适当增加频次，主通流接头有改动后应检修。

2）检修范围：所有阀塔，改动的主通流接头。

3）主要内容：为提前发现和处理隐患，应对换流阀设备主通流接头进行专项排查及检修。为确保排查和检修质量，应规范工序、统一要求，实现关键工艺量化，重要工作双签证，所有工作留痕迹。

第一步，制定接头工艺控制表。逐个接头明确直阻控制值、力矩要求值，检修过程中按表格要求记录检测值，并签字确认，留档备查。

第二步，逐人开展专项技能培训并考试上岗。运维单位负责对承担接头检查和处理工作的具体作业人员进行培训，明确关键工艺控制点，并在地面上模拟装配合格后才可上岗。

第三步，初测直流电阻。直流电阻控制值目前无明确标准，根据运行经验，换流阀设备主通流接头直流电阻按 $10\mu\Omega$ 控制。若测量结果不满足要求，则进行第四步工序；若测量结果满足要求，则进行第十步工序。

第四步，对超过直流电阻控制值的接头进行解体检查处理。拆卸接头，检查接触面平整程度，有无毛刺变形；检查镀层氧化程度等。若发现严重变形、氧化等异常情况，应反馈至换流阀设备厂家进行评估，根据评估意见进行相应处理。

第五步，精细处理接触面。用 150 目细砂纸对两侧接触面进行打磨处理，保证接触面平整、无毛刺，去除接触面的导电膏残留及氧化层；用无水酒精清洁两侧接触面上的污渍；用刀口尺和塞尺测量接触面的平面度是否达到图纸技术要求，若不达标，用细砂纸包裹好的木块重新打磨，重新测量。

第六步，均匀薄涂导电膏。涂抹导电膏，用不锈钢尺由里向外刮去多余部分，使两侧接触面上存留的导电膏均匀平整。再用百洁布擦拭干净，使两侧接触面形成一薄层导电膏。

第七步，均衡牢固复装。涂抹导电膏的接头应在 5min 内完成连接。复装时应更换新的螺栓、弹垫，并注意铜铝接头是否安装过渡片，若安装过渡片，建议更换新的过渡片。用力矩扳手按要求的拧紧力矩拧紧螺栓，紧固螺栓时应先对角预紧、再拧紧，保证接线板受力均衡，并用记号笔做标记。

第八步，复测直流电阻。检测复装后的接头直流电阻，应小于 $10\mu\Omega$ 的控制值。若不符合要求，重复第四步至第八步工序。

第九步，80% 力矩复验。用力矩扳手按 80% 的安装力矩复验力矩；检验合格后，用另一种颜色的记号笔标记，两种标记线不可重合。

第十步，全程双签证。运维单位在每个作业小组中指定一人，全过程负责作业监督，若有不符合规定的操作流程应及时制止。全部工作应有作业人员和监督人员双签证，责任可追溯。

4）注意事项：

① 该项目换流阀设备检修范围应包含阀塔内部主通流回路接头及阀避雷器至阀塔连接导线或管母接头。

② 由于阀塔主通流接头数量庞大，建议运维单位及参检单位各配置 1～2 台手持式大电流微欧计。

（2）阀塔水路"十要点"检修。

1）检修周期：每年 1 次，每次阀塔水路改动后进行。

2）检修范围：所有阀塔，水路改动的水管或接头。

3）主要内容：为防止直流换流站阀塔漏水，提升阀塔检修水平，针对造成阀塔漏水的主要原因，总结检修经验形成阀塔检修"十要点"，严控水管接头检修工艺。

要点一：逐个制定接头工艺控制表，非专业人员不得上阀塔。各换流站要对阀塔水管接头建立档案，逐个接头明确力矩值、检查方法、紧固方法，检修过程中按表格要求记录力矩检测值，并签字确认，保证责任可追溯。换流阀检修应由本单位或阀厂家专业人员承担，不得随意安排送变电公司、社会清洁公司等非专业人员从事换流阀检修工作。

要点二：用无毛布（纸）擦拭阀塔，尽量减少积灰。对难以擦拭干净的，可用无毛布（纸）蘸酒精擦拭。

要点三：对水管接头进行外观检查。查看接头处及下部有无渗漏及水迹，查看接头标记线是否有偏移，如果出现偏移，应紧固到原位；检查水管是否与其他硬物有接触并可能发生磨损，如水管磨损，应进行包护、移位固定处理。

要点四：对法兰、螺纹、活接、双头螺柱形式的接头，用力矩扳手按 50%～60%规定力矩检查是否有松动。如果出现松动，应紧固到规定力矩，并用记号笔做标记。对双头螺柱形式的接头，应配备小量程专用力矩扳手。新工程投运第一年全紧，并用记号笔做标记，以后每年抽检 1/3，根据抽检情况决定是否全紧。水管接头通常为塑料材质，不同于电回路的金属接头，力矩不够可能会导致接头漏水，长时间力矩过大，塑性材料的变形老化同样也可能导致漏水。应严格按照厂家规定力矩的 50%～60%进行检查，确保力矩适度。

要点五：新工程第一年应逐个检查焊接接头。检查对焊、熔焊是否存在焊接缺陷，对焊接头外翻边凸缘形状大小是否存在不均匀，是否存在气孔、鼓泡和裂缝等。

要点六：严格遵守阀塔放水、补水工艺，避免管道内产生负压导致密封圈失效。若阀塔顶部有分支阀门，则应先关闭回水阀、进水阀，逐渐打开排水阀，排水稳定后缓慢打开阀塔顶部排气阀，待阀塔水全部放出后再进行检修、消缺工作。检修完成后，先打开回水管的排气阀，适度打开进水阀和回水阀，使冷却水缓慢流入阀塔，同时用补水泵进行补水。待回水管排气阀流出不含气泡的冷却水时，关闭回水管排气阀，适度打开回水管回水阀，听到冷却水流动声音稳定后，逐步打开进水阀和回水阀到规定位置。若阀塔顶部无分支阀门，应先将主泵停运或切至旁路运行，其他步骤同上。补水后应重新进行打压试验，并启动主泵连续循环 24h 彻底排气，重新进行打压试验，试验通过后方可投运。

要点七：每年清洗主水过滤器，避免杂质留存。铂电极抽检、除垢后，应同步更换密封圈。

要点八：对运行 10 年的层间水管，开展密封圈老化抽查；对运行 20 年以上的双头螺柱水管和接头，每年取样检测其老化程度。

要点九：按厂家要求的压力对换流阀进行静态打压试验。加压后再次用目测法对水管接头的漏水情况进行检查。

要点十：投运前应对水管及接头漏水情况进行复检，阳极电抗器水管接头部分 100%复检，其他部位复检量不小于 30%。

4）注意事项：

① 对水管接头进行力矩检查时，需要注意检修过程避免碰触光纤，防止引起光纤故障。

② 对法兰盘进行力矩检查时，需要对角进行螺栓力矩校核。

③ 当阀塔某位置出现十分轻微的渗漏时，可能会形成暂时性的水滴，由于阀运行时阀厅温度较高，水滴可能会蒸发而不往下滴落，不能被漏水检测装置检测出来。因此，对水管进行漏水检查时，可用手或检漏试纸进行检漏。

（3）均压电极检查及除垢。

1）检修周期：每年 1 次，根据结垢检查情况，适当增加频次。

2）检修范围：每年选取不同的阀塔进行，6 年一轮。每次检修的具体位置选取时应充分考虑阀塔上部及下部、阀塔水路的进水及出水位置、硅堆的阳极及阴极位置，每次检修的具体数量不小于该阀塔所有电极的 5%。

3）主要内容：参考换流阀设备厂家提供的维护手册，对需要进行检查的均压电极，按拆卸、检查、除垢、清洁、更换密封圈、重新安装的基本操作步骤进行电极的检修。检查电极铂针的长度（或体积）应大于原始长度（或体积）的 60%；如果低于 60%，应对所有电极进行检查并记录，对于低于 50% 的电极应立即更换。

检查电极结垢情况时，若表面结垢情况良好，仅仅为浅红色或黄色的薄层，且污垢未完全覆盖铂针表面，则按照基本操作步骤完成检查即可；若结垢严重，表面为褐色或黑色的厚层，且污垢完全覆盖铂针表面，则需使用游标卡尺对污垢进行测量，将测量结果反馈至换流阀设备厂家进行评估，以明确是否有必要对所有电极进行检查及除垢。

4）注意事项：

① 均压电极检查需要有记录，并对记录情况进行横向、纵向的统计分析，得出结垢速率较高的位置，适当对结垢速率高的位置增加电极检修的频次。

② 对均压电极表面的污垢进行处理时，应小心谨慎，避免损坏或折断电极铂针。

③ 均压电极拆卸、安装过程中应小心谨慎，避免损坏水管电极安装位置的丝道。

④ 由于电极的过滤作用，在阀的生命周期内电极插针的污染是正常的。污染过程应该是均匀稳定的。一般情况下，在运行的前 10 年内不会出现劣化。

（4）阀塔光纤衰减测试。

1）检修周期：每 10 年检修 1 次，运行 10～15 年后适当增加检修频次。

2）检修范围：按照 1%～2% 的比例对阀塔每类光纤进行衰减测试，根据测试结果适当增加抽检比例。

3）主要内容：使用换流阀光纤专用测试仪对阀控设备至阀塔的触发光纤、触发回检光纤、回检光纤、阀避雷器光纤、阀塔漏水检测光纤等进行衰减测试，记录并分析测试结果。

4）注意事项：

① 光纤衰减测试完成并按原始安装方式恢复后，必须进行对应晶闸管级的触发测试。

② 整个测试过程中，不要弯曲光纤或触摸光纤的端部。

③ 插拔光纤要按照换流阀设备说明书中要求使用光纤专用插拔工具、光纤清洁工具等进行。

（5）阀塔光纤槽盒专项检查。

1）检修周期：每年 1 次。

2）检修范围：每年对 1 个阀塔的 1～2 个位置进行抽检，6 年一轮，完成所有阀塔光纤槽盒专项检查。

3）主要内容：对阀塔光纤槽盒进行外观检查，确认无放电痕迹，无光纤槽盖因松动或未安装到位导致脱落的情况。若发现有放电痕迹，需及时通知换流阀设备厂家进行专业技术分析及处理。

除此之外，需对阀塔内部防火包或防火海绵进行检查，打开放置有防火包的光纤槽盖，检查内部防火包或防火海绵是否有放电痕迹、破损情况，并进行记录，确认无异常后，重新盖好光纤槽盖。若发现有异常情况，应及时更换新的防火包或防火海绵。

4）注意事项：光纤槽盒检查时，应尽量减少碰触光纤。

（6）阀电抗器专项检查。

1）检修周期：每 3～5 年检修 1 次，电抗器存在漏水、发热等缺陷或隐患时应增加频次。

2）检修范围：每次按照 1/6 的比例进行，6 年一轮，但当电抗器存在隐患或缺陷时，应进行全面检查。

3）主要内容：检查电抗器外表是否有裂纹，水路及接头是否存在渗漏水隐患等。

针对部分阀电抗器，还需检查电抗器铁心是否存在下沉、硅钢片是否存在散落，等电位线及水管是否存在磨损隐患。

4）注意事项：

针对运行 15 年以上的部分换流阀设备，需特别注意电抗器是否存在硅钢片散落隐患。

（7）阀塔主水管内部清洁。

1）检修周期：根据实际污秽情况进行。

2）检修范围：所有阀塔。

3）主要内容：对于运行 10 年及以上的换流阀设备，其 PVDF 水管内部可能会沉积或附着一定量的污秽，为防止污秽严重而造成换流阀运行故障，可定期对阀塔 PVDF 主水管内部污秽进行清洁。

4）注意事项：阀塔主水管内部清洁完成后，安装时必须由有经验的换流阀生产或安装人员进行或指导，能有效地避免因安装不当导致的漏水情况。

（8）换流阀均压电容值测量。

1）检修周期：每 1～2 年检修 1 次。

2）检修范围：每次抽检总量的 1/6，6 年一轮。

3）主要内容：断开阀组件均压电容的一端，使用电容表测量均压电容的电容值，记录并进行横向、纵向的对比。

4）注意事项：若发现参数异常或有变化趋势，需通知换流阀设备厂家进行状态评估。

（9）元器件更换。

1）检修周期：故障或缺陷处理时进行。

2）检修范围：故障或缺陷元器件。

3）主要内容：对故障或缺陷元器件进行更换，主要包括晶闸管、阻尼电阻、阻尼电容、均压电阻、TVM（TCU/TCE/TE）板、光纤和电抗器等。

4）注意事项：在更换工作完成时，必须检查由于更换元器件而断开的螺栓连接、水路连接和电气连接。检查螺栓连接和电气连接时，应确保所有部件（垫圈和弹簧部件）都已装配合格。水路连接应通过水压试验检查是否漏水或渗水。

7.2　阀控系统检修维护

阀控系统设计为免维护系统，正常运行期间无需对阀控设备进行相关状态操作（包括复位等），但需对阀控设备开展例行巡视，确保阀控设备各部件运行正常。在直流停运期间，可根据需要对阀控设备进行相关检修维护。

1. 日常维护

（1）阀控柜日常巡视。

1）外观检查。

① 检查屏柜外壳无锈蚀、变形、脱漆等现象。

② 检查柜门关闭严实，把手无脱落、松动。

③ 检查柜内各元器件固定牢靠，无松动，外观端正。

④ 检查散热风机运行正常，无停机。

⑤ 线缆连接正确、牢固，端子排无放电痕迹、柜体内无焦糊味。

2）运行状态检查。

① 检查柜内各控制机箱前面板指示灯正常，无报警。

② 检查柜内电气元器件运行状态是否正常，包括电源模块、耦合模块、散热模块。

3）设备温度检查。

① 测温对象：控制机箱、板卡、端子排、电源模块、耦合模块、微型断路器、散热模块。

② 测温方法：使用红外测温仪检测被测部件，对比同类部件查找明显发热点，记录实际温度，对比历史数据判断部件温度是否明显上升。

（2）事件信息记录与分析。

阀控设备运行时观察 OWS 后台阀控事件，判断换流阀及阀控设备的工作状态。

阀控设备上报的事件根据内容可分为阀报警事件和阀控状态 2 类。

根据事件等级可分为严重故障事件（请求切换系统/跳闸）、报警事件（仅上报报警报文）和状态事件（仅上报状态报文）3 类。

阀报警事件：可以指示故障类型，包括晶闸管故障、阀塔漏水和阀避雷器动作等信息，可以定位到故障位置，便于维护检修。

阀控状态事件：反馈阀控运行状态和异常状态。

2. 设备检修

对阀控设备的检修可在换流站停运期间进行，检修内容根据需要选择，主要包括设备维护、功能测试、换流阀阀控一体化测试三方面。

（1）设备维护。其项目主要包括：

1）修复已知故障。

2）检查设备电源电压是否在规定范围内。

3）清除柜内灰尘。

4）检查光纤、电气连接、零部件安装是否牢固安全。

（2）功能测试。当进行问题定位时或板卡、光纤等关键零部件更换后，可根据需要进行功能测试。功能测试包括控制功能测试和自检功能测试。

1）控制功能测试。阀控系统根据控制信号状态，分别处于预检模式、换相运行和监视暂停模式，实现晶闸触发控制和状态监视。

不同运行模式下，阀控系统机箱上传不同运行状态事件到 OWS 后台，同时控制对应指示灯状态。

测试时，由控制系统分别置控制信号状态，通过观察 OWS 后台阀测控机箱上传的事件信息和阀控机箱指示灯状态，判断阀控功能状态是否正常。

2）自检功能测试。阀控设备自检功能包括控制信号状态监测、机箱板卡运行状态监测和内部通信状态监测。当阀控设备监测到异常时产生报警事件和报警状态，根据故障程度，反馈运行状态到控制系统。

测试时，分别模拟不同异常状态，观察后台事件和阀控设备运行状态是否正常，从而判断阀控自检功能是否正确。

（3）换流阀阀控一体化测试。更换阀控关键板卡、换流阀光纤和晶闸管级零部件后，或进行晶闸管级状态评估时，可开展换流阀阀控一体化测试。

测试时设置阀控处于测试模式、解锁状态，通过配套晶闸管测试仪对晶闸管级加压，进行晶闸管触发和状态识别。观察 OWS 后台事件和晶闸管级触发状态，判断阀控触发功能、监视功能、光纤回路和晶闸管级运行状态是否正常。

3. 阀控维护注意事项

（1）更换阀控柜内板卡或其他配件时，应佩戴防静电护腕，做好防静电措施。

（2）插拔光纤时，光纤不得弯折，不得承受压力及过大的张力。

（3）光纤插拔、恢复时，要做好标记，确保光纤连接与更换前一致正确。

（4）更换板卡时，板卡拨码设置与原板卡设置完全相同。

（5）更换光纤应使用专用工器具，应注意保持接头清洁。

（6）当光纤接头出现污秽时，应使用专用清洁剂或高浓度酒精进行清洁。

7.3 换流阀故障处理

7.3.1 换流阀漏水事故处理

（1）直流系统停运后，停止对应阀组阀冷主泵运行。

（2）根据 OWS 后台报文信息或者运行巡视信息，确认漏水阀塔位置。

（3）进入阀厅，关闭漏水阀塔水路阀门，找出阀塔具体漏水位置，使用塑料薄膜覆盖漏水位置下方阀组件，避免冷却水污染下方阀组件光纤、MSC 及板卡类元器件等。

（4）初步判断漏水原因，若漏水原因为接头脱落、松动等可恢复类故障，使用专用工器具使其紧固至额定力矩，抑制漏水情况。若漏水原因为水管磨损、接头密封圈破损、元器件破裂等不可恢复类故障，则需进行阀塔排水，更换引起漏水的故障元器件，恢复后重新注水并进行水压试验，在注水及水压试验过程中检查漏水情况是否得到解决。

7.3.2 换流阀放电事故处理

（1）发现换流阀放电情况后，需尽快停运换流阀设备，排查放电原因。

（2）根据 OWS 后台监视或运维人员巡视信息，确认放电大概位置。

（3）检查放电位置外观是否有异常情况，初步分析放电原因。若无法确认放电原因，需换流阀设备厂家技术人员到达现场进行深度原因分析。

（4）针对放电原因编制处理方案，该方案需通过换流阀设备厂家及换流阀运维单位双方审批。

（5）根据处理方案进行放电故障的处理，并进行其他同类位置的放电隐患排查。

（6）换流阀设备调试上电过程及投运 24h 内，应加强巡视确认事故不再发生。

7.3.3 换流阀着火事故处理

（1）发现换流阀设备出现冒烟、着火现象后，需第一时间申请换流阀设备停运或紧急停运。

（2）根据 OWS 后台监视或运维人员巡视信息，确认阀塔着火位置。

（3）使用阀塔专用灭火器对着火点进行灭火处理，同时通知换流阀设备厂家。

（4）火势得到控制后，待换流阀设备厂家到站协助分析着火原因，制订处理方案。

（5）根据处理方案进行事故的处理，并进行其他着火隐患排查。

（6）换流阀设备调试上电过程中及投运后，应加强巡视确认事故不再发生。

参 考 文 献

［1］袁清云. HVDC 换流阀及其触发与在线监测系统［M］. 北京：中国电力出版社，1999.

［2］国家电网公司. 晶闸管换流阀抽检作业规范［M］. 北京：中国电力出版社，2011.

［3］国家能源局. 高压电工作业操作资格培训考核教材［M］. 北京：团结出版社，2018.

［4］邱永椿. 高压电气试验培训教材［M］. 北京：中国电力出版社，2016.

［5］ 李建明. 高压电气设备试验方法［M］. 2 版. 北京：中国电力出版社，2019.

［6］ 刘泽洪. 特高压直流输电工程换流站主设备监造手册［M］. 北京：中国电力出版社，2009.

［7］ 赵畹君. 高压直流输电工程技术［M］. 2 版. 北京：中国电力出版社，2011.

［8］ Giovanni Mazzanti，Massimo Marzinotto. 高压直流挤包绝缘电力电缆系统及其工程应用［M］. 北京：机械工业出版社，2019.

［9］ 王勇. 高压设备电气试验技能培训［M］. 广州：华南理工大学出版社，2012.

［10］ Shi Mingming. Comprehensive Analysis on Characteristics of SiC Power Device［C］. Proceedings of 2016 International Conference on Electrical Engineering，Mechanical Engineering and Automation（ICEEMEA2016）. 2016：51－56.

［11］ Shaohua You. ±800kV DC Power Transmission Converter Valve Structure Research［C］. Proceedings of 2015 4th International Conference on Computer，Mechatronics，Control and Electronic Engineering（ICCMCEE 2015）. 2015：1122－1125.

［12］ Min XU. Intelligent Operation and Maintenance Technology of Converter Valve Based on Augmented Reality and Model Layering Technology［C］. Proceedings of 2018 International Conference on Computational，Modeling，Simulation and Mathematical Statistics（CMSMS 2018），2018：677－681.

［13］ Zhibin Qiu，Jiangjun Ruan，Shengwen Shu. Prediction of DC Corona Onset Voltage for Rod－Plane Air Gaps by a Support Vector Machine［J］. Plasma Science and Technology，2016，18（10）：998－1004.

［14］ Chai Yajing，Zhou Wenjun，He Ruidong，et al. Test on Lightning Characteristics of Electronic Equipment's Power Supply［C］. Proceedings of IEEE 2007 International Symposium on Microwave，Antenna，Propagation and EMC Technologies for Wireless Communications，2007：637－640.

［15］ Hanada Eisuke，Takano Kyoko，Kodama Kenji. Electromagnetic noise superimposed on the electric power supply to electronic medical equipment.［J］. Journal of medical systems，2003，27（4）：38－192.

［16］ Famao Wu. Dynamic Analysis For Power Amplifier Electronic Equipment［C］. Proceedings of 2015 Joint International Mechanical，Electronic and Information Technology Conference（JIMET 2015），2015：997－1002.

［17］ Anders Hedegaard Hansen，Henrik C. Pedersen，Torben O. Andersen，et al. Model based feasibility study on bidirectional check valves in wave energy converters［J］. International Journal of Marine Energy，2014，5:1－23.

第8章 换流阀工程应用案例

中国直流输电技术发展迅速，国内投运的直流工程类型主要为两端直流工程和背靠背直流工程。较为典型的直流工程案例包括云南—广东±800kV特高压直流输电示范工程，向家坝—上海±800kV特高压直流输电工程，昌吉—古泉±1100kV特高压直流输电工程等示范项目。

8.1 国内直流输电换流阀工程统计

中国的直流输电换流阀技术发展迅速，从20世纪90年代的±500kV换流阀及阀控技术的引进消化，2010年葛南直流工程改造实现阀控设备和晶闸管控制单元的自主化设计填补国内空白，到2012年的±800kV锦苏特高压直流输电工程，换流阀和阀控技术已全部实现自主研发。截至目前，研制的世界上电压等级最高±1100kV换流阀以及世界电流最大的6250A换流阀设备全部通过型式试验并实现工程化应用，引领了世界直流输电换流阀技术的发展。

截至目前，国内投运的直流工程类型主要为两端直流工程，主流的为不同电流等级的±800kV特高压直流工程，换流阀晶闸管控制方式为电控和光控两种。国内已投运高压/特高压直流工程见表8-1。

表8-1   国内已投运的高压/特高压直流工程

序号	工程分类	工程名称	直流电压/kV	输送容量/MW	输送距离/km	投运时间/年	投资方
1	背靠背直流工程	灵宝背靠背及其扩建	120/167	360+750	0	2005/2009	国网
2		高岭背靠背	±125	750	0	2008	国网
3		黑河背靠背	±125	750	0	2011	国网
4		鲁西直流	±160	1000	0	2016	南网
5	±500kV及以下直流工程	葛南直流	±500	1200	1045	1990	国网
6		天广直流	±500	1800	960	2001	南网
7		三常直流	±500	3000	860	2003	国网
8		贵广I回	±500	3000	899	2004	南网
9		三广直流	±500	3000	975	2004	国网
10		三沪直流	±500	3000	1048.6	2006	国网

序号	工程分类	工程名称	直流电压/kV	输送容量/MW	输送距离/km	投运时间/年	投资方
11	±500kV 及以下直流工程	贵广Ⅱ回	±500	3000	1225	2007	南网
12		德宝直流	±500	3000	574	2009	国网县
13		呼辽直流	±500	3000	908	2010	国网
14		三沪Ⅱ回	±500	3000	1106	2011	国网
15		青藏直流	±400	600	1038	2011	国网
16		金中直流	±500	3200	1105	2016	南网
17		溪洛渡工程	±500	6400	1223	2013	南网
18	±660kV 直流工程	宁东直流	±660	4000	1335	2011	国网
19	±800kV 及以上直流工程	云广直流	±800	5000	1437	2010	南网
20		向上直流	±800	6400	1907	2010	国网
21		锦苏工直流	±800	7200	2000	2012	国网
22		哈郑直流	±800	8000	2192	2014	国网
23		溪浙直流	±800	8000	1653	2014	国网
24		糯扎渡工程	±800	5000	1441	2015	南网
25		灵绍工程	±800	8000	1720	2016	国网
26		晋南直流	±800	8000	1119	2017	国网
27		锡泰直流	±800	10 000	1620	2017	国网
28		扎青直流	±800	10 000	1234	2017	国网
29		滇西北直流	±800	5000	1953	2018	南网
30		上海庙—山东	±800	10 000	1230	2019	国网
31		昌吉—古泉	1100	12 000	3293	2019	国网

8.2 典型直流工程案例

8.2.1 云南—广东±800kV 特高压直流输电示范工程

云广特高压直流工程是国家"十一五"重点建设项目及直流特高压输电自主化示范工程。于 2006 年 12 月 19 日开工建设，2010 年 6 月 18 日双极投产。该工程额定输电电压±800kV，额定输电容量 500 万 kW，输电距离 1412km。送端换流站位于云南省楚雄彝族自治州禄丰县，受端换流站位于广州市的增城。该工程负责将云南小湾、金安桥水电站和云南电网部分富余电量送到广东地区。

云南—广东±800kV 特高压直流输电示范工程的建设，是中国乃至世界电力工业史上的一个里程碑，揭开了西电东送的新篇章。它促进了能源资源在更大范围内实现优化配置，促进五省区优势互补，协调发展。该工程获得"亚洲最佳输配电工程奖"等多项荣誉。

云南—广东±800kV 特高压直流输电工程为双极直流系统，系统包括 2 个完整单极。为了满足工程需要，每个完整单极每端由 2 个电压相等的 12 脉动换流器串联组成。换流阀选用双重阀悬吊结构。换流阀的额定直流电流 3125A、额定直流电压±800kV、额定容量 5000MW。换流阀基本信息见表 8-2，图 8-1 和图 8-2 分别为该工程光控晶闸管的组件和阀塔。

表 8-2　　　　　　　　　　　　云广直流工程换流阀基本信息

类　型	楚雄站	穗东站
阀塔类型	二重阀	二重阀
晶闸管类型	LTT	LTT
每个单阀中组件的数量	2	2
每个组件中晶闸管数	30	30
每个单阀中晶闸管级的数量	60	60
每个单阀中冗余晶闸管级数	2	2
每个单阀内电抗器数量	8	8
阀组件是否可以从阀塔中移出	否	否

图 8-1　光控晶闸管组件

图 8-2　云南—广东±800kV 特高压直流输电工程阀塔

8.2.2 向家坝—上海±800kV 特高压直流输电示范工程

向家坝—上海±800kV 特高压直流输电示范工程起于四川省宜宾市复龙换流站，止于上海市奉贤换流站，途经四川、重庆、湖北、湖南、安徽、浙江、江苏、上海 8 省市，四次跨越长江，线路全长 1907km。工程额定电压±800kV，额定电流 4000A，额定输送功率 640 万kW，最大连续输送功率 720 万 kW。

向家坝—上海±800kV 特高压直流输电示范工程是我国自主研发、自主设计和自主建设的。该工程是当时世界上电压等级最高、输送容量最大、送电距离最远、技术水平最先进的直流输电工程，是我国能源领域取得的世界级创新成果，也代表了当时世界高压直流输电技术的最高水平。

向家坝—上海±800kV 特高压直流输电示范工程的核心设备换流阀实现国内生产、制造和例行试验，其核心器件为完全自主研发设计的 6in、8500V/4000A 晶闸管，结构设计具有重大创新，各项技术指标均创世界最高水平。换流阀基本信息见表 8-3，图 8-3 和图 8-4 分别为该工程 4000A 晶闸管的组件和阀塔。

表 8-3　　　　　　　　　　　向上直流工程换流阀基本信息

类　　型	复龙站	奉贤站
阀塔类型	二重阀	二重阀
晶闸管类型	ETT	ETT
每个单阀中组件的数量	2	8
每个组件中晶闸管数	30	7
每个单阀中晶闸管级的数量	60	56
每个单阀中冗余晶闸管级数	2	2
每个单阀内电抗器数量	8	8
阀组件是否可以从阀塔中移出	否	是

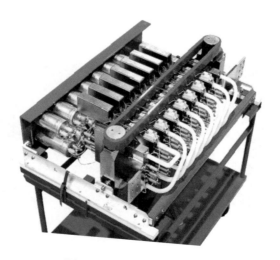

图 8-3　4000A 晶闸管组件

图 8−4　向家坝—上海±800kV 特高压直流输电工程阀塔

8.2.3　锦屏—苏南±800kV 特高压直流输电工程

锦屏—苏南±800kV 特高压直流输电工程起点四川省西昌市锦屏换流站，落点江苏省苏州市苏州换流站。新建±800kV 换流站两座，额定输送容量 720 万 kW，最大连续输送容量 760 万 kW；新建±800kV 直流输电线路一回，途经四川、云南、重庆、湖南、湖北、安徽、浙江、江苏 8 省市，全长约 2100km。

锦屏—苏南±800kV 特高压直流输电工程是国家电网有限公司继特高压交流和直流示范工程之后，建成投运的第三个特高压输电工程，是当时世界上输送容量最大、送电距离最远、电压等级最高的直流输电工程，代表了当时世界直流输电技术的最高水平。工程承担着雅砻江流域官地，锦屏一、二级水电站和四川丰水期富余水电的送出任务。

锦苏直流工程采用双极，每极两个 12 脉动换流器串联接线，电压配置为"400kV＋400kV"。换流阀采用 6in（1in＝0.025 4m）晶闸管，是国内完全自主化的换流阀和阀控首次工程化应用。换流阀基本信息见表 8−4，图 8−5 和图 8−6 分别为该工程苏州站换流阀的阀塔和阀控设备。

表 8−4　　　　　　　　　　　锦苏直流工程换流阀基本信息

类　　型	锦屏站（极Ⅱ低）	锦屏站（其他阀厅）	苏州站（极Ⅱ低）	苏州站（其他阀厅）
阀塔类型	二重阀	二重阀	二重阀	二重阀
晶闸管类型/额定电压	ETT/7200V	ETT/8500V	ETT/8500V	ETT/8500V
每个单阀中组件的数量	8	2	4	8
每个组件中晶闸管数	9	30	15/14	7
每个单阀中晶闸管级的数量	72	60	58	56
每个单阀中冗余晶闸管级数	3	2	2	2
每个单阀内电抗器的数量	16	8	8	8
阀组件是否可以从阀塔中移出	否	否	是	是

图 8-5　锦屏—苏南±800kV 特高压直流输电工程阀塔

图 8-6　锦屏—苏南±800kV 特高压直流输电工程阀控设备

8.2.4　哈密南—郑州±800kV 特高压直流输电工程

哈密南—郑州±800kV 特高压直流输电工程是继向上、锦苏直流工程后国家电网有限公司投资建设的第三个特高压直流工程，是国家实施"疆电外送"战略的第一个特高压输电工程，也是西北地区大型火电、风电基地电力打捆送出的首个特高压直流工程。该工程建设是国家电网有限公司落实中央新疆开发战略，促进新疆资源优势转化成经济优势、缓解华中地区用电紧张局面的重要举措，对于实现电力资源在全国范围内优化配置，推动新疆经济发展和长治久安，促进我国电网输电技术升级，实现装备制造业跨越式发展均具有十分重要的意义。

哈密南—郑州±800kV 特高压直流输电工程中，额定电压±800kV，额定电流 5000A，容量 8000MW。换流阀基本信息见表 8-5，图 8-7 和图 8-8 分别为该工程中州站极Ⅰ 5000A 换流阀组件和阀塔。

表 8-5　　　　　　　　　　　　哈郑直流工程换流阀基本信息

类　型	哈密南站		郑州站	
	极Ⅰ	极Ⅱ	极Ⅰ	极Ⅱ
阀塔类型	二重阀	二重阀	二重阀	二重阀
晶闸管类型	ETT	ETT	ETT	ETT
每个单阀中组件的数量	8	2	8	4
每个组件中晶闸管数	817	30	7/8	15/14
每个单阀中晶闸管级的数量	58	60	59	59
每个单阀中冗余晶闸管级数	2	2	3	3
每个单阀内电抗器的数量	8	8	8	8
阀组件是否可以从阀塔中移出	否	否	是	是

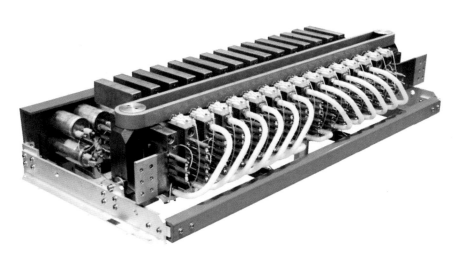

图 8-7　5000A 换流阀组件

图 8-8　哈密南—郑州±800kV 特高压直流输电工程中州站阀塔

8.2.5　锡盟—泰州±800kV 特高压直流输电工程

锡盟—泰州±800kV 特高压直流输电工程是国家大气污染防治行动计划"四交四直"特高压工程的重要组成部分，途经内蒙古、河北、天津、山东、江苏 4 省 1 市，线路长度 1619.7km（含黄河大跨越 3.7km），额定输送容量 1000 万 kW，于 2015 年 12 月 15 日正式开工建设，2017 年 10 月 11 日正式投入商业运行。

锡盟—泰州±800kV 特高压直流输电工程是世界上首个额定容量达到 1000 万 kW、受端分层接入 500/1000kV 交流电网的±800kV 特高压直流工程，输电容量、最高接入系统电压创造了新的世界纪录，是我国乃至世界特高压直流输电领域的又一里程碑工程。该工程的顺利投运，有效提高了电网输电效率，大幅节约了自然和社会资源，对于促进地区经济发展和社会效益提升具有重要意义。换流阀基本信息见表 8-6，图 8-9 和图 8-10 分别为该工程泰州站 6250A 换流阀组件和低端换流阀。

表 8-6　　　　　　　　　　　　锡泰直流工程换流阀基本信息

类　型	锡盟站	泰州站
阀塔类型	二重阀	二重阀
晶闸管类型	ETT	ETT
每个单阀中组件的数量	12	6
每个组件中晶闸管数	6	11/12
每个单阀中晶闸管级的数量	72	70
每个单阀中冗余晶闸管级数	3	3
每个单阀内电抗器的数量	12	12
阀组件是否可以从阀塔中移出	是	是

图 8－9 6250A 换流阀组件

图 8－10 锡盟—泰州±800kV 特高压直流输电工程泰州站低端换流阀

8.2.6 昌吉—古泉±1100kV 特高压直流输电工程

昌吉—古泉±1100kV 特高压直流输电线路工程，起于新疆准东（昌吉）换流站，止于安徽省宣城（古泉）换流站，途经新疆、甘肃、宁夏、陕西、河南、安徽 6 省区，线路路径总长度约 3304.7km，输送容量 1200 万 kW，电压为±1100kV。

昌吉—古泉±1100kV 特高压直流输电工程是世界上电压等级最高、输送容量最大、输送距离最远、技术水平最先进的特高压直流输电工程，昌吉至古泉工程电压等级从±800kV 上升至±1100kV，输送容量从 640 万 kW 上升至 1200 万 kW，经济输电距离提升至 3000～5000km。该工程是国家电网有限公司在特高压输电领域持续创新的重要里程碑，刷新了世界电网技术的新高度，开启了特高压输电技术发展的新纪元，对于全球能源互联网的发展具有重大的示范作用。换流阀基本信息见表 8－7。

表 8－7   昌古直流输电工程换流阀基本信息

类　　型	昌吉站	古泉站	
	极Ⅰ、极Ⅱ	极Ⅰ	极Ⅱ
阀塔类型	二重阀	二重阀	二重阀
晶闸管类型/额定电压	ETT/8500V	ETT/8500V	ETT/7200V
每个单阀中组件的数量	12	12	12
每个组件中晶闸管数	7	7	7/8
每个单阀中晶闸管级的数量	84	84	95
每个单阀中冗余晶闸管级数	3	3	3
每个单阀内电抗器数量	12	12	12
阀组件是否可以从阀塔中移出	是	是	是

下　篇
直流控制保护系统

第9章 直流输电控制保护概述

国内直流输电控制保护技术通过探索和创新，吸收国外高压直流技术的优点，结合国内交流保护经验和直流输电技术快速发展需求，开发具有自主知识产权的特高压直流控制保护产品，如许继集团 DPS - 3000 控制保护系统和南瑞集团 PCS - 9500 控制保护系统。在特高压直流工程建设中，根据特高压直流工程拓扑结构特点及系统运行方式，灵活配置直流控制保护系统。

9.1 直流输电技术发展现状

为了解决我国能源资源与用电负荷之间存在地理分布不均衡的问题，实施"西电东送、南北互供、全国联网"战略是电力发展的必经之路。输变电技术是电力系统的一个重要环节，具有资金投入量较大、技术要求较高、建设周期较长等特点。特高压直流输变电技术是应用于智能电网的主要输变电技术之一。

特高压直流输变电工程在主接线形式、运行方式等方面有许多不同之处，针对特高压关键技术，我国在过电压与绝缘配合、外绝缘和设备性能等方面进行了开创性工作，在 ±800kV 特高压直流输电系统关键技术取得了创新成果。首次确定了每极双 12 脉动换流器串联、电压平均分配方案的主回路方案。综合分析了设备制造和大件运输难度、系统稳定性以及工程经济性等因素，对每极采用单换流器和双换流器串联、两换流器并联的接线方案进行了综合比选，确定 ±800kV 特高压直流输电系统采用每极双换流器串联方案实现电压提升。

国内特高压控制保护厂家在消化吸收国家电网有限公司高压直流控制保护技术基础上，结合国内特高压直流工程特点，开展控制保护软硬件平台研制和特高压控制保护关键技术研究，经过多年的自主研究和创新，2010 年 6 月 18 日，云广特高压工程双极投产，是世界第一条高海拔、长距离、大容量的特高压直流输电工程；2011 年 7 月建成了世界上电压等级最高、输电容量最大、输电距离最长、技术最先进特高压直流工程——向家坝—上海 ±800kV 特高压直流输电示范工程；2012 年，锦屏—苏南 ±800kV 特高压直流输电工程建成投运，溪洛渡左岸—浙江金华、哈密南—郑州 ±800kV 特高压直流输电工程对输送容量进一步提升。目前国家电网有限公司已建成投运 10 回 ±800kV 特高压直流工程，额定输送功率从 6.4GW、7.2GW、8GW 到 10GW，最远输送距离达 2383km，总换流容量 167.2GW，线路总长 17 245km。南方电网公司也已建成投运 3 回 ±800kV 特高压直流工程，±800kV 特高压直流工程额定直流电流从 4000A 提升到 6250A，单位走廊输送功率提升 1 倍；±1100kV 特高压直流额定电流提升至 5455A，输送容量达 12GW。

直流控制保护技术在继承原有创新的基础上，对更高电压等级的 ±1100kV 直流输电进行进一步研究，对±1100kV 直流输电的主回路方案及主设备参数、线路及杆塔设计、过电压与绝缘配合进行了深入研究。

特高压直流输电工程由于输送容量巨大，在受端对接入的交流电网产生了较大影响，为了实现电能的消纳和为换流站提供必要支撑，必须建设相关的配套交流线路。为改善多馈入直流系统逆变侧交流故障对特高压直流换相失败的影响，特高压直流逆变站采用分层接入交流系统，或逆变侧采用多端柔性直流输电方式的解决方案。

9.2　直流输电系统基本控制策略

直流输电系统稳态运行基本控制策略有两种：第一种为整流侧定电流控制，逆变侧定电压控制；另一种为整流侧定电流控制，逆变侧定熄弧角控制。第一种运行方式和第二种运行方式的主要区别在于逆变侧的控制方式。

（1）逆变侧定熄弧角控制方式。在实际工程应用中，对直流输电影响最多的是换相失败，在逆变侧，如果熄弧角太小，以致晶闸管来不及恢复正向阻断能力，又重新被加上正向电压继续导通，发生倒换相现象，称为换相失败。若发生连续换相失败，会严重影响直流功率传输，因此应尽量增大熄弧角，避免换相失败的发生。然而随着熄弧角增大，换流器功率因数会降低，无功功率消耗增大，为了在维持不发生换相失败的前提下尽量提高功率因数，逆变侧采用定熄弧角控制方式，维持熄弧角在合理的范围内。

（2）逆变侧定整流侧电压控制方式。当受端交流电网受到扰动，致使逆变侧交流母线电压下降时，将引起逆变侧换相角增大，同时直流电压降低。在采用定熄弧角控制情况下，为了保持熄弧角不变，熄弧角调节器将使逆变器的触发角减小，于是逆变侧消耗的无功功率增加，这就使逆变侧换流母线电压进一步降低，从而可能导致交流电压不稳定。而采用定电压控制时，当受端电网交流电压下降而导致直流线路电压降低时，为了保证直流电压不变，电压调节器将增大逆变侧的触发角，这就使逆变侧消耗的无功功率减小，从而有利于换流母线电压的恢复。此外，在轻负荷时，定电压控制可获得较大的熄弧角，从而更加减小了换相失败的概率；同时由于熄弧角加大，使逆变侧消耗的无功增加，这对轻负荷时换流站的无功平衡有利。由于这一原因，当受端为弱交流系统时，逆变侧的正常控制方式往往采用定电压控制，而预测性熄弧角控制则作为限制器使用，以防止熄弧角太小时易发生换相失败。

采用定直流电压控制，由于在增大直流电压的方向上需要留有一定的调节裕量，这就使得定直流电压控制模式下的熄弧角偏大，无功消耗增多，设备利用率偏低。虽然定电压控制策略存在上述不足，但能有效地改善系统的稳定性，建议在建和规划的超高压/特高压直流输电工程采用定电压控制策略。

9.3　直流输电控制保护系统作用

直流控制保护系统由 SCADA 系统、控制系统和保护系统组成。SCADA 系统的作用是监视、控制直流输电系统以及相关交流系统的运行情况，包括对换流站交直流开关场、控制楼、继电器室、阀厅、通信系统、辅助系统等的监视与控制，以及与远方调度中心、省调、地调等的通信等。控制系统分为站层控制、极控制层控制、换流器层控制。站层控制主要实现双极之间有功分配、换流站无功平衡控制、双极顺序控制等。极控制层控制设备是整个换流站控制系统的核心，它主要实现极的启/停、解锁/闭锁、极的功率/电流控制、极的顺序控制与联锁、极的故障处理控制、极的站间通信与极间通信等功能。极控系统的控制性能直接决定了直流系统的各种响应特性以及功率/电流稳定性。换流器层控制是实现换流阀组的触发控制、产生阀组触发脉冲、换流阀组的启/停、解锁/闭锁、换流阀的投退、换流单元层的顺序控制与联锁、阀组过负荷监视等功能。直流保护系统是换流站设备的最后一道安全屏障，主要作用是当直流系统不正常运行或设备故障时，可以快速、准确地采取合理的处理措施，重启或闭锁直流系统，保护一次设备的安全。

9.4 直流输电控制保护系统组成

直流输电控制保护系统一般由控制系统、保护系统、运行人员监视系统、就地控制单元和其他辅助监视设备组成。根据直流场阀组结构，灵活配置相应的控制保护系统。对于特高压直流工程，控制系统一般分为极控系统、阀组控制系统、直流站控系统、交流站控系统、站用电控制系统。保护系统一般分为极保护系统、阀组保护系统、换流变压器保护系统、交流滤波器保护系统、直流滤波器保护系统、接地极监视系统等。对于超高压直流输电工程，阀组控制系统集成在极控系统中，阀组保护集成在极保护系统中。运行人员监视系统包括运行人员工作站、远动工作站等。就地控制单元为就地测控装置，主要上传现场模拟量、开关状态及辅助监视信号，并下传运行人员操作命令。辅助监视设备包括直流线路故障测距设备、谐波监视设备、外置故障录波设备、对时设备等。

9.5 直流输电控制保护系统配置原则

直流输电控制保护系统总体上按设备及功能区分呈分层结构，控制保护主机、测量设备和I/O单元采用冗余配置。其功能按分区设计和配置，配置原则如下：

（1）直流控制设备与直流保护设备相互独立。

（2）不设独立的双极控制主机，双极控制功能集成在极控制系统中或直流站控系统中。

（3）极层和换流器层控制设备之间、直流控制和直流保护设备之间、双重化冗余的直流控制设备之间均采用高速工业控制总线通信，以保证整个直流控制保护系统数据传输的实时性。

（4）不单独配置双极直流保护设备，双极保护功能集成在极保护设备中。

（5）多数情况下不单独配置直流滤波器保护设备，直流滤波器保护功能集成在极保护设备中，应客户要求也可单独配置直流滤波器保护设备。

（6）交流滤波器保护按小组配置，交流滤波器小组保护和母线保护单独设置，采用双重化配置。每一套保护采用"启动+动作"的配置方式，启动部分和动作部分的元器件及回路完全独立。

（7）交、直流站控系统和极控制系统，采用双重化冗余设计，从采样单元、数据传输总线、控制装置到控制输出等采用完全双重化设计。

（8）运行人员控制系统中的服务器、站 LAN 等按双重化冗余结构配置，工作站和其他相关设备按多重化或双重化配置。整个系统具备足够的串行冗余度，可以确保任何单一设备的故障不会影响直流系统的正常运行。

（9）直流输电保护系统（包括换流器保护、极保护、双极保护、直流滤波器保护、换流变压器保护）按三重化原则冗余配置，采用智能"三取二"逻辑，既可防止直流保护系统的误动，又可防止其拒动，不存在逻辑上的盲区。出口采用硬接点直接驱动一次设备。双套"三取二"逻辑与双重化的控制系统通过快速总线连接。

（10）换流变压器电气量保护集成在换流器保护中，非电量保护采用三套智能接口单元，传输方式采用 GOOSE 协议。

（11）直流输电控制保护系统测量接口负责将模拟量送给控制和保护系统，其采用三重化配置原则，三套测量接口系统分别对应三套保护系统，其中两套测量接口系统还用于控制系统的模拟量上送，具备数据预检验机制，确保测量数值的有效性。

（12）所有直流保护屏柜配置检修压板，并且为保护功能设置软压板，方便维护和检修。

（13）控制层设备配置就地控制界面系统，采用独立的网络连接，具备和运行人员控制系统一致的基本操作功能。

参 考 文 献

[1] 韩民晓，文俊，徐永海. 高压直流输电原理与运行 [M]. 北京：机械工业出版社，2010.
[2] 刘振亚. 特高压直流输电理论 [M]. 北京：中国电力出版社，2018.
[3] 赖征田. 电力大数据：能源互联网时代的电力企业转型与价值创造 [M]. 北京：机械工业出版社，2015.
[4] 国家电网公司. 特高压直流输电技术研究成果专辑（2012 年）[M]. 北京：中国电力出版社，2015.
[5] 杨云. 智能电网工控安全及其防护技术 [M]. 北京：科学出版社，2019.
[6] Kamran Sharifabadi, Lennart Harnefors, Hans-Peter Nee, et al. Design, Control and Application of Modular Multilevel Converters for HVDC Transmission Systems [M]. England: WILEY, 2016.
[7] 王杰. 柔性交直流输电系统的非线性控制 [M]. 北京：科学出版社，2018.
[8] 国家能源局. DL/T 1780—2017 超（特）高压直流输电控制保护系统检验规范 [S]. 北京：中国电力出版社，2019.
[9] 焦瑞浩，丁剑，任建文，等. 适应大规模清洁能源并网和传输的未来新型直流电网研究 [J]. 智慧电力，2019，47（6）：9-18.
[10] 陈铮铮，赵鹏，赵健康，等. 国内外直流电缆输电发展与展望 [J]. 全球能源互联网，2018，1（4）：487-495.
[11] 蔡静，董新洲. 高压直流输电线路故障清除及恢复策略研究综述 [J]. 电力系统自动化，2019，43（11）：181-190.
[12] 马坤，叶鹏，李家珏，等. 特高压电网运行与控制研究综述 [J]. 东北电力技术，2017，38（06）：54-59.

［13］ 李明节. 大规模特高压交直流混联电网特性分析与运行控制［J］. 电网技术，2016，40（04）：985 － 991.

［14］ Vu，T T N，Teyssedre G，Vissouvanadin B，et al. Electric field profile measurement and modeling in multi － dielectrics for HVDC application ［C］. 11th IEEE International Conference on Solid Dielectrics （ICSD），Bologna，ITALY，2013：413 － 416.

［15］ Javad Khazaei，Peter Idowu，Arash Asrari，et al. Review of HVDC control in weak AC grids ［J］. Electric Power Systems Research，2018，162：194 － 206.

［16］ HAEUSLER M，HUNAG H，PAPP K. Design and Testing of 800kV HVDC Equipment ［C］. Cigre Conference，Paris，2008，18（3）：77 － 77.

［17］ Norman MacLeod，Stephan Lelaidier. UHVDC Power transmission：new equipment developments［J］. Water and Eenrgy International，2010，68（5）：11 － 15.

［18］ Liu Zhen － ya，Shu Yin － biao，Zhang Wen － liang，et al. Study on voltage class series for HVDC transmission system ［J］. Proceedings of the CSEE，2008，28（10）：1 － 8.

［19］ Kaushal Abhimanyu，Van Hertem Dirk. An Overview of Ancillary Services and HVDC Systems in European Context ［J］. ENERGIES，2019，12（18）：1 － 20.

［20］ Barnes Mike，Van Hertem Dirk，Teeuwsen Simon P，et al. HVDC Systems in Smart Grids ［J］. PROCEEDINGS OF THE IEEE，2017，105（11）：2082 － 2098.

第 10 章　控制系统分层结构及保护系统分区

10.1　换流站控制保护系统设备分层结构

直流输电控制保护系统采用分层分布式的总体结构，根据功能和控制级别分为运行人员控制层设备、控制保护层设备、现场层设备等三个层次。各分层之间以及同一分层的不同设备之间通过网络总线相互连接，构成完整的控制保护系统。本章以双极四阀组的特高压直流输电工程为例，对直流换流站分层结构进行说明。图 10-1 为特高压直流输电控制保护系统总体结构。

10.1.1　运行人员控制层设备

运行人员控制层设备由运行人员控制系统、培训系统、硬件防火墙和网络打印机等设备组成。其中运行人员控制系统是运行人员控制层的核心设备，由数据库服务器、运行人员工作站、工程师工作站等构成，其主要功能是对直流系统一、二次设备和交直流系统的运行数据进行显示和存储，并为运行人员提供监视和控制操作的界面。除上述功能外，运行人员控制层设备还具备事件顺序记录和报警、网络对时信号的接收和下发、文档管理，以及运行人员培训等功能。

10.1.2　控制保护层设备

控制保护层设备包括极控（双极、极）、换流器控制、交直流站控、直流系统保护（直流保护、换流变压器保护、交直流滤波器保护）、交流保护（线路保护、母线保护、断路器保护、站用辅助电源保护）等设备。其中极控、换流器控制、站控和直流保护是整个直流输电系统最为核心的控制保护设备，一般基于统一的高速控制保护系统平台进行构建。控制保护层设备结构如图 10-2 所示。

10.1.3　现场层设备

现场层设备提供与交直流系统一次设备和换流站辅助系统的接口，实现一次设备状态和系统运行信息的采集处理和上传、顺序事件记录，控制命令的输出以及就地控制和联锁等功能。现场层的核心设备是分布式 I/O 测控单元。

目前国内分布式测控单元比较典型的是许继集团 DFU420 系列测控装置。DFU420 系列测控装置是许继集团继承和借鉴国内外产品的优点，通过功能创新自主开发的新一代测控装置。DFU420 系列测控装置采用多处理器的模块化结构、双重化的电源配置和现场总线接口，内置高精度交直流采样、同期控制等，使其功能和性能得到全面提升，并增加工程配置和维护调试的方便性和灵活性。测控装置通过 PROFIBUS DP 现场总线完成对现场模拟量和状态量的

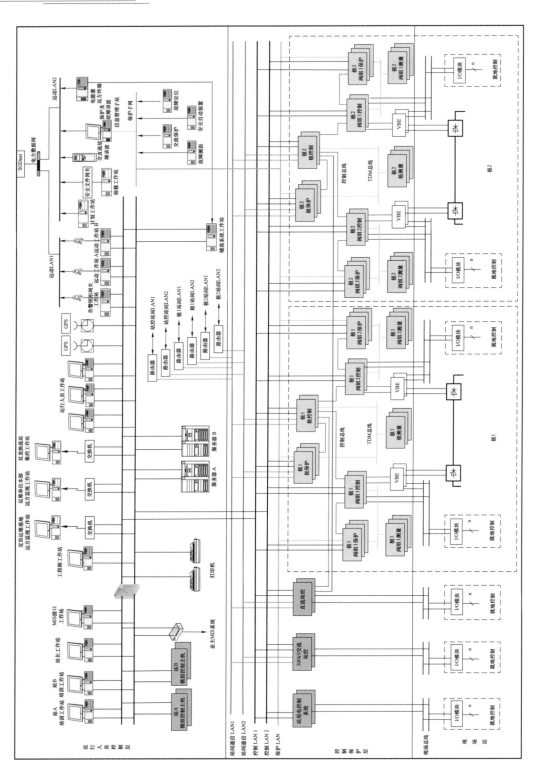

图 10-1 特高压直流输电控制保护系统总体结构

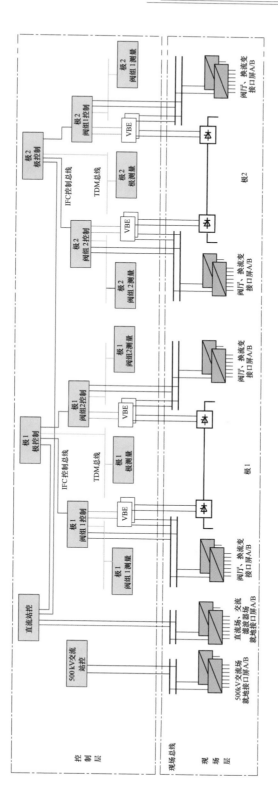

图 10-2 控制保护层设备结构

数据采集和上传，并执行主站下发的控制命令。该测控装置同时配置 CAN 总线接口，可以实现现场层设备的组网调试、就地监控、状态逻辑联锁、CAN 设备接入，并可实现 CAN－ProfiBus DP 两种总线的桥接功能。DFU420 系列测控装置及功能框图如图 10－3 所示。

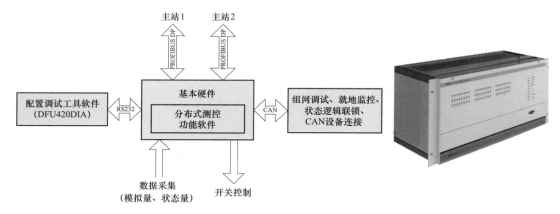

图 10－3　DFU420 系列测控装置及功能框图

　　DFU420 硬件系统采用模块化结构及硬件，由机箱和背板、主控制 CPU、通信及接口、开关量输入输出、继电器输出、交直流模拟量输入及转换、直流电源、人机接口等部分构成。软件系统分为分布式测控功能软件和配置调试工具软件两部分。其中分布式测控功能软件包括主处理软件、通信处理软件和交流模拟量处理软件等三部分，各自分布于主控制 CPU、通信及接口，以及交直流模拟量输入及转换等智能硬件单元中，实现相应的处理和控制功能；配置调试工具软件实现整个装置的参数设置、数据监视、故障诊断和就地操作等功能，为应用人员提供便利的工程配置和运行维护手段。

10.2　控制系统功能分层结构

　　对于特高压直流输电工程，每个直流极采用双 12 脉动换流器串联接线方式，其控制系统的设计遵循 IEC 60633:1998 标准对直流控制系统分层结构的规范。特高压直流工程控制系统采用分层结构，分层结构能有效地缩小故障影响范围，提高运行操作和维护的方便性和灵活性。层次设计原则为单阀组故障不影响本极运行，单极故障不影响另一极运行。根据设计原则，换流站一般划分为双极控制层、极控制层，阀组控制层，为了缩小故障影响范围，各控制功能尽可能放到极层或阀组控制层。控制系统采用双系统冗余控制，发生任何单重电路故障时，能可靠地切换系统，保持本层系统的稳定运行。

　　对于超高压直流输电工程，换流站每极采用单阀组，通常极控制层与阀组控制层合并为极控制层。

　　（1）各层次在结构上分开，层次等级高的控制功能可以作用于其所属的低等级层次，且作用方向是单向的，即低等级层次不能作用于高等级层次。

（2）层次等级相同的各控制功能及其相应的硬、软件在结构上尽量分开，以减小相互影响。

（3）直接面向被控设备的控制功能设置在最低层次等级，控制系统中有关的执行环节也属于这一层次等级，它们一般就近设置在被控设备近旁。

（4）控制系统的主要控制功能尽可能地分散到较低的层次等级，以提高系统可用率。

（5）当高层次控制发生故障时，各下层次控制能按照故障前的指令继续工作，并保留尽可能多的控制功能。复杂的控制系统采用分层结构，可以提高运行的可靠性，使任一控制环节故障所造成的影响和危害程度最小，同时还可以提高运行操作和维护的方便性和灵活性。

直流控制系统控制层次由高到低一般分为系统层、站控层、极层和换流器层，特高压直流工程控制系统分层结构示意图如图 10-4 所示。换流器控制系统按照站/极/换流器进行配置，即一个换流站中的每一直流极的每一换流器配置完全冗余的两套换流器控制系统。直流站控系统主要完成双极与站级相关控制功能，直流极控系统主要负责完成极层控制功能以及部分双极控制功能。直流站控与极控系统均采用完全双重化设计，能够保证任何单重故障均不会对直流系统运行造成影响。

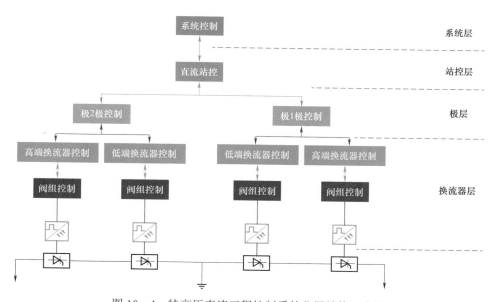

图 10-4　特高压直流工程控制系统分层结构示意图

直流控制保护系统一般包括直流站控系统、双极控制系统、极控系统、阀组控制系统。双极、极、阀组系统信号交换示意图如图 10-5 所示。针对目前国内特高压直流控制保护系统，如许继集团直流站控系统、双极控制系统集成在直流站控系统中；双极控制系统和极控系统之间，以及极控系统和阀组控制系统之间的数据通过快速控制总线进行数据交换。

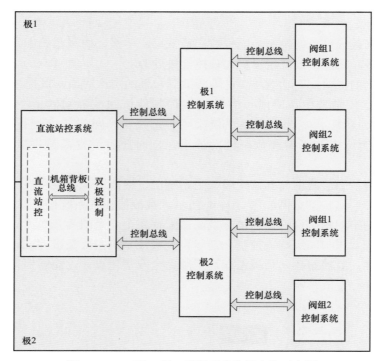

图 10-5　双极、极、阀组系统信号交换示意图

　　信号交换原则为当一个阀组停运或维修时，必须通过合适途径通知另一阀组，确保本极另一阀组运行不受干扰；当一个极停运或维修时，必须通过合适途径通知另一极，确保另一极运行不受干扰。

　　另外，双极功能中需要另一极的测量实际值，直接从另一极的直流电压分压器和直流电流分流器单独通道获取。

10.2.1　双极控制层

　　以许继集团特高压直流控制保护系统为例，双极控制层系统功能集成在直流站控设备中。直流站控系统不仅完成直流场开关控制功能，同时完成控制功能分层结构的双极层功能。

　　双极控制层为双极直流输电系统中同时控制两个极的控制层次，主要完成全站有功功率控制和无功功率控制。有功功率控制指令主要协调双极运行，无功功率控制指令主要动态控制全站系统无功和交流母线电压。

　　双极控制层的主要功能有双极功率控制、稳定控制、功率方向控制、双极电流平衡控制等。双极层接收运行人员的指令，产生双极功率参考值，并通过控制总线下发给极控制层，图 10-6 所示为双极控制层功能配置。

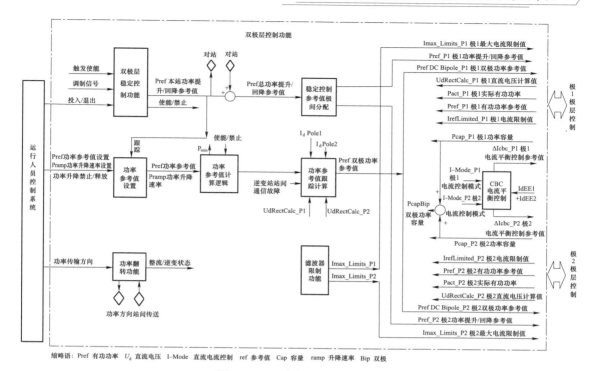

图 10-6　双极控制层功能配置

　　双极功率控制是指极控系统根据运行人员设置的双极功率参考值来调节控制系统，使之保持双极有功功率恒定、无功功率或交流电压在规定范围。有功功率控制分为自动功率控制和手动功率控制。自动功率控制模式是指双极功率定值及功率变化率按预先设定负荷曲线自动变化，而手动功率控制模式则是指在主控站由运行人员手动设置双极功率定值和功率变化速率。这两种功率控制模式下发的定值和速率均只在主导站有效。无功控制模式分为自动无功控制和手动无功控制，电压和无功参考值为站级功能，必须在两站分别设置。

　　稳定控制是直流系统的附加控制功能。当交流系统受到干扰时，稳定控制功能通过调节直流系统的传输功率使系统恢复稳定运行。稳定控制功能包括功率提升、功率回降、频率限制、功率调制和次同步振荡等功能。

　　由于逆变侧的功率控制器不起作用，极控系统通过站间通信将逆变侧生成的稳定调制量送到整流侧，并与整流侧产生的调制量相加形成最终的稳定控制参考值 PrefAC。功率斜率发生器的输出值 PrefDC 和稳定控制参考值 PrefAC 相加作为最终的功率参考值输出去控制直流系统的功率传输。当两侧站间通信失败时，逆变侧的稳定控制功能闭锁。

　　高压直流输电系统一般都具备正向和反向直流功率输送能力，有时候还需在运行过程中进行功率反送，所以极控系统中提供了功率反转功能。功率反转分为在线功率反转和离线功率反转。在线功率反转指在直流系统运行时，先降低直流功率到最小值，再降低直流电压到零，然后反方向提升直流电压和直流功率，在线改变功率方向期间，并不闭锁触发脉冲。离

183

线功率反转功能，只能在闭锁状态下执行，因此对交流系统和直流系统没有冲击。只要没有解锁或空载升压，运行人员就可下发功率反转的命令，当运行人员选择新的功率方向后，原来的整流站变为逆变站运行，原逆变站则切换为整流站运行。相邻站的整流和逆变状态应该是始终保持一致的。

双极电流平衡控制功能（CBC）用来平衡双极实际的直流电流，它是一个闭环积分控制器，最大输出为额定电流值的 2%。此外，一些接地极保护功能会发出双极电流平衡请求信号，极控系统接收到这个信号时，会启动另一个平衡控制器快速调节两极的电流参考值，直至达到允许电流的上下限限制值。

10.2.2　极控制层

极控制层是控制单个极的控制层次。双极直流输电系统要求一极故障时，另一极能够单独运行，并能完成主要的控制任务，因此要求两极完全独立。

极控制层功能完成与极相关的控制功能，从双极控制层接收极电流/功率参考值，进一步产生换流器层闭环控制所需的直流电流、直流电压、熄弧角参考值。其主要功能有极间功率转移、极解锁/闭锁过程、直流线路故障重启顺序、极电流限制、极电流指令协调、低压限流环节等，图 10-7～图 10-9 为极层控制功能配置。其中，图 10-7 包含极间功率转移、电流平衡功能、电流裕度补偿功能配置；图 10-8 包含低压限流功能、电流限制功能、直流电流参考值计算、线路故障重启、空载加压、直流电压参考值计算功能配置；图 10-9 包含电压/电流控制器功能、触发角输出功能配置。

极间功率转移发生在双极功率模式下出现一极电流受限，另一极接管受限极受限功率，补偿受限极损失的传输功率。极间功率转移功能只在整流侧有效。由于极间功率转移势必引起两极的直流电流不等，接地极电流增加，所以当极间功率转移起作用时会退出电流平衡控制。

直流线路故障重启就是针对瞬时故障而设置的。直流保护检测到线路故障以后，将信号传到极控，极控系统立即强制移相并且经过一定的放电时间后直流系统会试图重启，以尽可能维持直流系统的运行。每一极的重启次数以及放电时间可以由运行人员在操作员工作站设定。

在整流侧，当检测到直流线路故障后，极控系统将触发角移相到 120°，当直流电流降低到零时，将角度设定到限制值。这个过程虽然类似于移相闭锁，但控制系统触发脉冲一直使能，因此极解锁信号一直存在。经过一定的放电时间后，直流系统自动重启。如果重启后直流线路故障消失，则系统继续运行；如果重启后直流线路故障依然存在，控制系统再次重复先前的移相动作，同时计算重启次数。当重启次数达到运行人员设定值时，控制系统将启动闭锁顺序。

在逆变侧，检测到直流线路故障以后设置输入到 VDCL 的直流电压为零，启动交直流系统故障恢复的暂态电流控制；设置熄弧角实际值为零使触发角向 120°的方向移动，使直流电压降低，当电流重新建立后，再释放触发角限制重新控制电压。

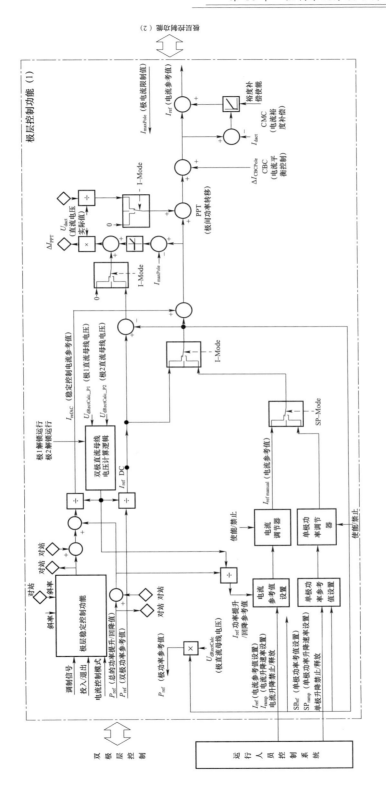

图 10－7　极层控制功能配置（一）

I-Mode—电流控制模式；SP-Mode—单极功率控制模式；manual—手动

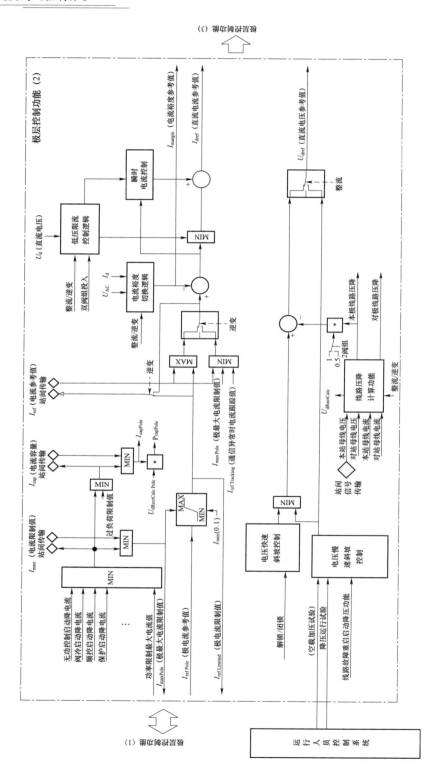

图 10-8　极层控制功能配置（二）

186

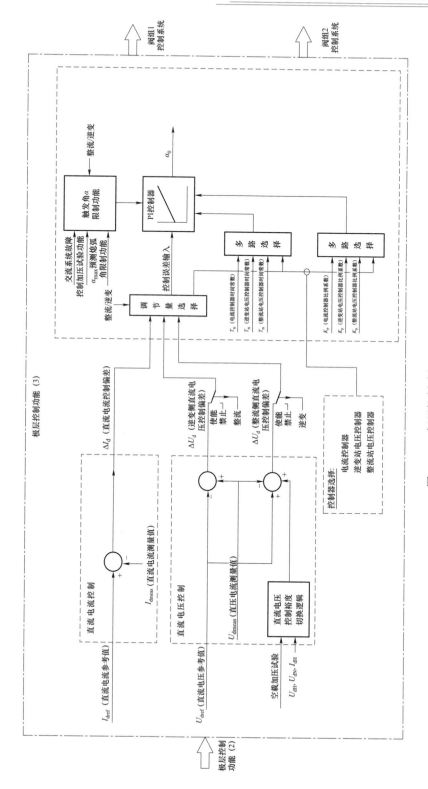

图 10-9　极层控制功能配置（三）

I_d—直流电流；K_P—比例系数；U_d—直流电压；Control—控制；T_N—时间常数；Control—控制

如果整流侧和逆变侧之间的通信出现故障，在整流侧检测到直流线路故障，整流侧将直流电流降为最小后经过放电时间重启，此时的直流电压为正常直流电压值，重启成功。如果重启次数达到了设定值，直流电压仍不正常则整流侧按闭锁顺序闭锁，逆变侧由直流低电压保护动作闭锁。

极控制层需要考虑各种电流限制条件，再根据允许的最大电流值计算极功率能力。电流限制主要是根据主设备的过负荷能力计算最大允许电流值，并且与对站最大电流进行协调计算。

电流限制主要包括高压直流输电系统主设备的过负荷能力的限制、根据可用交流滤波器数计算的电流限制、由稳定控制功能功率限制计算的电流限制、直流保护请求的电流限制、降压运行的电流限制、功率反转的电流限制、站间通信故障后的电流限制、解锁/闭锁过程中的电流限制、运行人员设定的电流限制、对站的电流限制。

极电流指令协调功能根据各种不同情况选择用于换流器控制的电流指令。此功能保持逆变站电流控制器的电流裕度，以防止逆变站投入电流控制。电流控制参考值在两侧的主导站之间进行交换。

整流站的电流指令由电流指令计算器决定。用于电流控制的电流指令将取本站计算的电流指令和另一站的回检电流指令中的较大值，而逆变站用于电流控制的电流指令则是取两者中的较小值，这就保证了逆变站的电流指令不大于整流站的电流指令。

如果整流站的电流指令增加，则该增加的量将直接进入电流控制器，而不需要等待逆变站的电流指令回检信号。当整流站的电流指令减少时，则只有收到逆变站的电流指令回检信号后，才能开始降低直流电流，这样可以避免在逆变站瞬时裕度损失。

当两侧站间通信故障时，逆变站的电流指令等于跟踪的实际直流电流值。

低压限流功能是在直流电压降低时对直流电流指令进行限制，它的主要作用是当交流网扰动后，可以提高交流系统电压稳定性，帮助直流系统在交直流故障后快速可控地恢复，可以避免连续换相失败引起的阀过应力。

在整流站和逆变站，VDCL 功能有不同的特性。其作用是在逆变站和直流线路故障以及交流系统故障期间降低直流电流。在直流线路故障和交流系统故障后恢复时，保持逆变器的有效的电流参考值 I_{ref} 低于整流器的 I_{ref} 是非常重要的，这样可以加速故障的恢复，防止逆变器电流控制长时间投入运行。

此外，整流侧和逆变侧输入量的滤波时间常数也不同，整流侧的时间常数比逆变侧的时间常数短，这样可以在故障恢复时使整流侧更快地恢复电流控制。

10.2.3 阀组控制层

阀组控制层是控制单个换流单元的控制层。主要设备为阀组控制系统，所有控制输出为点火角控制。控制功能有点火角控制、定电流控制、定关断角控制、直流电压控制、分接头控制以及换流单元闭锁和解锁顺序控制等。阀层控制功能配置如图 10-10 所示。

阀组层功能完成对 12 脉冲换流阀组的高速闭环控制，主要包括直流电流控制、直流电压控制、熄弧角控制、换流变压器分接头控制等。

（1）直流电流控制是高压直流输电的基本控制方式，正常运行时，整流侧电流控制起作用，逆变侧电压控制或定熄弧角控制起作用。

（2）直流电压控制在两侧有不同的用途。在逆变侧，直流电压控制器是正常的控制方

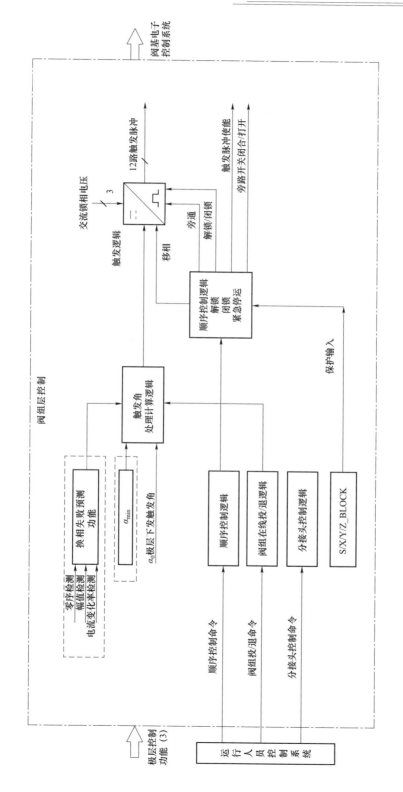

图 10-10　阀层控制功能配置

Block—闭锁；Deblock—解锁；ESOF—紧急停运

式以维持系统的直流电压；在整流侧，根据控制策略安排，控制电压的换流站的电压控制器和逆变侧的作用相同，而控制电流的换流站正常情况下直流电压控制作为一个限制器，当直流电压大于电压参考值与电压裕度之和时，其电压控制器会瞬时地投入，防止直流过电压。

（3）如果整流侧控制电流的换流站交流电压降低，则由于最小触发角限制而失去电流控制，逆变侧将接管直流电流控制，此时的直流电压将决定于最小点火角和相应换流站的交流电压值；相反，如果整流侧控制电流的换流站交流电压增加到正常值以上，直流电压控制可能会瞬时投入运行以控制直流电压，但是一般情况下，虽然交流电压增加到正常值以上，它还会维持为电流控制，因为交流电压增加也引起直流电流的增加，电流控制器会通过增大点火角而使直流电流恢复正常，这也就会使整流侧的直流电压降低到正常水平。究竟哪种控制器起作用主要要看直流电压和直流电流的变化幅值和变化速率。

泰州站阀层控制功能配置如图 10-11 所示。

在逆变侧，正常情况下直流电压控制整流侧的直流电压为设定值，用作控制变量的整流侧直流电压通过计算得到。当整流侧处于最小触发角限制时，逆变侧会切换到直流电流控制，为了使逆变侧控制方式平滑转变，极控系统中提供了电流误差控制（current error control，CEC）功能。该功能是逆变侧电压控制的一部分，当电流控制器的输入误差大于 5% 后，逆变侧的电压参考值会减去一个与电流控制误差成比例的调制量。

当逆变侧交流电压降低时，为了避免熄弧角小于最小参考值，逆变侧熄弧角控制器将取代电压控制器。这种情况下可能会出现瞬时的换相失败。当交流电压增加时，逆变侧电压控制器将通过减小触发角来维持整流侧电压保持为参考值，换流变压器分接头控制会调节熄弧角值，这种情况下不会发生控制方式的切换。

熄弧角调节器是逆变侧采用的一种调节方式，该调节器只在熄弧角降低到熄弧角最小值以下时投入，熄弧角调节器投入后会将熄弧角恢复到参考值以上，这样可以更好地防止换相失败的发生。工程中的熄弧角参考值一般设置为 17°，这个值必须和分接头角度控制设定相配合，以避免产生干扰，它必须低于分接头的整定值，以防止熄弧角在分接头控制动作之前对熄弧角进行控制。

熄弧角控制可使用实测型的熄弧角，通过测量从每个阀的电流过零到电压过零的时间，得到了每个阀实际的熄弧角的大小。当熄弧角降低到参考值以下时，如果熄弧角控制器被选择，则控制器会通过减小触发角使熄弧角恢复到参考值。

（4）换流变压器分接头控制是配合阀组控制的一种慢速控制，每调节一挡约 5~10s，并具有台阶效应，分为手动模式和自动模式。分接头控制的目的是保持触发角，熄弧角和直流电压在一定的范围内。由于分接头调节的步进特性，在角度控制和电压控制中均提供合适的死区以避免分接头的来回调节。

手动控制模式是指在分接头升降允许情况下，运行人员可以手动升降分接头。在手动控制模式下的分接头升降也要受到最大换流变压器阀侧理想空载电压 U_{di0} 的限制。

自动控制模式是指控制系统根据系统运行工况自动调节换流变压器分接头挡位。在自动控制模式下，运行人员不能手动升降分接头。自动控制模式下的分接头调节主要包括角度控制、U_{di0} 控制和起始位置控制。

角度控制是一种标准的分接头控制模式，整流侧为 α 控制，逆变侧为 γ 控制。当极解锁

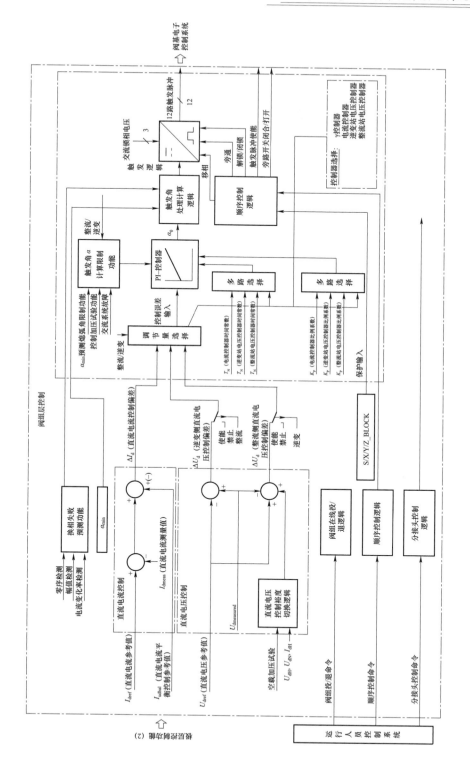

图 10－11　泰州站阀层控制功能配置

I_d—直流电流；K_P—比例系数；U_d—直流电压；T_N—积分系数；Control—控制；BLOCK—闭锁

191

后，如果运行人员选择了角度控制，则该控制起作用。整流侧 α 控制使触发角在 $12.5°\sim17.5°$。如果实际的角度超过此范围，则换流变压器分接头开始动作。为了避免快速响应，实际测量到的角度要经过 500ms 的平滑滤波。

U_{di0} 控制就是维持计算得到的换流变压器二次侧电压（$U_{di0Calc}$）在一定的电压范围内，如果计算的 $U_{di0Calc}$ 小于下限参考值时，分接头降低，提高换流变压器二次侧电压，使其恢复到参考值范围内；反之，分接头上升，使其恢复到参考值范围内。在自动控制模式下，当换流变断路器闭合后分接头控制将强制为 U_{di0} 控制，这可保证在换流器解锁以前，两侧的换流变压器二次侧电压在理想的电压水平。

10.3 保护系统分区

直流保护的范围覆盖两端换流站交流开关场相连的交流断路器之间的区域。直流保护对保护区域的所有相关的直流设备进行保护。相邻保护区域之间重叠，不存在保护死区。

双极中性线和接地极引线是两个极的公共部分，每个极都对这个双极共用的区域做完整的保护，这样任意一个极运行时都有保护存在，保证对双极利用率的影响减至最小。

直流保护系统保护分区如下：

（1）换流器保护区。换流器保护区的范围覆盖 12 脉动换流器、换流变压器阀侧绕组和阀侧交流连线等区域，直流侧到 12 脉动换流器两端电流测点之间。

（2）极保护区。极保护区也可细分为三个保护区，分别是极母线保护区、中性母线保护区和高低压换流器连接线保护区。

极母线保护区指从高压换流器高压侧电流互感器至直流出线上的电流互感器之间的部分，不包括直流滤波器设备。

中性母线保护区指从低压换流器低压侧电流互感器至中性母线靠近接地极侧的电流互感器之间的部分，不包括直流滤波器设备。

高低压换流器连接线保护区指从高压换流器低压侧电流互感器至低压换流器高压侧电流互感器之间的区域。

（3）双极保护区。用于保护从两个单极中性线接地极侧的电流互感器至接地极之间的导线和所有设备。

（4）直流线路区。直流线路区是指两换流站直流出线上的直流电流互感器之间的直流导线和所有设备。

（5）直流滤波器保护区。包括直流滤波器高、低压侧之间的所有设备的保护。

（6）换流变压器保护区。包括从换流变压器网侧相连的交流断路器至换流变压器阀侧穿墙套管之间的导线及所有设备。

直流保护系统保护分区示意图如图 10－12 所示。

图 10－12 中还有交流滤波器保护区，交流滤波器安装在交流滤波器场内，通常在换流站的交流侧，交流滤波器保护属于交流原理的保护，都是单独的保护系统，与直流保护系统没有直接关系。

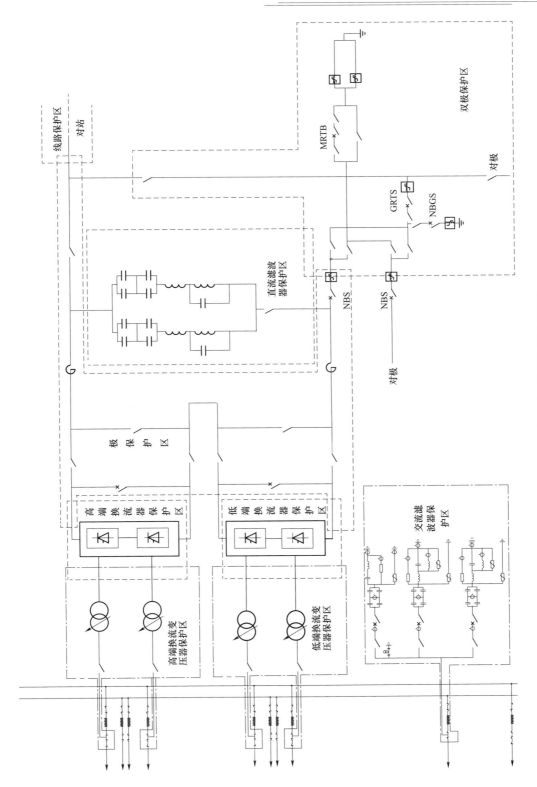

图 10－12 直流保护系统保护分区示意图

193

参 考 文 献

［1］ 电力企业联合会．GB/T 51381—2019 柔性直流输电换流站设计标准［S］．北京：中国计划出版社，2019．

［2］ 国家电网公司直流建设分公司．特高压直流工程建设管理实践与创新　换流站工程建设标准化管理［M］．北京：中国电力出版社，2018．

［3］ 李应文．换流变电站检修试验质量控制卡汇编［M］．成都：电子科技大学出版社，2017．

［4］ 广东电网有限责任公司．柔性直流换流站值班员培训教材［M］．北京：中国电力出版社，2015．

［5］ 国家电网公司直流建设分公司．特高压直流工程建设管理实践与创新　换流站工程建设典型案例［M］．北京：中国电力出版社，2018．

［6］ 贺家李．特高压交直流输电保护与控制技术［M］．北京：中国电力出版社，2014．

［7］ 陶瑜．直流输电控制保护系统分析及应用［M］．北京：中国电力出版社，2015．

［8］ 陈娟．高压直流输电工程技术［M］．2 版．北京：中国电力出版社，2019．

［9］ 孙万钱．特高压直流分层接入方式下系统稳态特性研究［D］．南京：南京邮电大学，2016．

［10］ 王春成．共换流站±500kV 同塔双回直流输电工程控制系统的分层结构［J］．电网技术，2010，34（08）：74 – 79．

［11］ 石岩，韩伟，张民，王庆．特高压直流输电工程控制保护系统的初步方案［J］．电网技术，2007（02）：11 – 15 + 21．

［12］ 胡铭，田杰，曹冬明，等．特高压直流输电控制系统结构配置分析［J］．电力系统自动化，2008，32（24）：88 – 92．

［13］ 杨光亮，邰能灵，郑晓冬，等．±800kV 特高压直流输电控制保护系统分析［J］．高电压技术，2012，38（12）：3277 – 3283．

［14］ Yu Kansheng, Wu Ying, Zeng Wei, et al. Research summary of the reactive power control on the receiving – end converter station of Yazhong – Jiangxi + / – 800kV ultra – high voltage direct current transmission project［C］. 3rd International Conference on Energy Engineering and Environmental Protection（EEEP），Sanya，PEOPLES R CHINA，2018，227：1 – 7．

［15］ Xu，Zheng．The Characteristics of HVDC systems to weak AC systems Part II：Control Modes and Voltage Stability［J］. Power System Technology，1997，21（3）：1 – 4．

［16］ IEC 60633—1998．Terminology for high – voltage direct current（HVDC）transmission［S］. Geneva：International Electrotechnical Commission，1998．

［17］ Lyu Qi, Hou Kaiyuan, Feng Da. System protection related technologies of power grid with high proportion of external ultra HVDC power［C］. 3rd International Conference on Energy Engineering and Environmental Protection（EEEP），Sanya，PEOPLES R CHINA，2019，227：1 – 7．

［18］ Raza Ali, Mustafa Ali, Rouzbehi Kumars, et al. Optimal Power Flow and Unified Control Strategy for Multi – Terminal HVDC Systems［J］. IEEE ACCESS，2019，7：92642 – 92650．

［19］ Zhao Yue，Shi Li－bao，Ni Yi－xin，et al. Design and Implementation of a Universal System Control Strategy Applicable to VSC－HVDC Systems ［J］. JOURNAL OF POWER ELECTRONICS，2018，18（1）：225－233.

［20］ Zhang Lei，Zou Yuntao，Yu Jicheng，et al. Modeling，Control，and Protection of Modular Multilevel Converter－based Multi－terminal HVDC Systems：A Review ［J］. CSEE JOURNAL OF POWER AND ENERGY SYSTEMS，2017，3（4）：340－352.

第 11 章　直流输电控制保护系统设备

直流输电控制保护系统由控制系统、保护系统、运行人员监视系统、接地极线路监视系统、谐波监视系统、对时系统，以及实时仿真系统组成。

11.1　控制系统

极控制系统作为直流控制系统的核心，每个工程的软硬件可能有所差异，但其控制原理基本相同。换流站控制系统一般配置极控制系统、阀组控制系统、交直流站控系统、站用电控制系统。

11.1.1　极控制系统

1. 基本控制策略

（1）定熄弧角控制。在正常运行情况下，整流侧通过电流控制器快速调节触发角来保持直流电流恒定，逆变侧通过快速调节熄弧角来控制直流电压。与之对应的是整流侧与逆变侧换流变压器分接头控制维持换流器触发角和熄弧角恒定。

在整流和逆变两侧都配有闭环电流控制器和电压控制器，但设置不同的运行参数。通过两侧控制器的协调配合，使得正常运行工况下，整流侧控制电流，逆变侧控制电压。该控制方式是通过在逆变侧的电流指令中减去一个电流裕度来实现的，通常电流裕度值为额定电流值的 10%，这样逆变侧的有效指令就比整流端低。因为闭环电流控制器力图建立指定的电流，逆变侧的电流控制器由于减去一个电流会尽量减小其熄弧角，直至达到电压控制器为维持电压所允许的角度值。简要地说，具有高的电流指令的换流站作为整流站运行，另一站则作为逆变站运行。

当逆变侧交流电压降低或因为其他原因使得逆变侧的电压控制器不继续发挥控制作用时，逆变侧将运行在定熄弧角控制模式。根据直流输电的特性，可以得到式（11-1）

$$U_d = U_{di0} \cos \gamma - (d_x - d_r) I_d \qquad (11-1)$$

式中：d_x 为等效换相电抗；d_r 为等效换相电阻。

从式（11-1）可以看出，对于恒定的熄弧角，当直流电流增大的时候，逆变侧的直流电压降低，因此，当逆变侧运行在定熄弧角时，在低频下具有负阻特性。逆变侧的负阻特性不利于控制系统的稳定。

为了改善稳定性，逆变侧采用 $\alpha_{\max}$ 控制（修正的定熄弧角控制）对逆变端的特性进行修正，使之在暂态情况下具有正斜率或零斜率，即当直流电流在逆变侧电流定值与整流侧电流定值之间时（$I_{do} - \Delta I_d < I_d < I_{do}$）时，按照电流差值减小触发角，从而使逆变端的外特性变为

正斜率，静态 U_d-I_d 特性图如图 11-1 所示。

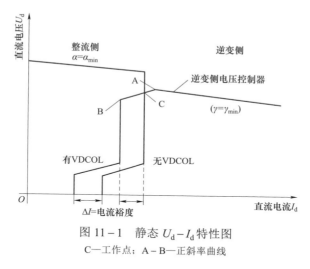

图 11-1　静态 U_d-I_d 特性图

C—工作点；A-B—正斜率曲线

在交流电压异常的情况下，逆变侧可能获得电流控制权。此时，整流侧运行在 α_{min} 控制，逆变侧的闭环电流调节器控制电流。电流裕度补偿可以补偿电流控制转移到逆变侧时与电流裕度相等的电流指令下降。

在整流和逆变两侧都配置低电压限流控制环节（VDCOL）。低压限流环节的任务是在直流电压降低时对直流电流指令进行限制，以帮助直流系统在交直流故障后快速可控地恢复。

（2）定电压控制。与逆变侧定熄弧角控制相比，定直流电压控制更有利于逆变侧交流母线电压稳定。逆变侧定直流电压控制，采用控制器定直流电压、角度调节分接头为基本控制策略。为了防止换相失败发生，应对闭环控制器输出进行限制，配置预测型最小熄弧角控制器。

在逆变侧，直流电压控制正常情况下用来控制整流侧的直流电压为额定值。用作控制变量的整流侧直流电压通过计算得到。当操作员选择降压运行或直流线路故障引起降压运行时，逆变侧的参考值会降低为降压运行值，控制整流侧的直流电压降低到降压运行水平。当整流侧处于最小触发角限制时，逆变侧会由直流电压控制切换到直流电流控制，电流裕度补偿功能会改变逆变侧的电流参考值，使之与整流侧的电流参考值相等。为了整个过程能够平滑地转变，极控系统中提供了电流误差控制（CEC）功能。该功能是逆变侧电压控制的一部分，当电流控制器的输入误差大于 5% 后，逆变侧的电压参考值会减去一个与电流控制误差成比例的调制量。通过这种方式可以使逆变侧的电压曲线和电流曲线之间有一段平滑的连接，这可以使系统的运行更加稳定。

当逆变侧交流电压降低时，为了避免熄弧角小于最小参考值，逆变侧熄弧角控制器将取代电压控制器，这种情况下可能会出现瞬时的换相失败，熄弧角控制器将触发角调节到参考值时换相失败会消失。当交流电压增加时，逆变侧电压控制器将通过减少触发角来维持整流侧电压为参考值，换流变压器分接头控制会调节熄弧角值，这种情况下不会发生控制方式切换。

图 11-2 为定直流电压控制外特性曲线。图中整流器的外特性由 1～4 四段组成，逆变器的外特性由 5～10 六段组成，它们分别表示如下：

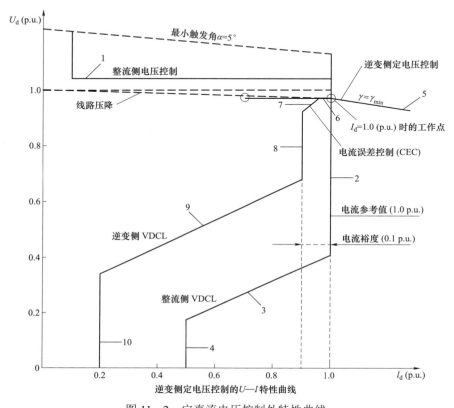

图 11-2　定直流电压控制外特性曲线

1——整流侧直流电压控制，正常情况下直流电压控制作为一个限制器，当直流电压大于电压参考值与电压裕度之和时，整流侧的电压控制器会瞬时投入，通过增加触发角减小直流电压。若无电压限制，则此段为最小触发角控制特性，通常取触发角最小为 5°，由于换相阻抗产生压降，所以在最小触发角固定运行时，直流端电压会随着直流电流的增大而下降。

2——整流器定电流控制特性，电流整定值可在最小值和最大值之间变化。

3——整流器的低压限流 VDCL 控制特性。VDCL 的主要功能是在交直流系统故障时，随着直流电压的降低，控制系统减小直流电流；故障恢复之后，随着直流电压的升高，极控系统逐渐的恢复直流电流。VDCL 主要作用有：

1）防止在交流系统故障时或者故障后系统不稳定。

2）在交流系统或者直流系统故障清除后快速控制整个系统恢复功率传输。

3）减小由于持续换相失败对换流阀造成的过应力。

4）在故障恢复之后抑制持续的换相失败。

4——低压限流 VDCL 动作后，整流器的定电流特性。

5——逆变器的最小 γ 控制特性，逆变器在某一固定熄弧角运行时，其直流端电压随着直流电流的增大而下降。

6——逆变侧定电压控制特性。在此范围内，当直流电流因为扰动变大或变小时，逆变站保持本侧直流电压不变，直流电流的恢复靠整流侧进行调节。

7——电流误差控制（CEC）功能。逆变器的电流差值控制特性，是为防止在整流器定电流控制转为逆变器定电流控制的过程中产生电流振荡的不稳定情况，逆变器所采用的一种控制特性。通过这种方式可以使逆变侧的电压曲线和电流曲线之间有一段平滑的连接，这可以使系统的运行更加稳定。

8——逆变器的定电流控制特性，其电流整定值比整流器的约小 10% 的额定直流电流。

9——逆变器的低压限流 VDCL 控制特性，当直流电压降低至 U_{dhigh} 后，则电流指令的最大限幅值开始下降。

10——逆变器在低压限流动作后的定电流特性。

定电压控制在稳态运行时熄弧角较定熄弧角控制偏大，无功消耗增多。在章节 11.1.2 中，对定熄弧角控制模式下的控制系统功能进行介绍。

2. 极控功能配置

（1）双极功率控制。双极功率控制是直流输电系统的主要控制模式。极控系统控制直流功率为运行人员设定值或预先设定的功率曲线值。除线路开路试验外，这一控制模式对各种运行方式都适用。

双极功率控制功能分配到每一极实现，任一极都可以设置为双极功率控制模式。当一极按电流控制运行，功率控制确保由运行人员设置的双极功率定值仍旧可以发送到按双极功率控制运行的另一极，并可使该极完成双极功率控制任务。

如果两个极都处于双极功率控制模式下，双极功率控制功能为每个极分配相同的电流参考值，以使接地极电流最小。如果两个极的运行电压相等，则每个极的传输功率是相等的。当单极传输的功率不超过额定传输功率时，如果一极处于降压运行状态而另外一极是全压运行，则两个极的传输功率比与两个极的电压比是一致的。只有在单极大地回线方式运行时，或由于受设备条件的限制，或由于其他原因，不可能使接地极电流达到平衡，才允许接地极电流增大。

如果两个极中一个极被选为极电流控制，则该极的传输功率可以独立改变，整定的双极传输功率由处于双极功率控制状态的另一极来维持。在这种情况下，接地极电流一般是不平衡的，双极功率控制极的功率参考值等于双极功率参考值和独立运行极实际传输功率的差值。双极功率控制原理如图 11-3 所示。

如果由于某极设备退出运行，或由于降压运行等其他原因，使得功率定值超过了该极设备的连续输电能力，那么超过的部分将自动地加到另一极上去，至多可以达到另一极的连续过负荷能力。

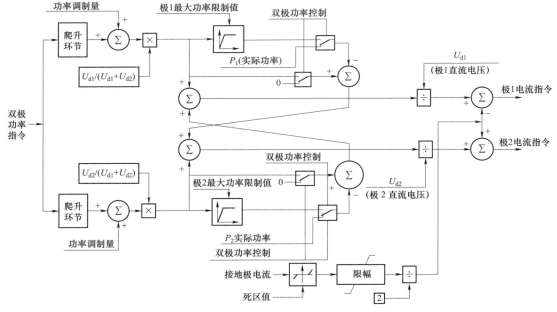

图 11-3 双极功率控制原理

如果直流系统的某一极的输电能力下降，导致实际的直流传输功率减少，则双极功率控制将增大另一极的电流，自动而快速地把直流传输功率恢复到尽可能接近功率定值的水平，另一极的电流至多可以增大到规定的设备过负荷水平。

当流过极的电流或功率超过设备的连续负荷能力时，功率控制向系统运行人员发出报警信号，并在使用规定的过负荷能力之后，自动地把直流功率降低到安全水平。

由于传输能力的损失引起的在两个极之间的功率分配仅限于设定双极功率控制极。如果一个极是单极运行模式（单极电流、单极功率），另一极是双极功率控制运行，则双极功率控制极补偿单极运行模式极的功率损失，单极运行模式极不补偿双极功率控制极的功率损失。双极功率控制有手动控制和自动控制两种方式。

1）手动控制。当选择手动控制方式时，运行人员通过监控后台输入双极功率定值及功率升降速率。当执行改变功率命令时，双极输送的直流功率线性变化至预定的双极功率定值。直流功率的变化率是可调的，功率升降速率以及升降过程均有显示。极控系统还设有终止双极功率升降的功能，执行后功率的升降过程立即被终止，功率定值将停留在执行此功能的时刻所达到的数值上。

2）自动控制。当选择这种运行控制方式时，双极功率定值及功率变化率可以按预先编好的计划曲线自动变化。运行人员能自由地在手动控制方式和自动控制方式之间切换，而不会引起直流功率的突然变化。直流功率平滑地从切换时刻的实际功率变化到所进入的控制方式下的功率定值，而功率变化速度则取决于手动控制方式所整定的数值。

（2）极功率独立控制。极功率独立控制能把本极直流功率控制为由远方调度中心调度人员或主控站运行人员整定的功率值。在这种控制模式下，该极的传输功率保持在按极设置的功率参考值，不受双极功率控制的影响。

极功率独立控制具备以下功能要求：

1）可以设置一个新的极功率整定值和极功率变化速率，然后执行功率变化指令增减极传输功率，功率将按设定的速率平稳地变化到新的极功率参考值。

2）极功率整定值只设置手动调整功能，不配置类似双极功率控制的自动控制功能。

3）所有的调制控制功能，在该模式下仍有效。

4）损失一个换流单元时，仍在运行的该极另一换流单元可以自动补偿功率损失，但受到过负荷能力的限制。

（3）极电流控制。

1）同步极电流控制。在电流控制模式下，由电流指令 I_o 决定输送的功率，此时站间的电流控制是自动同步的，电流指令 I_o 通过站间通信由整流站同步至逆变站。为了避免整流站和逆变站的定电流控制同时作用引起控制系统不稳定，逆变站的电流指令在整流站的基础上减去一个电流裕度。在站间通信正常的情况下，当运行人员在主控站手动切换成电流模式时，从控站将自动跟随切换为电流模式。功率和电流模式相互切换时，因功率升降是通过同一块逻辑执行的，故而整个过程中直流功率是平滑、无阶跃的。

单极电流控制模式按每个极单独实现。在单极电流控制模式下，控制系统以设定的电流定值为控制目标。当执行电流改变指令时，直流电流线性地以运行人员设定的电流升降速率变化至预定的电流定值。

为了避免在站间通信失去时失去电流裕度 ΔI 而引起直流系统停运，控制系统同步单元通过站间通信自动进行协调两站的电流指令，在任何时候都必须保持电流裕度。

2）应急极电流控制。在两站独立控制模式下（包括运行人员手动选择独立模式和站间通信中断自动进入独立模式），站间电流指令自动协调的同步单元功能将失效，而自动进入应急极电流控制（BSC）模式，协调两端换流站的电流指令。逆变站采用测量到的直流电流作为电流指令。应急极电流控制方式应当各极分别设置。

BSC 模式可用作同步控制功能的后备。无论在双极功率控制，还是同步极电流控制，在失去站间通信时都可以进入 BSC 模式。当通信恢复时，控制模式将从 BSC 模式回到通信故障前的模式，例如双极功率控制，或同步极电流控制。

在 BSC 模式下，运行人员可以在双极功率控制、极功率控制和电流控制三种模式间切换，两站换流阀的解、闭锁必须在站间进行手动协调。

（4）线路开路试验模式。为了方便测试直流极在较长一段时间的停运或检修后的绝缘水平，直流极控系统具有线路开路试验（open line test）的功能。

整流侧 12 脉动桥峰值整流后产生的直流电压表示为

$$U_d = \frac{4\pi}{3\sqrt{3}} U_{di0} \cos(\alpha - 60) \qquad (11-2)$$

式（11-2）表明 $\alpha=150°$ 时直流电压开始上升，当 $\alpha=60°$ 时电压达到最大值。式（11-2）仅在不带线路试验时（直流电流为零）成立，如果带线路进行开路实验，电晕损耗以及其他损耗将降低直流电压，闭环控制将减小α补偿电压的下降。

（5）直流全压/降压运行控制模式。直流输电系统的各级都设置了降低直流电压运行方式，以便在直流线路绝缘子受到污秽，不能经受全压的情况下，该极还能继续运行。

对于双 12 脉动串联特高压直流工程而言，若单极按完整方式运行时（即两个换流单元同时运行时），单极两换流单元保持降压水平的一致。直流降压的定值在规定要求的范围内可调，单换流单元运行时一般不考虑降压运行方式。如果双换流器降压运行方式下，其中的一个换流器故障闭锁或正常退出，剩下的换流器单自动恢复至全压运行。

当运行人员在运行中启动或复位直流降压运行功能时，直流电压在设定的合适时间内平稳变化到新的整定值。在降低或升高直流电压的过程中，任何时刻都可以终止升降过程，并将直流电压定值更新为终止升降时刻的电压值。

分接头控制调整换流变压器分接头的结果，使换流单元分接头达到与降压运行相对应的最小值。

可以采用以下方法使直流降压运行：

1）该极不带电情况下的手动方式。

2）该极带电情况下的手动方式。极控系统确保从全压运行平稳地转换成降压运行。在此运行方式转换期间，通过同时调整直流电压和直流电流，尽可能减小对输送的直流功率的扰动。

3）该极带电又无通信的情况下在直流电压控制端的手动方式。

4）由直流线路故障恢复顺序的自动启动。

可以采用以下方法使直流恢复全压运行：

1）该极不带电情况下的手动方式。

2）该极带电情况下的手动方式。极控系统确保从降压运行平稳地转换到额定电压运行。在此运行方式转换期间，通过同时调整直流电压和直流电流，尽可能减小对传输的直流功率的扰动。

若上述降压运行方式仍不能满足绝缘要求，可考虑采用退出高压端的换流单元的 50%的降压方式。

（6）保护性监视功能。直流控制和直流保护采用完全独立的设计原则，在物理上相互分离。但在极控系统中还配置了一些保护性监视功能来辅助直流系统保护。这些保护性监控功能以触发角等控制变量作为输入信号，其结果是调节触发角、升降换流变压器分接头、降低功率等。这些保护性监控功能包括线路故障重启、空载加压试验保护、不平衡运行保护等。

1）线路故障重启。直流线路瞬时性故障的恢复措施。当故障无法消除时，将尝试降压运行，降压运行尝试失败后系统停运。

线路再启动逻辑通过移相操作，迅速将直流电压降到零，等待线路去游离时间后，撤销移相命令，系统重新建立到故障前的电流、电压，恢复运行。

再启动次数、各次再启动去游离时间可设定，允许设置零次或多次全压再启动。全压再启动失败后，可尝试降压再启动。尝试所有再启动后，系统仍然无法恢复，系统停运（紧急停运、立即跳/锁定换流变压器开关等）。

极控站间通信故障时，由于降压指令无法到达逆变侧，线路再启动逻辑将在尝试全压再启动失败后，不再进行降压再启动，而是直接系统停运。

2）空载加压试验保护。仅在空载加压试验（或称开路试验）时投入。该保护检测空载加压时，由于设备绝缘损坏导致试验不成功。

① 保护的范围和目的。在进行空载加压试验时，检测直流场设备、极母线的接地故障以及阀的相间短路或接地故障。

② 保护的工作原理和策略。如果直流电流超过保护设定的参考值或者直流电压并未升高到期望值，则判断发生接地故障。如果同时检测交流系统电流，通过比较交流电流和直流电流，进行选择性的动作。

③ 保护配合。按照优化的保护原则，在进行空载加压试验时，某些保护功能自动调整到预先为空载加压试验方式设定的参考值。

3）不平衡运行保护。

① 保护范围和目的。不平衡运行保护主要应用于双 12 脉动换流器串联的特高压直流工程，检测整流站和逆变站投入运行的换流器个数是否相同，确保两站运行在电压平衡状态下。

② 分站间通信正常和站间通信不正常两种情况：

a. 站间通信不正常。

保护的工作原理和策略：检测直流电压，当达到保护定值时退出电压较高一侧的一个换流器（一般退出低端换流器）。在进行空载加压试验时，闭锁本保护。

保护配合：大角度监视、直流线路保护、直流欠电压保护。

保护动作顺序：报警、退出换流器。

b. 站间通信正常。

保护的工作原理和策略：检测本站和对站的双阀组模式标志，当两侧不一致时，退出全阀组侧与对站停运换流器相对应的换流器。

4）换相失败预测。

① 保护的范围和目的。换相失败预测在直流极控中实现。该保护性措施适用于整个换流阀。换相失败预测的目的是为降低由交流系统干扰引起的换相失败的次数。

② 保护的工作原理和策略。测量换流变压器支路上的交流电压 U_{ac}，计算其零序分量和 α/β 分量。在交流电压不正常时及时提高换相裕度。

③ 保护动作顺序。增大逆变侧的关断角。

5） 晶闸管结温监测。

① 保护的范围和目的。此功能在直流极控系统中实现，保护换流阀，避免其遭受过热损坏。

② 保护的工作原理和策略。依据直流电流和晶闸管的热阻抗模型计算温升，晶闸管结温＝阀冷却水水温＋温升。如果晶闸管温度计算值过高，保护会限制电流，即如果温度计算值超过参考值，按 5%降低电流直到温度恢复正常。

③ 保护配合。与换流阀的冷却特性和过电流保护相配合。

④ 判据及定值设置。根据换流阀承包商提供的用于此直流工程的晶闸管热阻抗模型以及参数，完成晶闸管结温计算。参数至少包括晶闸管阀热阻抗、热时间常数、导通阻抗、开通

损耗、关断损耗常数等。

⑤ 保护动作顺序。功率回降、冗余极控系统切换、移相闭锁、跳交流断路器、启动断路器失灵保护、锁定交流断路器。

⑥ 后备保护。过电流保护、换流变压器热过负荷保护。

6）大角度监视。

① 保护的范围和目的。在过大的触发角运行时检测并限制主回路设备上的应力。

② 保护的工作原理和策略。在增加触发角的操作中计算设备应力，计算建模时应当考虑阀阻尼回路、跨接避雷器和阀电抗等因素的限制。

如果在大角度运行时，且有很高的 U_{di0}，超过了晶闸管限值，保护发出报警，并进行冗余极控系统切换；如果晶闸管阀上的应力仍在增加，保护将在一段时间后跳闸。

③ 保护配合。与阀阻尼回路、电抗的耐热特性以及避雷器特性相配合。在换流阀解锁时，保护闭锁一段时间（典型值为 10s），避免误动。

④ 判据及定值设置。建模计算三个部分的实际应力：阀的阻尼回路，计算电阻的最大允许功率损耗；阀的跨接避雷器；阀电抗，电抗铁心的温度等于冷却系统水温与电抗的温升之和。

如果不能将 U_{di0} 限制到一定水平或分接头位置已经锁死，而晶闸管的限值已经超出参考水平，应给出报警信号。

⑤ 保护动作顺序。禁止分接头上调、下调分接头、冗余极控系统切换、移相闭锁、跳交流断路器、启动断路器失灵保护、锁定交流断路器。

⑥ 后备保护。交流限电压保护、直流过电压保护。

7）电压应力保护。

① 保护的范围和目的。保护换流阀和换流变压器。U_{di0} 通常由无功控制和换流变压器分接头控制来调节，交流限压保护在交流过电压且直流极控不起作用时，保护换流阀等设备，使其免受过应力，同时避免阀避雷器过应力和换流变压器过励磁。

② 保护的工作原理和策略。根据交流换流变压器引线电压、频率和换流变压器分接头位置，计算理想空载电压 U_{di0}。当计算值超过阈值时，保护动作。计算理想空载电压时，考虑频率是为了在频率偏低时对过励磁进行补偿。如果分接头的位置超过正常范围，计算得到的 U_{di0} 就会不正确，此时保护应闭锁出口。

③ 保护配合。时延的设定应与分接头调节时间配合。分接头动作时间典型值为 5s/步，如果分接头位置总数是 18 个，则分接头调节动作的最大时间为 90s。

④ 判据及定值设置原则。动作典型值：$U_{di0} > 1.2$（p.u.）；动作延时典型值：考虑极控冗余切换时延 120s 和跳闸时延 180s。

⑤ 保护动作顺序。切换至冗余直流极控系统；移相闭锁，退出相应 12 脉动换流器；跳相应交流断路器；启动相应断路器失灵保护；锁定相应交流断路器。

⑥ 后备保护。交流过电压保护。

8）交流欠电压监测。

① 保护的范围和目的。检测交流低电压，在交流故障清除时间内闭锁直流系统保护，保

证直流功率输送。

② 保护的工作原理和策略。测量交流电压，检测交流系统的单相和三相故障，如果交流系统单相电压或三相电压的最大值低于预定参考值，产生交流欠电压信号，在一段时间内闭锁换相失败保护、直流线路低电压保护等。

③ 保护配合。长时间的交流欠电压时，保护应闭锁换流阀。阀闭锁或系统为空载加压试验方式时，此保护闭锁；如果交流欠电压且直流电流升高，表明直流侧发生接地故障，则此保护功能闭锁。

④ 判据及定值设置原则。典型设置：70%交流相电压和 70%交流相电压峰值。

⑤ 保护动作顺序。闭锁换相失败保护、50/100Hz 保护；退出相应 12 脉动换流器；跳相应交流断路器；启动相应断路器失灵保护；锁定相应交流断路器。

9）阀丢失脉冲保护。

① 保护的范围和目的。检测控制脉冲发出后阀没有触发或检测阀错误触发。

② 保护的工作原理和策略。根据阀的导通间隔，由脉冲控制发生器为每个阀提供控制脉冲。为便于监测故障阀，需要比较控制脉冲与触发信息。从而可以检测到在控制脉冲间隔内阀不能触发以及控制脉冲间隔外的阀误触发。

如果控制保护系统能够收到从晶闸管触发控制单元返回的脉冲回报信号，则阀丢失脉冲保护功能在直流控制系统中实现；如果不能，则阀丢失脉冲保护功能在 VBE 中实现。

③ 保护配合。换相失败保护、50/100Hz 保护。

④ 判据及定值设置原则。整流侧误触发，控制系统切换。其他故障包括控制系统切换、退出相应 12 脉动换流器、跳相应交流断路器、启动相应断路器失灵保护、锁定相应交流断路器。

⑤ 后备保护。换相失败保护、50/100Hz 保护。

3. 控制系统冗余

控制系统设置三种工作状态，即运行、备用和试验。运行表示当前为值班系统，备用表示当前为热备用系统，试验表示当前处于检修测试状态不可用的系统。

系统故障分为三个等级，即轻微故障、严重故障、紧急故障。

（1）轻微故障指设备外围部件有轻微异常，对正常执行控制功能无任何影响，工作人员应注意适时处理故障。轻微故障包含如下情况：

① 与站控系统从系统通信故障，延时 100ms 切换系统。

② 极控到单套直流保护或者双套直流保护"三取二"装置高速控制总线通信故障，延时 5s 切换系统。

③ 极控到单套直流保护或者双套直流保护控制总线故障，延时 100ms 切换系统。

④ HCM3000 机箱或 DFV 装置单电源故障，延时 3000ms 切换系统。

⑤ 与阀厅接口屏现场总线通信故障，延时 10s 切换系统。

（2）严重故障指设备本身有较大缺陷，但仍可继续执行相关控制功能，工作人员应立即处理的故障。严重故障包括如下情况：

① 直流电流 TA 断线或本通道测量故障延时 500ms，直流电压 TV 断线或本通道测量故障延时 200ms 切换系统。

② 直流电流测量故障延时 2s。

③ 交直流功率差超过 10%，并持续 5000ms，交流 TV 断线故障，延时 400ms 切换系统。

④ 极控与后台 LAN1、LAN2 通信全部故障延时 30s 切换系统。

⑤ 极控与换流变压器之间的现场总线通信故障延时 5s 切换系统。

⑥ 与直流站控冗余的高速快速总线通信故障延时 100ms 切换系统。

⑦ 换流器故障延时 1500ms 切换系统。

⑧ 直流低电压监视，整流侧延时 2000ms 切换系统，逆变侧延时 5500ms 切换系统。

（3）紧急故障指设备关键部件发生了重大问题，已不能继续承担相关控制功能，需立即退出运行进行处理的故障。在故障处理时，不得随意扩大或缩小紧急故障的范围。紧急故障包括如下情况：

① 冗余切换装置主从状态未定义无延时。

② CPU 故障无延时。

③ 三套直流保护系统退出运行无延时。

④ 与测量系统的 TDM 总线故障延时 10ms。

⑤ 与合并单元光纤连接故障延时 20ms。

⑥ 同步电压故障延时 2000ms。

⑦ 同步电压相序故障延时 20ms。

⑧ 换流变压器进线电压故障延时 20ms。

⑨ EDI 数字量开入开出板卡故障延时 200ms。

⑩ 高速控制总线通信全部故障延时 50ms。

系统切换满足以下的切换原则：

① 当运行系统发生轻微故障时，另一系统处于备用状态，且无任何故障，则系统切换。切换后，轻微故障系统将处于备用状态。当新的运行系统发生更为严重的故障时，还可以切换回此时处于备用状态的系统。

② 当备用系统发生轻微故障时，系统不切换。

③ 当运行系统发生严重故障时，若另一系统处于备用状态，则系统切换。切换后，严重故障系统不能进入备用状态。

④ 当运行系统发生严重故障，而另一系统不可用时，则严重故障系统可继续运行。

⑤ 当运行系统发生紧急故障时，若另一系统处于备用状态，则系统切换。切换后紧急故障系统不能进入备用状态。

⑥ 当运行系统发生紧急故障时，如果另一系统不可用，则闭锁直流。

⑦ 当备用系统发生严重或紧急故障时，故障系统退出备用状态。

系统切换逻辑的设计原则是：单重控制系统故障不影响系统功率的传输。

冗余控制系统各配置一个切换逻辑模块，两个切换逻辑模块相互备用，完成冗余系统之间的切换。如果冗余的切换逻辑模块中一个模块出现故障，该模块自动退出运行，另一个模块可以确保控制系统的冗余，可实现冗余系统切换的所有功能。

每一个控制系统都设有一个手动系统切换的按钮。运行人员操作这个按钮，可在冗余控制系统之间切换。但是当另一系统处于严重故障状态时，系统切换逻辑禁止该切换指令的执行。当出现以下情况时，手动控制模式闭锁：控制系统出现故障和系统处于试验状态。

冗余控制系统切换原理如图 11-4 所示，系统切换过程中包括了对可引发故障切换的故障事件的检测时间与检测到故障后启动切换到切换成功之间所需时间两个时间段。由于许继集团的切换逻辑单元全部采用硬件实现，速度很快，可确保系统切换过程的平滑及无扰动。而检测故障的时间长短根据不同的故障类型有较大的区别，但其切换时间小于 $100\mu s$。

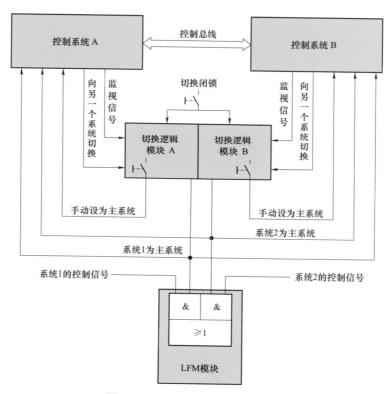

图 11-4 冗余控制系统切换原理

冗余系统 1 和 2 都有各自独立的机箱，处理器和 I/O 板卡，以及独立的电源和独立的逻辑切换模块 COL，冗余系统之间机械和电气回路相互隔离。

冗余系统采取如下措施实现相互隔离：冗余极/站控系统的输入信号独立接入冗余系统，输出信号为光电隔离或继电器接点隔离，冗余系统间通过光纤通道进行数据交换。

4. 接口

（1）与交直流站控系统的接口。直流极控系统需要与交直流站控系统进行信号交换，以配合完成相关的直流控制功能。

（2）与控制保护主机的接口。直流极控系统需要与换流器控制系统、直流极保护系统、直流站控系统通过高速总线进行信号交换，以配合完成相关的直流控制保护功能。

（3）与交直流一次设备的接口。直流极控系统通过接口屏采集模拟量、状态量及交流滤波器状态，完成控制逻辑和顺控操作等功能。

1）极区测量屏：采集极区电流 IDNC，电压 UDL、UDN，双极区电流等。

2）极区控制接口屏：监控极区开关、隔离开关、接地开关等设备。

（4）与安稳装置的接口。极控系统一般与该站配置的安稳装置通信，常见的通信信息包括直流功率的提升回降、停运闭锁等控制指令。

11.1.2 换流器控制系统

换流器控制系统指的是用于实现特高压直流换流器层相关控制功能的硬件和软件。

1. 触发角闭环调节控制

换流器控制系统的核心任务是接收来自极控主机 VDCOL 功能限幅后的电流指令，经过闭环调节器运算，产生触发角指令。

根据基本控制策略，触发角计算包括以下三个基本控制器：闭环电流调节器、电压调节器和修正的熄弧角控制器。

此外，为了在各种工况下都确保直流系统安全运行，在换流器控制中还包括对点火角的限幅逻辑。

在换流器控制中对整流和逆变运行配置不同的参数，使得在实际运行中整流侧和逆变侧由不同的调节器起作用，从而实现希望的 $U_d - I_d$ 曲线，三个基本控制器的协调配合方式如图 11-5 所示。

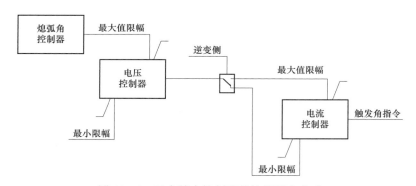

图 11-5　三个基本控制器的协调配合方式

该方式采用限幅的方式在三个控制器之间进行协调配合。这种方式下，三个控制器有自己独立的 PI 调节器。熄弧角控制器的输出作为电压调节器的最大值限幅，电压调压器的输出在逆变运行时作为电流调节器的最大值限幅，在整流运行时作为最小值限幅。随着运行模式（整流/逆变）、运行状态（启动/停运）以及外部交流系统条件的变化，三个控制器之间依次限幅的配合方式使得在有效控制器的转换过程中输出的触发角指令值的变化是平滑的。

2. 闭环电流控制

整流侧和逆变侧配置完全一致的闭环电流调节器。通过在逆变侧的电流指令中减去一个电流裕度来实现整流侧控制电流，逆变侧控制电压。

闭环电流调节器的主要目标是保证电流控制环的性能，包括快速阶跃响应、稳态时零电流误差、平稳电流控制、快速抑制故障时的过电流。

闭环电流控制测量实际直流电流值，与电流指令相比较后，得到的电流差值经过一个比例积分环节，输出为触发角指令值到点火控制，图 11-6 为闭环电流调节器功能概况图。

为了使两端的电流调节器协调工作，在逆变侧的电流指令上减去了 0.1（p.u.）的电流裕度。这使得正常工况下，整流侧控制电流，逆变侧运行于最大限幅状态，控制直流电压。

在积分环节和闭环电流调节器最终的输出都设有上下限幅，这些限幅限制了闭环电流调节器在特殊运行环境下的输出范围。限幅还可以强制使点火角在暂态下运行于预先设定的值。

特高压直流工程设计了双极功率控制、单极电流控制、单极功率控制三种能量传输模式。

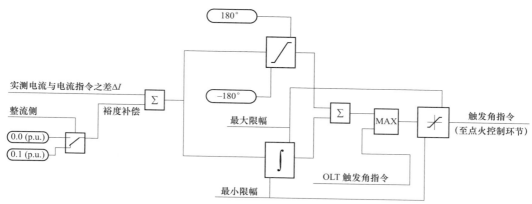

图 11-6　闭环电流调节器功能概况图

双极运行方式下，如果两极都设定为电流模式运行，则双极相互独立运行，控制系统各自保证流过本极直流母线的电流为设定值；如果一极单极电流控制模式运行，另一极双极功率控制模式运行，则单极电流控制模式运行的极保证流过本极直流母线的电流为设定值，双极功率控制模式运行的极保证双极输送功率的和为设定的双极功率值；如果一极单极电流控制模式运行，另一极单极功率控制模式运行，则双极相互独立运行，单极电流控制模式运行的极保证流过本极直流母线的电流为设定值，单极功率控制模式运行的极保证本极输送的功率为设定的功率值。

单极运行方式下，当选择为功率模式（单极功率模式或双极功率模式）运行时，控制系统保证整流侧的直流功率为设定的功率值；当系统选择电流模式运行时，控制系统保证直流线路中流过的直流电流为设定的电流值。

（1）双极功率控制。在双极功率控制模式（PmodeBP）下，控制系统将根据运行人员下发的功率整定值和功率升降速率来调节输送直流功率。在功率升降过程中，运行人员可以停止功率的升降。当两个极均处在双极功率控制时，两个极的功率分配正比于本极的直流电压；当只有一个极处于双极功率控制时，双极功率将由处于双极功率控制的极来负责维持，双极功率控制模式参考值设置示意图如图 11-7 所示。

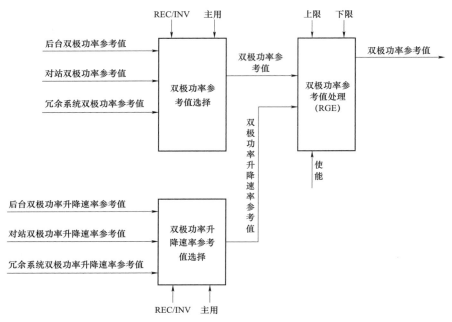

图 11-7　双极功率控制模式参考值设置示意图

（2）单极电流控制。当一个极处于单极电流控制模式时，极控系统按照运行人员下发的电流整定值和电流升降速率调节直流电流值到电流整定值，在电流升降过程中，运行人员能随时停止电流的升降，单极电流模式参考值设置如图 11-8 所示。

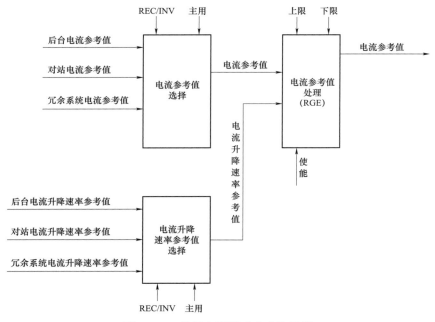

图 11-8　单极电流模式参考值设置

（3）单极功率控制。在单极功率控制模式（PmodeSP）下，极控系统根据运行人员设定的单极功率整定值和单极功率升降速率，调节该极直流功率到整定值。单极功率控制模式是在原电流控制模式的基础上实现的，具体实现过程如下：控制器根据运行人员设定的单极功率参考值除以本极实时直流电压，得到本极电流参考值；根据运行人员设定的单极功率升降速率除以本极实时直流电压，得到本极电流升降速率；根据上述两个步骤得到电流参考值和升降速率参考值，按照单极电流控制模式调解到预设的单极功率值。因此，在单极功率控制模式下，极控系统是将运行人员设定的功率定值和功率升降速率转化为电流定值和电流升降速率，按照电流控制的方式来实现直流功率的传输。在功率升降过程中，运行人员可以停止功率的升降，单极功率模式参考值设置如图 11-9 所示。

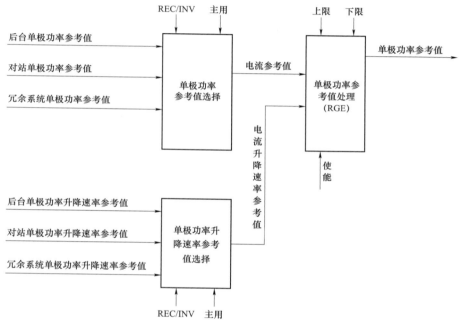

图 11-9　单极功率模式参考值设置

（4）本极电流指令计算。运行人员设定的功率/电流设定值最终要转换为整流侧的直流电流控制器的电流参考值，从而实现对直流系统传输功率的控制。

正常运行时的电流指令主要取决于运行人员设定的参考值，包括：

1）在双极功率控制模式下，由操作员设置的功率参考值除以双极直流电压得到对应的电流参考值。

2）在单极功率控制模式下，由操作员设置的功率参考值除以本极直流电压得到对应的电流参考值。

3）在电流控制模式下，由操作员设置的电流参考值。

功率参考值和电流参考值都要经过一个斜率发生器输出，通过斜率发生器可以使参考值按照运行人员设定的斜率上升或下降。当稳定控制启动后，由稳定控制产生的电流调制量被叠加到上述运行人员设定的参考值上。上述产生的 I_{dref1} 需要经过最大电流限制和最小电流限制,以保证输入到调节器的电流指令在允许的电流最小值和最大过负荷定值之间。

电流参考值限制主要受以下几个方面影响:过负荷限制功能;降压限制功能;绝对最小滤波器不满足降电流功能;绝对最小滤波器不满足快速停运(FASOF);大地/金属回线方式转换降电流功能;阀冷降电流功能;保护降电流功能。

最小电流定值通常情况下取 10%。特高压工程降压模式下以满足最小电流 10%标准设计,即降压 0.8(p.u.)运行工况下,最小功率为 200MW。

电流参考值计算和电流参考值限制分别如图 11-10 和图 11-11 所示。

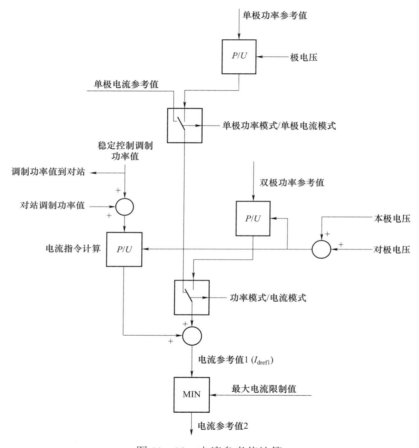

图 11-10　电流参考值计算

(5)站间电流指令协调计算(PCOC)。极电流指令协调功能(PCOC)对两站之间的电流指令进行协调和选择,它不仅选择送往对站的电流参考值,而且还同时接收对站的电流参考值,根据两站的状态(整流站还是逆变站)选择相应的电流参考值,极电流指令协调如图 11-12 所示。

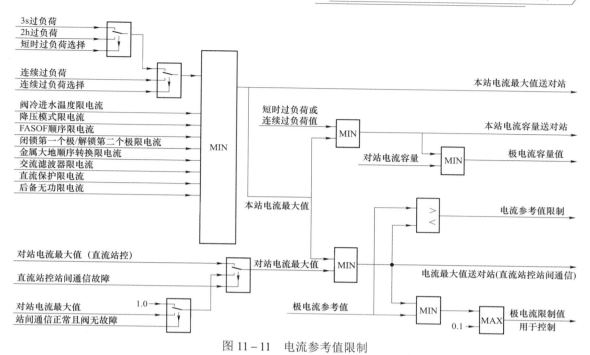

图 11-11　电流参考值限制

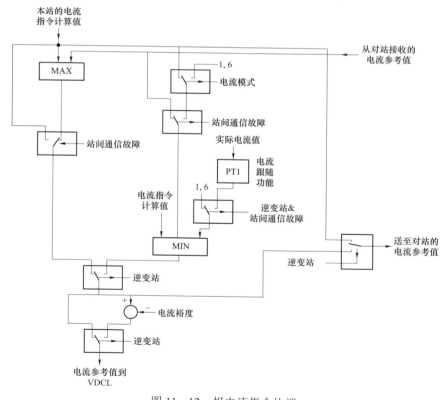

图 11-12　极电流指令协调

正常运行时，极电流协调功能可以保证逆变侧的电流裕度以防止逆变站投入电流控制。

整流站的电流命令由电流指令计算器决定。用于电流控制的电流指令将用本站计算的电流命令和另一站的回检电流指令中的较大值，而逆变站用于电流控制的电流指令则是取两者中的较小值。这就保证了逆变站的电流命令不大于整流站的电流命令。

如果整流站的电流指令增加，则该增加的量将直接进入电流控制器，而不需要等待逆变站的电流指令回检信号。当整流站的电流指令减少时，则只有收到逆变站的电流指令回检信号后，才能开始降低直流电流，这样可以避免在逆变站瞬时裕度丢失。

当两侧站间通信故障时，逆变站的电流指令等于跟踪的实际直流电流值。

（6）电流裕度补偿。正常情况下，整流侧控制直流电流，逆变侧控制直流电压。逆变侧也配备电流控制和电流裕度补偿功能，电流裕度补偿功能如图 11－13 所示，以便当直流电压由整流器决定时，保持稳定的直流输送功率。正常运行时，逆变侧的电流参考值要在整流侧的电流参考值的基础上减去一个电流裕度值（10%），如果逆变侧过渡到定直流电流运行，整流侧的电流裕度补偿功能起作用，将逆变侧的电流参考值增加一个电流裕度值，从而保证系统传输的功率恒定。

控制系统具有使整流站和逆变站的电流指令保持同步的功能，不管电流指令如何变化，电流裕度始终能得到保持。特高压直流工程电流裕度最大补偿值设为 10%。

因配备自动电流裕度补偿功能，当直流系统的电流控制转移到逆变站时，弥补与裕度定值相等的电流下降。自动补偿功能在 0.5s 之内完成对电流下降的补偿。

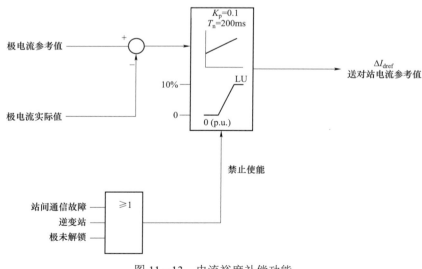

图 11－13　电流裕度补偿功能

该功能只在整流侧并且站间通信正常情况下可用。当极解锁以后，实时计算电流参考值与实际值偏差，差值通过积分调节器产生参考值补偿量，该补偿量被送到逆变侧以补偿逆变侧的电流裕度。通过电流裕度补偿，使逆变侧补偿后的参考值为整流侧的参考值。当整流侧电流限制去除重新恢复电流控制时，随着直流电流的上升，电流裕度补偿功能会自动退出。

（7）电流裕度切换。正常情况下，逆变侧电流参考值要减去一个电流裕度值，确保正常情况下逆变侧电流控制器不起作用。正常工况下该电流裕度值取 0.1。受交流低电压、换相失败、阀组解锁等暂态因素影响，电流裕度取 0.7。目前，锡泰电流裕度取 0.7，主要考虑以下几种工况：交流低电压；换相失败；VDCL 启动；站间通信故障情况下阀组在线投/退；保护启动双极平衡；阀组闭锁状态；极解锁过程；电流小于 5%工况。

（8）极间功率转移（PPT）。极间功率转移考虑下述工况时把功率从一极转移到另一极，这种情况下接地极将会有电流流过，具体有以下工况：一极电流模式控制时在两极间转移电流指令，以保证功率恒定；另一极电流限制运行时在两极间转移电流指令以保证功率恒定。

当一极单极电流控制模式，另一极双极功率控制模式，来自 P_{modeBP} 的电流指令 I_{drefDC} 和单极电流控制模式由 $I_{drefMAN}$ 产生的 I_{drefDC} 的差值将传送到另一极，叠加到它的电流指令上。这样双极功率控制模式的极在它的电流容量允许的情况下尽可能补偿了另一极，以维持 P_{refDC} 恒定。

如果一极出现电流限制，而另一极为双极功率控制模式，这时 I_{dref} 和极电流的最大值 I_{max} 的差值将发送到另一极，叠加到它的电流指令上。这样双极功率控制模式的极在它的电流容量允许的情况下尽可能补偿了另一极，以维持 P_{refDC} 恒定。

增量 ΔI_{ppt} 信号在极间交换实现了电流指令从一极向另一极的转移，如果极闭锁这个信号输出将被禁止（设为零）。考虑双极运行不相同的极电压情况（一极正常运行，一极降电压运行），增量 ΔI_{ppt} 信号必须按照电压进行调整。

极间功率转移功能只在整流站有效，极间功率转移功能如图 11 - 14 所示。

（9）直流电流限制。直流电流限制主要是根据主设备的过负荷能力计算最大允许电流值，并且与其他站最大电流进行协调计算。根据系统运行状况的不同，极控系统具有不同的电流限制值，电流限制主要包括：HVDC 主设备的短时过负荷和连续过负荷计算得到的最大电流限制值；降压运行情况下的最大电流限制值；直流站控故障 FASOF 情况下的电流限制值；阀冷系统产生的电流限制值；根据可用交流滤波器数计算的电流限制值；站间通信故障后的电流限制值；直流保护请求的电流限制；对站的电流限制。

1）极功率容量计算。极功率容量计算是基于两侧极电流的限制值。两侧最小的极电流限制值用于计算极功率容量，具体计算方法是，两侧最小的极电流限制值乘以直流电压实际值。

2）双极功率容量计算。双极功率容量的是两极功率容量之和，此值用于在运行人员界面显示。

3）过负荷功能。极控系统设计了短期过负荷（Short - term Overload）、长期过负荷

（Long－term Overload）、连续过负荷（Continuous Overload）三种过负荷功能，过负荷限制功能如图 11－15 所示。

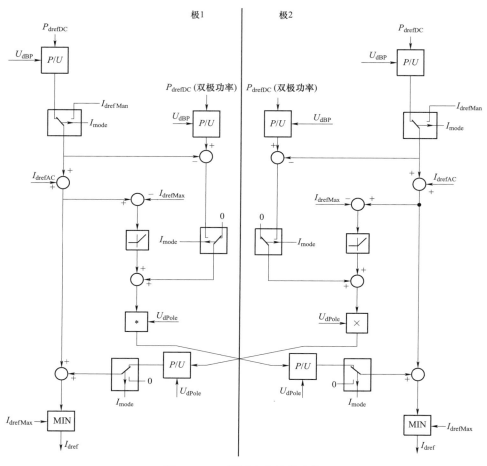

图 11－14　极间功率转移功能

①　短期过负荷。短期过负荷功能具有最高等级的过负荷水平，包括 3s 过负荷。

系统运行时，如果直流电流大于 2h 过负荷的电流限制值，秒级过负荷功能启动。秒级过负荷功能启动之后，根据过负荷直流电流值的大小和环境温度，秒级过负荷运行时间在 3～10s 间选择。如果过负荷运行过程中直流电流发生变化，那么过负荷运行的时间将根据实际的直流电流值进行调整。

秒级过负荷恢复时间为 2min，也就是在启动一次秒级过负荷之后，在 2min 内禁止启动秒级过负荷。极控系统 2h 内启动五次秒级过负荷功能之后，那么在最后一次启动秒级过负荷功能之后的 2h 内禁止再启动秒级过负荷功能。

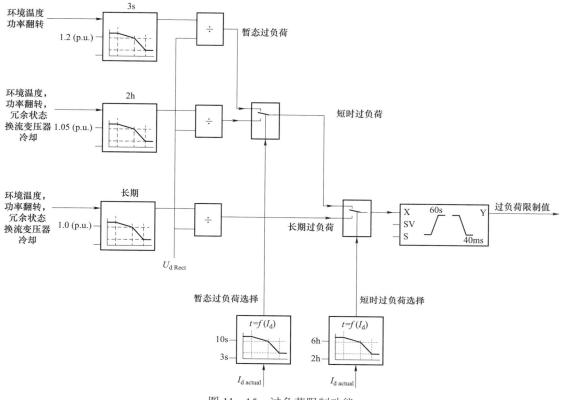

图 11-15　过负荷限制功能

秒级过负荷功能启动之后，直流电流必须低于 2h 过负荷的电流值，才允许启动新的秒级过负荷功能。

② 长期过负荷。小时过负荷功能为 2h 过负荷，阀冷出水口的水温将限制小时过负荷电流的大小。

系统运行时，如果直流电流大于连续过负荷的电流限制值，小时过负荷功能启动，小时过负荷运行的电流值受到限制。小时过负荷功能启动之后，根据环境温度和换流变压器冷却系统的可用性，产生相应的过负荷直流电流值。

小时过负荷功能运行完毕之后，在 12h 内禁止再启动小时过负荷功能。如果小时过负荷运行过程中直流电流恢复，小时过负荷功能将继续进行。

小时过负荷功能启动之后，直流电流必须低于连续过负荷的电流值，才允许启动小时过负荷功能。

③ 连续过负荷。根据环境温度和换流变压器冷却系统的可用性，决定连续过负荷功能限制值，阀冷出水口的水温将限制小时过负荷运行的电流值。连续过负荷可以长期运行。

4）降电压运行。功率正送时降电压运行直流电流将限制在 1.0（p.u.），因而瞬时过负荷、短时过负荷和连续过负荷功能均不可用。正送时电压参考值 $U_{\text{ref}} < 0.94$（p.u.），反送 0.89（p.u.）。

5）直流站控启动 FASOF 快速降电流功能。该功能由直流站控启动，极控具体执行对应快速降功率闭锁逻辑。当无交流滤波器可用且系统解锁运行状态下，直流站控启动该功能。单极运行工况下，电流按照 625A/s 速率回降；当双极运行工况下，电流按照 312.5A/s 速率回降。FASOF 快速降电流逻辑框图如图 11－16 所示。

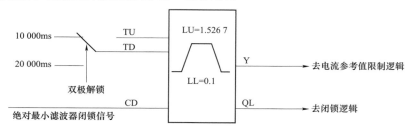

图 11－16　FASOF 快速降电流逻辑框图

6）阀冷系统产生的电流限制值。该功能由阀冷系统启动。极控系统接收到阀冷启动降功率信号后，采用分时间间隔降功率逻辑，即每隔 5s 启动一次降功率过程，每次降功率参考值为额定功率的 0.05 倍，直至阀冷降功率信号消失。阀冷启动降功率逻辑框图如 11－17 所示。

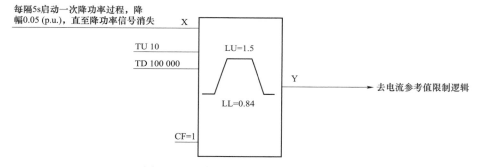

图 11－17　阀冷启动降功率逻辑框图

7）绝对最小滤波器不满足降电流功能。该功能由直流站控系统启动。极控系统接收到直流站控降功率信号及降至功率目标值后，启动降功率功能，最低降至 0.1（p.u.）。绝对最小滤波器不满足降功率功能如图 11－18 所示。

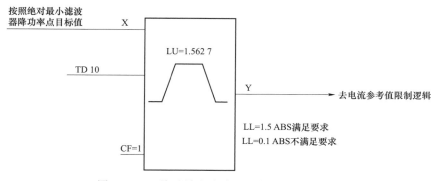

图 11－18　绝对最小滤波器不满足降功率功能

8）直流保护请求降电流功能。该功能由极保护启动。保护启动降电流功率后，降直流电流限制至 0.6（p.u.）。

9）金属－大地回线转换降电流功能。该限流功能对大地－金属回线转换开关（MRTB）进行保护。当进行分 MRTB 前，如果电流高于 5700A，先执行降电流功能，再执行分开关过程。大地－金属回线转换开关（MRTB）分控制降电流逻辑框图如图 11－19 所示。

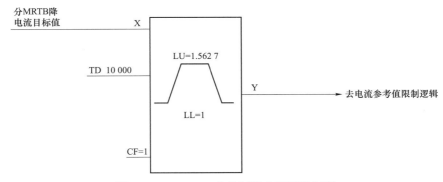

图 11－19　MRTB 分控制降电流逻辑框图

（10）低压限流功能。换流站低压电流分为交流低电压限流 AC－VDCOL 和直流低电压限流 DC－VDCOL 两种。AC－VDCOL 适用于交流侧故障引起交流电压跌落时减小直流电流指令输出，进而限制直流系统无功功率的消耗。当系统直流侧发生故障时其控制效果可能不起作用。DC－VDCOL 对于直流侧故障或交流侧故障引起直流电压跌落时均能起到减小电流和限制无功消耗的控制效果。目前，国内外已经投运的直流工程仅美国太平洋直流联络线采用了 AC－VDCOL，而其他大多数直流工程采用 DC－VDCOL。

低压限流功能（VDCOL）是在直流电压降低时对直流电流指令进行限制，它的主要作用是当交流网扰动后，可以提高交流系统电压稳定性，帮助直流系统在交直流故障后快速可控恢复；可以避免连续换相失败引起的阀过应力以及抑制故障恢复后持续的换相失败。

如果由于某种原因导致直流电压（交流电压）降至 U_H 以下，电流指令的最大限幅值开始下降。此时若当前电流指令大于电流指令的最大限幅，则输出的电流指令将降低。电流指令的降低可防止逆变端发生交流故障时造成的电压不稳。如果电压持续下降至低于 U_L，电流指令的最高限幅则不再下降，并保持在当前值。低压限流功能（VDCOL）特性曲线如图 11－20 所示。

低压限流环节的电压和电流定值可调。在整流站和逆变站，VDCOL 功能的斜坡函数或时间常数能独立调整，以便控制限制电流时的速率以及返回时的速率，其中整流侧的时间常数比逆变侧的时间常数短，这样可以在故障恢复时使整流侧更快地恢复电流控制。并且该时间常数及其特性

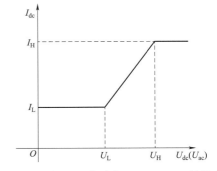

图 11－20　低压限流功能（VDCOL）特性曲线

与整个直流输电系统以及直流控制系统的时间常数和特性相匹配，不会引起任何功率、电流和电压的不稳定。此外，VDCOL 功能中非线性滤波器的时间常数在直流电压升高和下降时是不一样的。为了保证在交直流故障时直流电流快速降低，直流电压下降时的时间常数要小。

设置低压限流特性的目的，最初是作为换流阀换相失败故障的一种保护措施，后来被许多高压直流工程，尤其是具有弱交流系统的直流工程所采用，是用来改善故障后直流系统的恢复特性。其主要作用有：

1）避免逆变器长时间换相失败，保护换流阀。对于正常运行的换流阀，在一个工频周期内仅 1/3 时间导通，当由于逆交侧交流系统故障或其他原因使逆交器发生换相失败，造成直流电压下降、直流电流上升、换相角加大、关断角减小时，一些换流阀会长朋流过大电流，这将影响换流器的运行寿命，甚至损坏。因此，通过降低电流整定值来减少发生后续换相失政的概率，从而可以保护晶闸管器件。

2）在交流系统出现干扰或干扰消失后使系统保持稳定，有利于交流系统电压的恢复。交流系统发生故障后，如果直流电流增加，则换流器吸收的无功功率也增加，这将进一步降低交流电压，可能产生电压不稳定；而当直流电流减少时，换流器吸收的无功功率也减少，这将有利于交流电压的恢复，避免交流电压不稳定；在交流系统远端故障后的电压振荡期间，可以起到类似动态稳定器的作用，改善交流系统的性能。

3）在交流系统故障切除后，为直流输电系统的快速恢复创造条件，在交流电压恢复期间，平稳增大直流电流来恢复直流系统。需要注意的是，如果交流系统故障切除，直流系统功率恢复太快，换流器需要吸收较大的无功功率，将影响交流电压的恢复，因此对于较弱的受端交流系统，通常要等交流电压恢复后，才能恢复直流的输送功率。

（11）电流控制误差计算（整流站）。直流电流闭环控制的误差计算方法如下：

直流电流的误差＝直流电流的参考值－直流电流的实际值

计算的直流电流误差值经过一个非线性环节之后产生用于直流电流闭环控制的直流电流误差，这个非线性环节主要作用是保证正常运行时获得更高的稳态精度，此外，在系统经受大的故障之后，提供快速的恢复过程。

1）整流侧直流电流控制器。正常运行时，整流侧直流电流运行，因此直流电流控制器为整流侧的主要控制器，整流侧直流电流的误差计算方法如下：

直流电流的误差＝直流电流的参考值－直流电流的实际值

将直流电流的误差和直流电压的误差相比较，选择最小的误差，送到 PI 控制器，产生相应的控制信号，经过线性化环节，输出触发角的值送到触发单元，产生所需的触发脉冲。

正常运行时，整流侧直流电压参考值要加上一个裕度值，以确保正常运行时整流侧定直流电流控制。

直流电流闭环控制器作用时，如果实际的直流电流偏小，PI 控制器的输出将调整触发角向 5°方向移动；如果实际的直流电流偏大，PI 控制器的输出将调整触发角向 160°方向移动。

2）逆变侧直流电流控制器。正常运行时，逆变侧的预测性熄弧角控制器起限制作用，将逆变侧的熄弧角控制在额定值附近。如果整流侧交流电压下降，整流侧处于最小触发角限制状态，此时逆变侧将逐渐转向定直流电流控制。

正常运行时，逆变侧的电流参考值要在整流侧的电流参考值的基础上减去一个电流裕度值（10%），如果逆变侧过渡到定直流电流运行，整流侧的电流裕度补偿功能起作用，将逆变侧的电流参考值增加一个电流裕度值，从而保证系统传输的功率恒定。

将直流电流的误差和直流电压的误差相比较，选择最大的误差，送到 PI 控制器，PI 控制器的输出经过预测性熄弧角控制器的输出限制之后，产生相应的控制信号，经过线性化环节，输出触发角的值送到触发单元，控制系统的运行。

直流电流闭环控制器作用时，如果实际的直流电流偏小，PI 控制器的输出将调节触发角向 95° 方向移动；如果实际的直流电流偏大，PI 控制器的输出将调节触发角向 160° 方向移动。

（12）用于电流指令计算的双极直流电压计算。双极直流电压为极一电压和极二直流电压之和（U_{d1} 和 U_{d2} 绝对值），另一极的电压直接取自它的直流电压分压器。双极电压 U_d 在逆变站可以为计算的整流站直流电压（考虑直流线路和中性线的直流电压降），或者是整流站测量的直流电压。计算的整流站直流电压由整流侧电压计算功能（RVC）完成。

由于双极功能分配在各极控制中完成，因此每极测量分别测量本极和另一极的直流电压，保证了两极使用相同的直流电压。单极运行时另外一极直流电压设为零。

为了得到一个稳定电流指令，必须要有一个稳定的直流电压信号，因而用于 COCB、COCA 使用的双极直流电压经过一个参数可调的低通滤波模块，这个稳定的直流电压信号在交、直流故障时保持直流电流指令恒定，也起到重要作用。

在下述情况下它将切换到快速响应：

1）在极解锁时刻快速检测直流电压使直流电流指令严格跟随功率定值。

2）一极运行一极解锁时，立即检测到直流电压上升，可以快速减少电流指令，保证功率的恒定。

3）一极运行一极闭锁时，立即检测到直流电压下降，可以快速增加电流指令，保证功率的恒定。另外为了抑制来自另一极直流线路放电产生的错误信号的直流电压，这时将其设为零，从而稳定运行极的电流指令。

4）在另一极线路故障时快速响应直流电压降落和恢复，及时增加和减少电流指令，保证直流功率恒定。

（13）直流电流实际值。用于直流电流控制器的直流电流有两个：实际的直流电流经过数字滤波之后，用于直流电流控制器；换流变压器阀侧 Y 桥和 D 桥的阀侧交流电流的最大值为等效的直流电流，作为实际直流电流的后备。等效的直流电流减去 5% 之后和实际的直流电流之间的最大值用于直流电流控制器。

3. 电压调节器制

一般直流工程整流侧和逆变侧都配置相应的电压调节器。

电压调节器功能包括过电压限制（仅整流侧）和直流电压调节器。

直流电压参考值由极控主机的电压角度参考计算功能进行计算并送至换流器控制主机，直流电压由换流器控制主机直接测量。

电压控制器是一个 PI 调节器，其输出将作为电流控制器的上限值或下限值。当处于逆变运行时，它将作为电流控制器的上限值，以限制电流调节器的最大触发角输出；当处于整流运行时，它将作为电流控制器的下限值，以限制电流调节器的最小触发角输出。图 11-21 所示为电压调节器功能概况图。

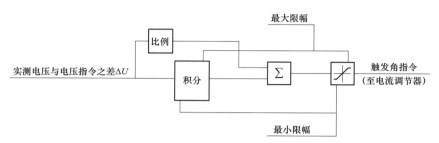

图 11-21　电压调节器功能概况图

（1）直流电压参考值计算。直流电压参考值是由直流电压调节器产生的，直流电压调节器按照固定的直流电压升降速率将直流电压升到设定值，直流电压设定值要根据系统运行的工况进行选择。直流电压参考值计算逻辑如图 11-22 所示。

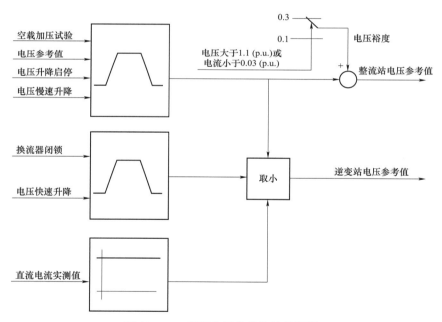

图 11-22　直流电压参考值计算逻辑

1）换流器解锁时直流电压参考值的设定。换流器闭锁时，逆变侧直流电压的设定值为最小值 2%；换流器解锁时，如果逆变侧监测到直流电流大于 5%，直流电压调节器将直流电压参考值在 50ms 内从最小值升到设定值。

换流器闭锁时，逆变侧直流电压参考值设为最小值 2%；整流侧的直流电压调节器一直将直流电压参考值设为额定值。

2）空载加压试验时的直流电压参考值的设定。空载加压试验时，直流电压的设定值和直流电压的升降速率由运行人员设定。

空载加压试验以整流模式进行，所以空载加压试验时，直流线路上的直流电压由直流电压控制器进行控制。换流器解锁时，直流电压调节器按照设定的直流电压升降速率，将直流电压参考值缓慢升到设定值。换流器闭锁时，直流电压设定值为 0%。在整个直流电压的升降过程中，运行人员可以随时停止或启动直流电压的升降过程。

（2）用于电压控制器直流电压实际值计算。直流电压控制中使用的直流电压实际值是整流侧的直流电压值，而电压控制又在逆变侧起作用，因此在极控中提供了整流侧直流电压实际值计算功能。极控中根据式（11-3）和式（11-4）计算整流侧直流电压。

$$U_{d_{\mathrm{RECCalc}}} = U_{d_{\mathrm{INV}}} + R_{\mathrm{dc}} I_{d_{\mathrm{H}}} \tag{11-3}$$

$$U_{d_{\mathrm{INV}}} = U_{d_{\mathrm{Line}}} - U_{d_{\mathrm{Neutral}}} \tag{11-4}$$

上面计算公式中的 R_{dc} 是一个极对应的直流线路电阻。由于环境温度、线路发热以及其他自然条件的影响，长距离输电总的直流线路电阻不是一个常量。为了提高整流侧直流电压的精度，程序中使用两站的电压差除以直流电流计算得到线路电阻。如果 LAN 网通信故障时，将整流侧的电压固定为 115%，得到的线路电阻经过限幅后用于整流侧直流电压计算。当运行于金属返回运行方式时，线路电阻变为上面计算电阻的两倍。

（3）电压控制误差计算（整流站）。在整流侧，直流电压控制器的目的是限制整流侧的直流电压在最大限制值以下。这个最大的限制值为直流电压定值加上一个裕度值，正常情况下这个限制器不会运行。整流侧直流电压控制误差为直流电压参考值减去直流电压实际值，直流电压实际值为整流侧测量得到的 U_{dH} 减去 U_{dN}。当直流电压控制器在整流侧起作用时，直流电压控制器将减小 PI 控制器的输出，使触发角向 150° 方向移动，特性与强迫移相相同。

当逆变侧极开路或者闭锁时，整流侧直流电压控制器能够快速响应防止直流过电压。整流侧的电压控制不得与故障恢复时的电流控制相冲突。因此整流侧直流电压裕度正常时设置为 30%，当直流电压上升到 110% 时，电压裕度切换到 10%。这样可以保证当直流电流控制动态响应时直流电压控制器不起作用，直流电压升高，需要直流电压控制器时才适时投入。

如果整流侧交流电压降低，整流侧由于最小 α 限制而失去电流控制，逆变侧将变为直流电流控制，此时的直流电压将决定于最小 α 和整流侧的交流电压。如果整流侧交流电压增加到正常值以上，整流侧直流电压控制可能会瞬时投入运行以控制直流电压。但是一般情况下，虽然整流侧交流电压增加到正常值以上了，整流侧还会维持为电流控制，因为交流电压增加也会引起直流电流的增加，电流控制器会通过增大 α 使直流电流恢复正常，这也就会使整流侧的直流电压降低到正常水平。究竟哪种控制器起作用主要看直流电压和直流电流的变化幅值和变化速率。

在逆变侧，直流电压控制正常情况下用来控制整流侧的直流电压为额定值，用作控制变量的整流侧直流电压通过计算得到。当操作员选择降压运行或直流线路故障引起降压运行时，逆变侧的参考值会降低为降压运行值，控制整流侧的直流电压降低到降压运行水平。当整流侧处于最小 α 限制时，逆变侧会由直流电压控制切换到直流电流控制，电流裕度补偿功能会改变逆变侧的电流参考值，使之与整流侧的电流参考值相等。

当逆变侧交流电压降低时，逆变侧熄弧角控制器将尽量维持逆变侧熄弧角的值，交流电压下降较大时，这种情况下可能会出现瞬时的换相失败，熄弧角控制器将触发角调节到参考值时换相失败会消失。当交流电压增加时，逆变侧电压控制器将取代熄弧角控制，通过减少触发角来维持整流侧电压为参考值，换流变压器分接头控制会调节熄弧角值。直流电压控制示意图如图 11-23 所示。

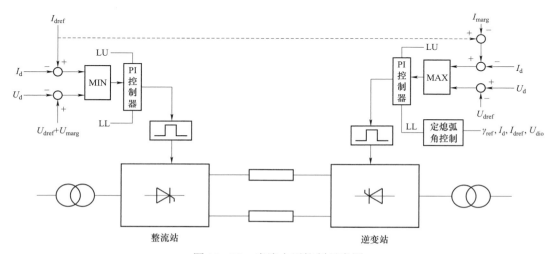

图 11-23　直流电压控制示意图

4. 逆变侧 AMAX 控制

逆变站的直流电压公式为

$$U_d = U_{di0}\left[\cos\gamma_0 - (d_x - d_r)\frac{I_d}{I_{dN}}\frac{U_{di0N}}{U_{di0}}\right] \tag{11-5}$$

式中：γ_0 为逆变侧设定的熄弧角的参考值；I_d 为实际的直流电流值；I_{dN} 为额定的直流电流值；U_{di0N} 为额定的理想空载电压值；U_{di0} 为实际的理想空载电压值。

从式（11-5）可以看出，对于恒定的 γ，当直流电流增大时，逆变侧的直流电压将降低，因此当逆变站运行于定 γ 控制时，在低频下具有负阻特性。

引入式（11-6）的电流项对定 γ 控制进行修正，使得它在暂态情况下具有正斜率，有利于提高系统的稳定性。

$$\beta = \arccos\left[\cos\gamma_0 - 2d_x\frac{I_0}{I_{dN}}\frac{U_{di0N}}{U_{di0}} - K(I_0 - I_d)\right] \tag{11-6}$$

式中：γ_0 为逆变侧设定的熄弧角的参考值；I_0 为计算的直流电流参考值；I_d 为实际的直流电流值；I_{dN} 为额定的直流电流值；U_{di0N} 为额定的理想空载电压值；U_{di0} 为实际的理想空载电压

值；K 为正斜率修正系数。

　　稳态情况下，I_d 等于 I_0，式（11-6）所确定的 β 可使逆变侧运行在定 γ 状态；暂态情况下，I_0 保持不变，I_d 因扰动而变大时，AMAX 控制将减小 β 使得逆变侧电压增大，直流电流 I_d 变小，从而回到稳态工作点；反之，I_d 因扰动变小时，AMAX 控制将增大 β 而使得逆变侧电压减小，直流电流 I_d 增大。

　　综合上述，逆变侧 AMAX 控制的点火角可以由式（3-7）计算得到

$$\text{AMAX} = \pi - \beta \tag{11-7}$$

5. 逆变侧 AMIN 控制

　　为保证 AMAX 控制计算得到的熄弧角足够晶闸管正常换相，避免换相失败的发生，因此引入 AMIN 控制与 AMAX 控制相配合。逆变侧 AMIN 控制触发角可以由式（11-8）计算得到

$$\text{AMIN} = \pi - \arccos\left[\cos\gamma_0' - 2d_x \frac{\text{MAX}(I_0, I_d)}{I_{dN}} \frac{U_{di0N}}{U_{di0}}\right] \tag{11-8}$$

式中：γ_0' 为最小熄弧面积决定的熄弧角参考值；I_0 为计算的直流电流参考值；I_d 为实际的直流电流值；I_{dN} 为额定的直流电流值；U_{di0N} 为额定的理想空载电压值；U_{di0} 为实际的理想空载电压值。

　　由式（11-5）和式（11-6）可知，AMAX 和 AMIN 与熄弧角参考值、直流电流参考值、交流电压幅值和直流电流实际值有关。稳态时，用于计算 AMAX 的直流电流参考值与直流电流实际值相等，因此 AMAX < AMIN，选取 AMAX 作为逆变站的触发角。暂态时，如果有可能使 AMAX > AMIN > 90°，$\cos\text{AMAX} < \cos\text{AMIN} < 0$，选择 AMIN 作为逆变站的触发角；反之，选择 AMAX 作为逆变站的触发角。

　　根据公式计算的 AMAX 或 AMIN 值，输出到 PI 控制器，作为控制器的最大限制值，限制控制器的输出。正常运行时，直流电压控制器的参考值比实际值大，PI 控制器的输出将调节触发角向 160° 方向移动，由于受到 AMAX 或 AMIN 输出的限制，调节器的输出就为计算的 AMAX 和 AMIN 的较小值，这样保证额定运行时熄弧角为额定值，同时也保障暂态下的最小熄弧角，避免发生连续换相失败。

6. 换相失败预测控制

　　换相失败预测控制（CFPRED）用于防止由交流故障引起的换相失败。该功能主要是检测交流电压，判断可能出现的单相交流故障或者三相交流故障。

　　逆变器电流指令比整流站的低，逆变站的 CCA 需要一个较大的 α 用来产生较高的直流电压来降低直流电流，这意味着 α 可能超过最大 α 值，其最大 α 对应于安全换相时允许的最小 γ。为防止产生这种角度指令，增加了换相裕度控制辅助功能。

　　控制系统实时计算换相面积，与参考值面积比较，换相面积参考值示意图如图 11-24 所示，换相面积参考值计算见式（11-9），在高压直流工程中，参考面积对应的 γ_{ref} 设置为 13.5° 所对应的面积，与换流阀最小安全换相角度 7°（400μs 对应的电角度）预留一定裕度。

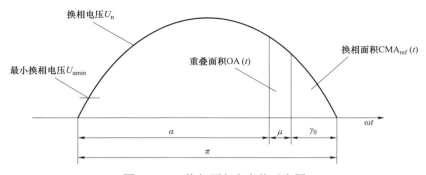

图 11-24　换相面积参考值示意图

$$\mathrm{CMA}(t_\alpha) = \int_{\pi-\gamma}^{\pi} U_{\mathrm{np,u}} \sin x \, \mathrm{d}x = 1 \times (1 - \cos\gamma) \tag{11-9}$$

$\mathrm{CMA}(t_\alpha)$ 代表换相裕度响应，$\mathrm{CMA}(t_\alpha)$ 从小触发角开始不断减小，直到其值等于换相裕度参考值 $\mathrm{CMA_{ref}}$。$\mathrm{CMA}(t_\alpha)$ 用传统的 HVDC 关系进行计算，经过的角度 ωt_α 很容易检测到。该过程的后半部分是一个预测算法，它假定：从当前时刻到下一个换相电压过零点这段时间内，换相电压波形没有受到扰动。$\mathrm{CMA}(t_\alpha)$ 的计算是在 12 脉桥内前一次触发开始，不断地减小电压区域，并与 $\mathrm{CMA_{ref}}$ 设定值相比较。预测区域裕度如图 11-25 所示，预测换相面积（标幺值）计算见式（11-10）。

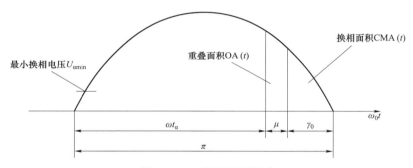

图 11-25　预测区域裕度

$$\mathrm{CMA}(t_\alpha) = \frac{U_{\mathrm{n}}(t_\alpha)(1 + \cos\omega t_\alpha)}{\sin\omega t_\alpha} - 2d_{\mathrm{xN}}I_{\mathrm{dc\_pu}} \tag{11-10}$$

控制系统每一个循环计算预测换相面积，如果预测换相面积小于或等于参考面积，则立即点火。

如果检测到交流故障，将增大最小熄弧角参考值，即增大换相面积参考值，以提前点火，预防换相失败。该角度同时送给 AMAX 控制，以减小点火角的最大限幅值。

7. 换流器触发角协调

实际运行中，因为采样和调节器计算的细微差异，同极的两个换流器控制系统 CCP1 和 CCP2 计算的触发角会有差异。为进一步提高同极两换流器运行的平衡度，CCP1 和 CCP2 主机间通过光纤通信进行触发角的协调控制，以实现两换流器的平衡运行。

当极处于双换流器运行方式时，采用设定控制阀组的方法实现换流器间协调，非控制阀组的触发角将自动被来自控制阀组的触发角指令同步。

8. 控制系统冗余

与极控制主机类似，换流器控制主机也采用完全冗余的两套系统，每套系统对自身进行监视，发现故障后及时进行冗余系统间的切换，确保始终由完好的一套系统处于工作状态。

以 PCS-9550 的换流器控制主机冗余结构为例，换流器控制主机冗余结构示意图如图 11-26 所示。

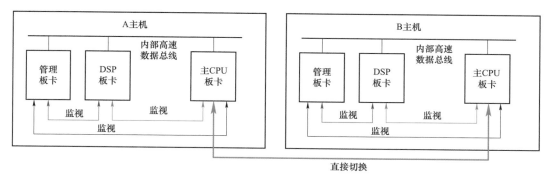

图 11-26　换流器控制主机冗余结构示意图

换流器控制主机可以通过以下方式进行冗余系统之间的切换：

（1）运行人员在操作界面上手动发出系统切换指令，可进行冗余系统之间的切换。

（2）异常情况下，运行人员在控制系统主机柜的就地切换盘上操作系统切换按钮，以实现冗余系统之间的切换。

（3）自诊断系统在检测到当前运行系统故障时，发出系统切换命令。

（4）保护主机发出的系统切换命令，可进行冗余系统之间的切换，一般保护会同时发出禁止备用命令，导致该控制系统不能进入备用状态。如果另一系统处于严重故障状态无法成为有效系统时，产生报警信号，送运行人员监视系统。

（5）阀控系统（VBE/VCU）发出的系统切换指令，可进行冗余系统之间的切换。如果另一系统处于严重故障状态或另一系统也发出切换指令使得系统切换不成功时，立即停运直流。

系统切换总是从当前有效的系统发出，这个切换原则可以避免在备用系统中的不当操作或故障造成不希望的切换。另外，当另一系统不可用时，系统切换逻辑将禁止该切换指令的执行。

9. 接口

（1）与交流站控系统的接口。换流器控制系统需要与交流站控系统信号交换，主要用于准备充电就绪逻辑、主机间的辅助监视和慢速的状态信息交换等功能。

（2）与控制保护主机的接口。换流器控制系统通过高速总线与换流器保护系统、直流极控系统进行信号交互，以配合完成相关的直流控制保护功能。

（3）与交直流一次设备的接口。换流器控制系统需要与换流变压器、直流场隔离开关等交直流一次设备的接口屏柜进行通信。主要完成换流变压器非电量报警/跳闸状态采集，换流变压器非电量相关模拟量采集，换流阀区开关、隔离开关、阀厅接地开关位置采集，换流变压器冷却器状态采集和控制，以及分接头状态采集和控制等功能。

（4）与阀冷系统的接口。换流器控制系统与阀冷控制系统均采用双重化一主一备配置，换流器控制系统与阀冷控制系统之间采用"交叉互联"方式进行双向信号传输。换流器控制系统通过阀冷接口屏将控制命令发送到阀冷却系统，采集阀冷却系统的状态量和模拟量，并将这些信息上传到监控系统。

（5）与阀控的接口。换流器控制系统与阀控系统均采用双重化一主一备配置，换流器控制系统与阀控系统的信号交互仅在对应系统之间进行，即换流器控制 A 系统与阀控 A 系统进行信号交换，换流器控制 B 系统与阀控 B 系统进行信号交换。

11.1.3　直流站控系统

直流站控主要完成换流站有功功率分配和无功功率控制，还具有直流场手动/自动顺序控制、控制级及主从站控制等，并对直流侧和交流滤波器场开关进行动态监视。

直流站控系统作为整个换流站控制保护系统的一部分，完成与双极相关的直流控制功能。

1. 控制功能

直流站控系统能够接收来自运行人员控制系统或远动系统的控制命令信号，主要完成模式选择、直流场内所有开关（隔离开关和接地开关）的控制和监视、直流顺序控制和联锁、无功控制等功能。所有这些控制操作，设计有安全可靠的联锁功能，以保证系统及设备的正常运行和人员的人身安全。

2. 模式选择

模式选择功能主要用于完成对直流运行模式的转换控制，包括主控/从控模式转换、联合/独立模式转换等。模式间的相互转换可以根据运行人员的手动命令或一些条件下的自动执行命令来进行，在模式转换时依据模式转换控制逻辑进行安全可靠的转换操作与协调。

（1）主控/从控模式转换。主控/从控模式是针对一个换流站双极系统的模式状态。主控站为协调两站进行相关操作的换流站，在站间通信正常的情况下，整流站和逆变站均可设置为主控站。

处于主控模式的换流站所发出的控制命令是针对整个直流系统的，除了本站执行的命令外，主控站发出的控制命令还会自动在两站间协调执行。在主控站可执行的如下操作：

1）联合/独立模式转换。

2）单极电流指令、升降速率和极电流限制值的设定。

3）单极功率指令、升降速率和单极功率限制值的设定。

4）双极功率指令、升降速率和双极功率限制值的设定。

5）单极电流/单极功率/双极功率控制模式的切换。

6）单极、双极的启停操作。

7）功率方向的设定。

8）各极全压/降压模式的切换。

9）大地/金属回线方式的自动转换。

从控站与主控站相对，跟随主控站的操作进行相应变化的换流站。从控站不能发出上述主控站所能进行的操作命令，处于从控模式的换流站所发出的控制命令只针对本站。

（2）联合/独立模式转换。联合/独立模式是针对双极直流系统的模式状态，双极始终保持相同的联合/独立状态。联合/独立模式的转换可以根据运行人员的手动命令或某些条件下的自动执行命令来进行。联合/独立模式的转换只能在稳态下进行，功率升降过程中不允许联合/独立模式的转换。

在联合模式下，整流、逆变两站的双极直流系统将作为一个整体来控制，以双极作为控制对象，从主控站发出的控制命令将自动在整流、逆变站之间协调，共同执行。在联合模式下：

1）由主控站设定单极电流指令、升降速率和极电流限制值，两站自动协调。

2）由主控站设定单极功率指令、升降速率和单极功率限制值，两站自动协调。

3）由主控站设定双极功率指令、升降速率和双极功率限制值，两站自动协调。

4）由主控站进行某极的单极电流/单极功率/双极功率控制模式的切换操作，两站自动协调。

5）由主控站进行功率方向修改操作，两站自动协调。

6）由主控站进行某极的全压/降压模式转换操作，两站自动协调。

7）由主控站进行某极的大地/金属回线转换操作，两站自动协调。

8）由主控站进行单极/双极的启停操作，两站自动协调。

9）两站极电流指令会相互协调。

独立模式与联合模式相对，可在联合模式下由运行人员操作进入或者由于极控、直流站控系统的站间通信故障自动进入。独立模式是以本站作为控制对象，所发控制命令针对本站。在站间通信正常或故障情况下，部分控制命令在两站之间的协调将采取不同的方式。在独立模式下，站间通信正常时，从某一站发出的以下控制命令仍将自动在两站之间协调执行：

1）由整流站设定单极电流指令、升降速率和极电流限制值，两站自动协调。

2）由整流站设定单极功率指令、升降速率和单极功率限制值，两站自动协调。

3）由整流站设定双极功率指令、升降速率和双极功率限制值，两站自动协调。

4）由主控站进行某极的单极电流/双极功率控制模式切换操作，两站自动协调。

5）由主控站进行功率方向修改操作，两站自动协调。

6）由逆变站进行某极的全压/降压模式转换操作，两站自动协调。

7）由主控站进行某极的大地/金属回线转换操作，两站自动协调。

8）两站极电流指令会相互协调。

在独立模式下，站间通信故障时，从某一站发出的控制命令只在本站执行，不与对站协调，两个站需要分别操作才能保持状态的同步。

1）两站各自单独操作，不自动协调。

2）极的大地/金属转换操作必须通过电话联系进行人为协调。

在独立模式下，不论站间通信正常或故障，单极/双极的启停操作都需要通过电话联系进行人为协调。

3. 直流顺序控制

直流顺序控制有运行接线方式顺序控制和极状态顺序控制两大类。通过控制换流站直流开关设备的分合可以进行直流运行方式的配置。常规直流场标准运行方式见表 11-1。

表 11-1　　　　　　　　　　　　　直流场标准运行方式

序号	直流场标准运行方式
1	双极运行
2	极 1 大地回线（GNDRET）
3	极 2 大地回线（GNDRET）
4	极 1 金属回线（METRET）
5	极 2 金属回线（METRET）
6	极 1 空载加压，极 2 大地回线
7	极 1 空载加压，极 2 隔离
8	极 2 空载加压，极 1 大地回线
9	极 2 空载加压，极 1 隔离

上述运行方式配置由以下顺序配合完成：极 1 或极 2 连接，隔离；接地极连接，隔离；极 1 或极 2 金属回线，大地回线。

注：极连接状态：一极的中性母线开关和高压隔离开关为闭合状态；极隔离状态：一极的中性母线开关和高压隔离开关为打开状态。

直流运行方式配置之间的允许转换过程如图 11-27 所示。

（1）直流运行接线方式顺序控制。直流运行接线方式顺序控制包含单极大地回线方式（GR）、单极金属回线方式（MR）、空载加压试验方式（OLT）三种。

对于直流运行接线方式顺序控制，每种方式都有自己的明确设备状态定义。顺序控制操作将把被操作对象操作到指定的状态，以使目标接线方式状态到达。直流运行接线方式顺序控制可由运行人员命令启动，也可由其他自动控制启动，如保护发出的隔离极命令。

（2）极状态顺序控制。基本的顺序控制操作包括极连接/隔离、直流滤波器连接/隔离、接地极连接/隔离、金属/大地回线转换。

直流顺序控制包含自动和手动两种控制模式，可由运行人员在顺序控制界面手动操作进行切换。自动模式是指通过自动的顺控操作将设备对象操作到指定的状态，以使目标状态到达，在自动模式下不需要进行设备的单独手工操作。在自动模式下，顺序控制操作需要满足相应的联锁条件，操作执行后整个状态转换过程将自动执行。手动模式是指通过运行人员对各设备进行逐个、单独的手工操作，使设备对象到达目标状态。在手动模式下仍需满足必要的联锁条件，以避免不安全操作的出现，保证设备和人身安全。

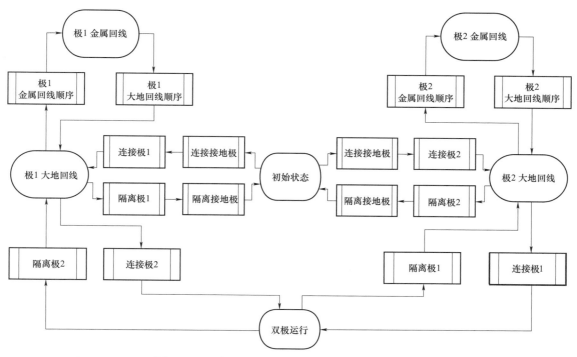

图 11－27　直流运行方式配置之间的允许转换过程

4. 无功控制

换流站无功控制功能主要控制换流站系统交换无功功率在规定的范围内或控制交流电网电压在许可范围内。无功控制功能也是一个极其重要的功能，它根据直流场输送不同的功率水平、不同的降压运行模式、不同的交流电压水平，对高压交流滤波器和低压电容电抗不同类型进行动态配置，使系统尽可能满足谐波性能需求，也满足无功和电压需求。特高压换流站的无功控制通常具有以下各项功能，并按对应优先级决定滤波器的投切，无功控制原理概况图如图 11－28 所示。

无功控制具有以下控制模式：ON 模式和 OFF 模式。

当无功控制选择 ON 模式时，系统将自动进入手动模式，此时，运行人员可选择自动模式。

当无功控制选择手动模式时，仅高优先级的滤波器投切由无功控制自动完成。高优先级的滤波器投/切包括过电压控制，Abs 最小滤波器、U_{max}、Q_{max} 控制。最小滤波器和 Q/U 控制的滤波器组投切操作则只能由运行人员手动完成。

当无功控制选择自动模式时，所有需要的滤波器投/切都由无功控制自动完成。运行人员仅需设定相关的参考值。

当无功控制选择 OFF 模式时，仅有过电压控制可自动进行切滤波器的操作，以保证交流母线电压不会过高。其他控制策略不自动进行任何投切滤波器的操作，也不会对运行人员给出任何提示，但运行人员可进行手动投切操作。

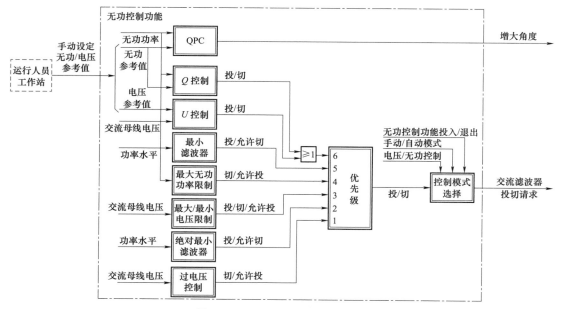

图 11-28　无功控制原理概况图

直流站控中配置了无功控制功能，主要控制对象为全站的交流滤波器和电抗器。根据当前直流的运行模式和工况计算全站的无功消耗，通过控制所有无功设备的投切，保证全站与交流系统的无功交换在允许范围之内或者交流母线电压在安全运行范围之内，交流滤波器设备的安全和对交流系统的谐波影响也是无功控制必须实现的功能。表 11-2 为无功控制的主要功能。

表 11-2　　　　　　　　　　　　　　　　　　无功控制的主要功能

功能名称	功能描述
过电压控制	过电压控制，快速切除滤波器以降低稳态过电压
绝对最小滤波器控制	绝对最小滤波器控制，为了防止滤波设备过负荷所需投入的滤波器组。正常运行时，该条件必须满足
U_{max}/U_{min} 控制	最高、最低电压控制，用于监视和限制换流站稳态交流母线电压
Q_{max} 控制	最大无功交换限制，根据当前运行状况，限制投入滤波器组的数量，限制稳态过电压
最小滤波器控制	最小滤波器控制，为了满足滤除谐波的要求，需投入的最少滤波器组
Q/U 控制	无功交换控制、电压控制，控制换流站和交流系统的无功交换量为设定的参考值，控制换流站的交流母线电压为设定的参考值

（1）过电压控制。交流电压超过 1.1（p.u.）以上时，为降低稳态过电压，间隔一定时间一次切除最多 4 组滤波器，直至当前功率水平下应满足的绝对最小滤波器组；如果过电压定值依然满足，则间隔一定时间一次切除最多 4 组滤波器，直到当前运行模式下最小运行功率应满足的绝对最小滤波器组。该功能具有最高的优先级。

（2）绝对最小滤波器控制。绝对最小滤波器容量限制，为了防止滤波设备过负荷所需投入的绝对最小滤波器组数。除了过电压控制，其他功能均不能切除绝对最小滤波器组；而在任何情况下，最少的绝对最小滤波器组条件必须满足。

（3）U_{max}/U_{min} 控制。最高、最低电压限制，用于监视和限制稳态交流母线电压，避免稳态过电压引起保护动作。如果电压超过最高限幅 U_MAX_LIMIT 必切定值一定时间，按次序切除滤波器组以防止电压的继续升高，直到切至绝对最小滤波器组为止。如果电压低于最低限幅 U_MIN_LIMIT 必投定值一定时间，按次序投入滤波器组以防止电压的继续降低。如果再有一组滤波器的投入将引起电压超过禁投定值 U_MAX_LIM_ENBL，那么 U_{max} 功能将禁止投入滤波器组的操作。同理，如果再有一组滤波器的切除将引起电压低于禁切定值 U_MIN_LIM_ENBL，那么 U_{max} 功能将禁止切除滤波器组的操作。只有在 U_{max} 允许的情况下，Min Filter、U/Q 控制发出的投入、切除滤波器组的指令才有效。

（4）Q_{max} 控制。最大无功交换限制，根据当前运行状况，限制投入滤波器组的数量，使得换流站流向交流系统的无功量不超过最高限幅值，限制稳态过电压。只有在 Q_{max} 允许的情况下，最小滤波器、$U_{control}/Q_{control}$ 发出的投入滤波器组的指令才有效。

（5）最小滤波器控制。最小滤波器容量要求，为满足滤除谐波的要求需投入的最小滤波器组。只有在最小滤波器允许的情况下，U/Q 控制发出的切除滤波器组的指令才有效。

（6）Q/U 控制。无功交换控制、电压控制，可以控制换流站和交流系统的无功交换量、换流站交流母线电压为设定的参考值，并稳定在设定的死区范围内。

换流站交流母线电压 U_{ac} 控制为滤波器控制模式之一，维持交流场母线电压稳定在一定的电压范围，在设定定值时必须考虑设定的参考值的最小压差（$U_{max} - U_{min}$）能抑制频繁投切滤波器。电压控制投切曲线如图 11-29 所示，当交流母线电压大于最大电压参考值（U_{max}），切除滤波器小组；当交流母线电压小于最小电压设置值（U_{min}），投入滤波器小组。滤波器电压限制分为连接、隔离、禁止连接、禁止隔离四个级别。一旦交流母线电压达到需要隔离或跳闸级别，即使滤波器小组已投入且选择为手动操作，在保证最小滤波器不能切除外，其他滤波器也将自动转换到 OFF 模式，只有这样才能确保系统的安全运行。

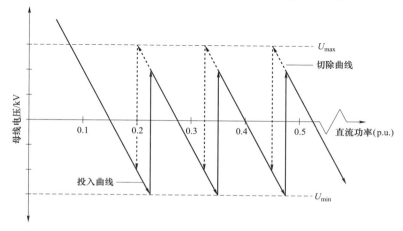

图 11-29　电压控制投切曲线

无功控制为一个滤波器投切控制模式之一，限制换流站与系统交换的无功在一个合理的范围。无功需求投入滤波器时，如投入时刻交流电压较高，滤波器小组无功出力相对正常电压时多，可能使系统无功进入切除区域，导致滤波器频繁投切。可采用改进型的滤波器投入策略，抑制滤波器频繁投切。无功控制模式小组投切曲线如图 11-30 所示。即在投入下一个滤波器时，计算滤波器小组动态无功出力式（11-11），考虑投入滤波器后系统无功不会落入切除滤波器的区域，有必要增加一个无功裕度值 Q_{margin} 式（11-12），无功裕度 Q_{margin} 取滤波器额定无功容量的 15%～20%。

$$Q_{next\_fiter} = \left(\frac{U_{mearare}}{U_{rermal}}\right)^2 Q_n \qquad (11-11)$$

$$Q_{sys} - Q_{next\_filter} - Q_{margin} > Q_{min} \qquad (11-12)$$

式中：Q_{next_filter} 为下一组投入的滤波器无功容量实际值；$U_{measure}$ 为滤波器场交流母线电压测量值；U_{rermal} 为滤波器交流电压额定值；Q_n 为滤波器无功容量额定值；Q_{sys} 为系统无功功率实际值；Q_{margin} 为无功裕度值；Q_{min} 为切除滤波器限制值。

交流电压越高，较迟投入滤波器；交流电压越低，较早投入滤波器。采用这种控制逻辑，可以动态地改变投入点，抑制频繁投切滤波器，从而有效地改善 Q 值越限的问题。其中，$U_{control}$ 和 $Q_{control}$ 不能同时有效，由运行人员选择当前运行在 $U_{control}$ 还是 $Q_{control}$。直流工程中大都选择 $Q_{control}$。

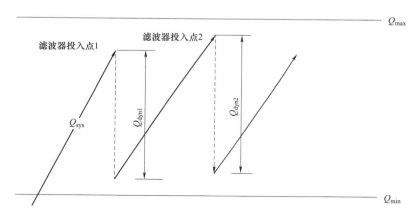

图 11-30　无功控制模式小组投入曲线

此外，为了获得更好的控制效果，在极控中提供 QPC 控制和 Gamma Kick 控制两项辅助功能，配合无功控制抑制滤波器投切时电压大幅波动。

（7）QPC 控制。通过增大熄弧角来增大换流站对无功的消耗，避免换流站与交流系统的无功交换量超过限制值，这个功能只在逆变站起作用。

（8）Gamma Kick 控制。通过在投切滤波器组时瞬间增大、减小 α、γ，来增大、减小换流站对无功功率的消耗量，并由此限制动态交流电压变化率，使得电压变化率减小到要求的范围以内。

当直流站控正常投切滤波器小组的瞬间，直流站控提前发送一个投切信号至极控，极控根据当前指令做相应处理，由此限制动态交流电压变化率。以逆变侧为例，当投入滤波器时 Gamma Kick 控制器的输出在 $T_{r-short}$ 时间内，从 0 增大到 γ_{max}。当控制器的输出达到 γ_{max} 后，将在随后的相对较长的 T_{r-long} 时间内，从 γ_{max} 回降至 0。切除滤波器时，先将 Gamma Kick 控制器的输出在 T_{r-long} 的时间内增大至 γ_{max}，在切除滤波器组的瞬间，控制器的输出在 $T_{r-short}$ 时间内从 γ_{max} 下降至 0。整流侧和逆变侧的 γ_{max}、$T_{r-short}$ 和 T_{r-long} 值应由系统研究决定，其中时间常数 $T_{r-short}$ 和 T_{r-long} 应与交流网的电压控制器的响应时间相匹配。确切的时间常数可在工厂系统试验和最终的调试过程中进行测试。γ 与滤波器小组投切配合图如图 11-31 所示。

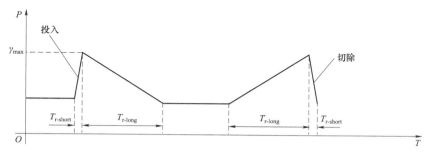

图 11-31　γ 与滤波器小组投切配合图

5. 后备无功控制

直流系统正常运行时，无功控制功能由直流站控管理。当直流站控系统故障时，无功控制交由极控和就地控制单元共同管理。通过滤波器小组就地控制单元与极控接口单元的内部网络组网，极控接口单元收集所有滤波器小组状态，通过现场总线网络送至极控系统。以分层接入特高压直流为例，后备无功控制网络结构示意图如图 11-32 所示。

当两套直流站控系统都故障时，直流站控系统将启动后备无功控制功能，极控接口单元持续提供滤波器当前状态，极控根据滤波器投入状态及滤波器类型，决定合理的直流功率水平。直流系统正常情况下允许直流系统可继续维持运行 2h，若 2h 内故障没有恢复，主导极极控系统按照一定的速率降功率至 0.1（p.u.），在直流功率下降过程中，极控接口单元根据滤波器组合情况，决定滤波器切除优先次序，滤波器就地控制单元根据电压定值及滤波器切除优先次序切除滤波器。

此外，当两套直流站控系统失去后，极控的后备无功控制功能将激活，直至直流站控运行系统出现且直流站控运行系统中无功控制功能投入。

6. 双极功率协调控制

双极功率协调控制功能根据运行人员控制系统发出的功率指令，综合考虑为提高整个交直流联网系统性能的附加控制、两极电流平衡控制、极间紧急功率转移等因素后向两个极控系统分配功率指令。

双极功率协调控制配置如图 11-33 所示，主要功能有功率传输方向控制、双极功率协调控制、功率限制、电流平衡控制、功率提升和功率回降控制。

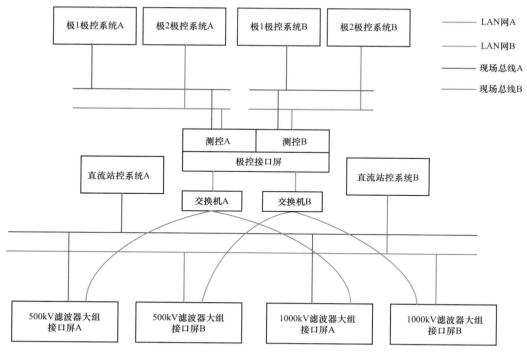

图 11－32 后备无功控制网络结构示意图

7. 控制系统冗余

直流站控主机也采用完全冗余的两套系统。每一套系统对自身进行监视，发现故障后及时进行冗余系统间的切换，确保始终由完好的一套系统处于工作状态。

8. 接口

直流站控是重要的控制系统，它集成双极层控制功能和无功控制功能，需要与换流站各控制系统进行通信。通过 LAN 网络与运行人员控制层设备通信，如运行人员工作站、远动工作站进行数据交换；通过现场总线与就地控制层设备通信，如就地控制装置 DFU410 进行数据采集和开关控制；通过快速控制总线 IFC 或 LAN 网络与其他控制保护设备进行通信，如直流站控冗余系统、极控、组控、交流站控等；通过 IEC 60044－8 标准协议与其他外围设备进行通信，如安稳系统、故障录波等。直流站控接口示意图如图 11－34 所示。

（1）与交流站控系统的接口。直流站控系统需要与交流站控系统进行信号交换，主要用于无功控制等相关功能。

（2）与控制保护主机的接口。直流站控系统通过高速总线与直流极控系统进行信号交换，以配合完成相关的直流控制功能。

（3）与交直流一次设备的接口。直流站控需要与极层各接口屏通信，主要完成极区和双极区开关量的采集。

此外，直流站控屏还会采集交流场母线电压以及交流滤波器大组母线电压，完成无功控制和电压频率监视等功能。

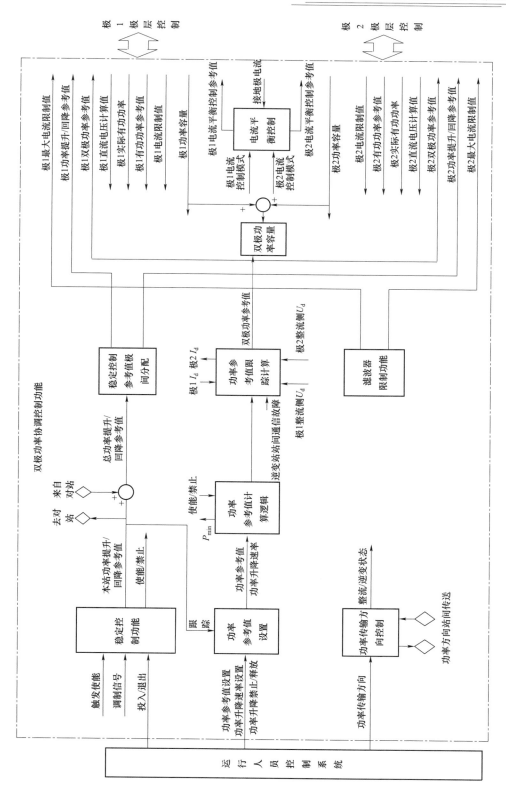

图 11-33　双极功率协调控制配置

$P_{\min}$—最小有功功率；U_d—直流电压；I_d—直流电流

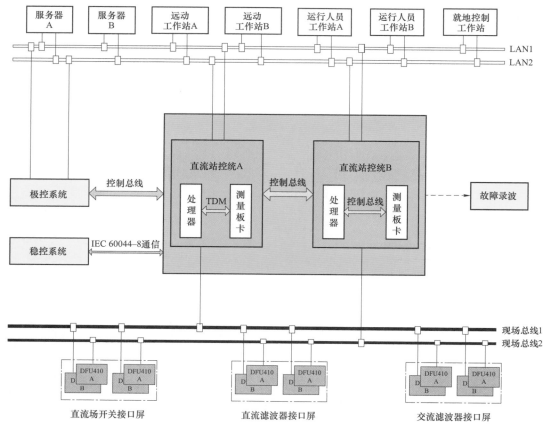

图 11-34　直流站控接口示意图

11.1.4　交流站控系统

交流站控系统主要完成交流场开关联锁、开关分合闸及交流场设备状态监视。通过顺序控制交流场开关配合极控完成检修、冷备、热用、闭锁等顺序控制，通过采集交流滤波器进行开关配合直流站控进行无功控制。

1. 控制功能

交流站控系统能够接收来自运行人员控制系统或远动系统的控制命令，主要完成本站交流场内所有断路器、隔离开关和接地开关的分合操作。对于这些控制操作，设计了安全可靠的联锁功能，以保证系统及设备的正常运行和人员的人身安全。

与直流站控系统类似，交流站控系统的控制功能也可以在远方调度中心、换流站主控室、就地控制位置和设备就地四个级别来完成。

（1）开关设备的控制和监视。交流开关场的 3/2 断路器接线每个间隔分为 3 部分，交流站控通过就地采集单元分别采集支路的开关状态，以及三相电流、三相电压、有功功率、无功功率、频率等（不同的支路需要采集的模拟量不同），然后上送到运行人员工作站和远方调度中心显示。

正常情况下，交流开关场的所有高压开关设备均为手动操作，仅当对应的联锁条件满足时，才允许对开关进行分合操作。

与换流单元相关的间隔开关可以由换流单元控制系统启动以下自动顺序操作，命令传送到交流站控系统，由交流站控系统顺序执行：

1）换流变压器进线支路断路器分合（与极控的冷备用状态、热备用状态顺序配合）。

2）换流变压器进线支路隔离开关分合（与极控的检修状态、冷备用状态顺序配合）。

（2）辅助设备控制和监视。换流站站内的消防水泵、给水泵、柴油机泵、排污泵等都可以通过交流站控系统来实现控制和监视。可以根据需求在运行人员工作站对站内各种泵进行启停操作，并将运行状态转送至运行人员工作站进行显示，同时将消防水池水位、生产水池液位、集水井液位、生活水箱液位等模拟量上送至运行人员工作站，以便于检测。

（3）中断路器联锁控制。根据换流站交流场"中开关"特殊运行工况下联锁控制的要求，不论整流侧还是逆变侧，如果带换流变压器的串上两侧边开关断开，出现换流变压器直接带滤波器或交流线路的情况，要立即断开"中开关"，并闭锁直流相应单阀组；如果串上两侧边开关断开，出现线路直接带滤波器，则立即断开"中开关"。

（4）最后断路器。当逆变站的换流变压器与所有电源点都断开时，为了防止产生过电压，可以选择由最后断路器逻辑快速闭锁直流系统。

最后断路器逻辑从各交流站控主机获取交流场各串的开关、隔离开关状态后进行综合判断，该功能的动作后果为立即紧急停运、跳闸并锁定换流变压器开关等。

最后断路器判断可采用组合逻辑法和路径搜索法。组合逻辑法比较复杂，交流场拓扑结构中预留线路或预留间隔越多，组合逻辑越复杂。在逻辑中必须考虑线路或间隔逐步加入时，不同的组合模式，对最后断路器影响较大，逻辑修改难度较大。路径搜索法只需查找阀组和线路之间的所有路径即可。路径搜索法不涉及逻辑修改，只需按交流场实际情况配置参数即可。组合逻辑法中在实施过程中，交流场存在分段母联开关场拓扑结构如图 11-35 所示，因组合逻辑太复杂，也容易忽略部分逻辑，因此组合逻辑法不在这里列举。路径搜索法采用 C 语言编程，每查找到一条路径，则路径数增加 1，此路径上所有开关计数器增加 1。每个开关计数器与阀组到线路之间的路径数相等，则此开关为阀组最后断路器。阀组与线路在相同间隔和在不同间隔的逻辑搜索示意图分别如图 11-36 和图 11-37 所示。

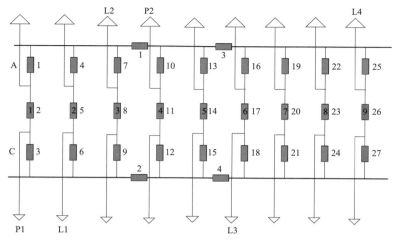

图 11-35 分段母线交流场拓扑结构

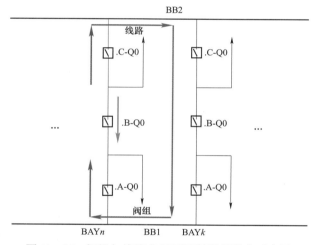

图 11-36 阀组与线路在相同间隔逻辑搜索示意图

路径搜索法优点：

1）能有效解决交流场交流间隔逐步接入，或交流串逐步接入，或交流进线逐步接入时阀组最后断路器逻辑不正确的情况。无需修改大量程序逻辑，只需按交流场实际情况配置功能块 LAST_CB 相应参数（阀组=2，线路=3，其他=0），可在线修改，无需控制系统停电。

2）自适应功能块能在特高压和常规超高压工程中运用，可在任何控制保护程序中运行和测试，也能在功能性试验（FPT）、动态性能试验（DPT）试验系统中进行验证各种运行情况，给试验方法带来前所未有的便利性。

3）程序员无需编写复杂的逻辑文档和逻辑程序，可以有效地减少程序员程序逻辑编写和程序实现时间，节约大量的人力和物力。

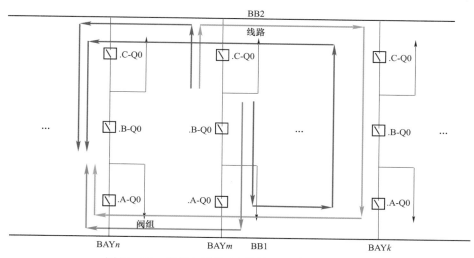

图 11-37 阀组与线路在不同间隔逻辑搜索示意图

4）能减轻控制保护系统 CPU 程序运行负载，提高程序运行效率。无需在现场操作开关来验证，可有效地避免各种操作风险，并能减少现场修改程序逻辑出错概率和现场调试时间，给电网稳定运行带来可靠保障。

5）自适应功能块能根据交流场串内开关和母联开关状态，预先判断哪些开关是否为对应阀组的最后断路器。一旦判断某些开关为最后断路器，并且最后断路器出现跳闸或分开，将启动对应阀组的紧急停运，避免系统出现过电压而损坏设备。

（5）母线分裂运行监测。分裂母线功能主要用于防止在 3/2 接线交流场的两条交流母线之间完全断开连接时，出现运行阀组与交流滤波器分别连接在不同的母线的情况。

对于各极、各大组滤波器与Ⅰ母、Ⅱ母的连接关系及交流母线分裂运行状态的判断具体如下，分裂母线逻辑判断示意图如图 11-38 所示。

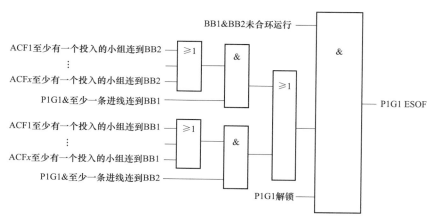

图 11-38 分裂母线逻辑判断示意图

1）交流母线的Ⅰ母和Ⅱ母之间无联络。

2）运行阀组连接于Ⅰ母（Ⅱ母）。

3）至少一大组交流滤波器（有小组投入）连接于Ⅱ母（Ⅰ母）。

交流站控系统将相关开关位置信号送往阀组控制系统，阀组控制系统进行母线分裂运行监测的逻辑判断，如果母线分裂运行立即紧急停运、跳闸并锁定换流变压器开关等。

（6）同期功能。交流站控系统集成具有同期功能，能够为指定的同期点完成自动、手动以及解除同期功能操作。同期的主要功能包括：

1）充电检测，在试图闭合某个交流断路器给电网的某一部分充电时，检测相应条件是否满足。

2）并网检测，在试图合并两个不同电网时，检测相应条件是否满足。

为防止可能出现两个断路器同时进行同期操作的情况，各同期点的同期功能相互闭锁，每次只允许一个断路器进行同期操作。

2. 控制系统冗余

交流站控主机采用完全冗余的两套系统。每一套系统对自身进行监视，发现故障后及时进行冗余系统间的切换，确保始终由完好的一套系统处于工作状态。

3. 接口

交流站控通过 LAN 网络与运行人员控制层设备通信，如运行人员工作站、远动工作站进行数据交换；通过现场总线与就地控制层设备通信，如就地控制装置 DFU410 进行数据采集和开关控制；通过快速控制总线 IFC 或 LAN 网络与其他控制保护设备进行通信，如交流站控冗余系统、极控、阀控、直流流站控等，交流站控接口如图 11-39 所示。交流站控冗余系统间通过快速控制总线 IFC 通信，同时，交流站控与极控、阀控、直流站控接入同一 LAN 网络中与服务器通信，也可以通过 LAN 网络与极控、阀控、直流站控之间相互通信。

（1）与交流保护系统的接口。交流站控系统与交流保护系统需要互联互通，交互信息。交流站控系统接收交流保护系统的保护动作跳闸、保护装置报警、装置动作、重合闸动作、失灵保护动作等信号。

（2）与直流站控系统的接口。交流站控系统与直流站控系统通信，主要交互交流滤波器相关的交流场开关状态和顺控命令等信号。

（3）与一次设备就地系统的接口。交流站控系统与交流断路器、交流隔离开关、交流接地开关以及一次测量装置之间有接口。

11.1.5 站用电控制系统

站用电控制系统作为整个换流站控制保护系统的一部分，完成换流站内站用电系统设备的控制、联锁、站用电备自投、系统冗余、接口等功能。

1. 控制功能

站用电控制系统能够接收来自运行人员控制系统（OWS）的控制命令信号，完成站用电控制系统内所有断路器、隔离开关和接地开关的分合操作，所有这些控制操作，设计安全可

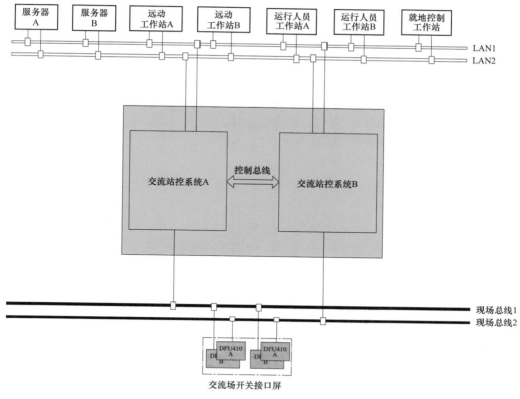

图 11-39　交流站控接口

靠的联锁功能，以保证系统和设备的正常运行以及运行人员的人身安全。

2. 联锁功能

联锁功能包括硬件联锁功能和软件联锁功能。硬件联锁功能有机械联锁功能和电气联锁功能两种。软件联锁功能是指在站用电控制系统主机的控制软件中实现的联锁功能，在站用电控制系统对开关设备进行操作时起作用。

在运行人员工作站层和就地操作工作站，可以对站用电系统涉及的各种开关进行操作，操作过程受控制程序中的软件联锁条件限制。设备就地操作，分为手动和电动，操作过程由硬件联锁来限制。联锁系统的功能可在最低的控制层次完成，以保证即使设备处于就地小室控制时，联锁也能有效地执行。各操作位置的切换逻辑保证任一时间只有一个操作位置的命令有效，并闭锁其他操作位置发出的操作命令。

3. 站用电备自投

站用电控制系统具有备自投功能，可以根据站用电电源的电压等级及接线方式配置不同的备自投策略，保证站内设备动力电源供应。

4. 系统冗余

站用电控制主机采用完全冗余的两套系统。每一套系统对自身进行监视，发现故障后及时进行冗余系统间的切换，确保始终由完好的一套系统处于工作状态。

5．接口

（1）与交流保护系统的接口。站用电控制系统接收交流保护系统的信息。

（2）与交流站控系统的接口。控制站用变压器进线的交流站控主机将站用变压器相关的交流场连接状态发送给站用电控制主机，而站用电控制主机则把站用电系统的状态信息发送给交流站控主机。

（3）与一次设备就地系统的接口。站用电控制系统与断路器、隔离开关、接地开关、交流电流互感器和交流电压互感器等一次设备接口，监视并控制设备的状态。

11.2 保护系统

保护系统是直流系统的重要组成部分，在任何直流工程中都是必须配置的，对直流系统的稳定安全运行起到至关重要的保障作用。保护功能的配置、原理基本都是一致的，但要根据不同的工程进行相应的定值整定。以特高压直流工程为例，一个站内的一个极由两组换流器串联而成，换流站直流保护系统按功能和分层概念，配置极保护系统和换流器保护系统。而对于常规直流工程，一个站内的一个极只有一组换流器，换流器保护系统都集成在极保护系统中。换流变压器的保护可以单独配置，在特高压工程中也可集成到换流器保护系统中，交流滤波器保护则单独配置。工程中直流保护冗余配置可以配置为"三取二"方式，也可以配置为"二取一"方式。

11.2.1 极保护

极保护的范围在保护分区上包括了除换流器保护、换流变压器保护之外的所有直流保护，如线路保护、母线保护、双极中性母线区的保护以及直流滤波器保护、直流场开关的保护等，直流极保护功能配置如图 11-40 所示。功能包括：50Hz、100Hz 保护（二者有时统称为谐波保护）；极母线差动保护；中性母线差动保护；极差动保护；接地极引线开路保护；行波保护；电压突变量保护；直流低电压保护；线路纵差保护；交直流碰线保护；中性母线转换开关保护；直流低电压保护；直流过电压保护；阀组连接线差动保护。直流极控系统提供的保护包括不平衡运行保护。

双极保护区功能配置如图 11-41 和图 11-42 所示，其功能包括：双极中性母线差动保护；站接地过电流保护；站接地过电流后备保护；中性母线接地开关保护；大地回线转换开关保护；转换开关保护；金属回线接地保护；金属回线横差保护；金属回线纵差保护；接地极引线过负荷保护；接地极引线不平衡保护；接地极引线差动保护。

1．50Hz、100Hz 保护

（1）保护的范围和目的。检测阀组故障、交流系统干扰或控制系统故障引起直流电流中的异常谐波。

（2）保护的工作原理和策略。对直流电流进行滤波，提取其中的工频分量（50Hz）和二次谐波分量（100Hz），如果谐波分量超过预定参考值，保护动作。当谐波分量较低时，保护只给出报警；当谐波分量较高时，闭锁直流系统。

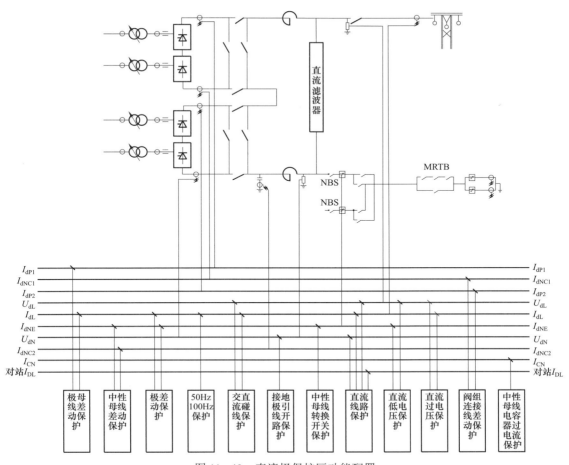

图 11-40 直流极保护区功能配置

（3）保护配置。常规特高压工程中该保护功能配置在极保护功能中，在有分层接入的工程中考虑到分层接入的特点，在有分层接入的站，将该保护功能配置在换流器保护功能中；在没有分层接入的站，该保护功能依然配置在极保护功能中。

（4）保护配合。与换相失败保护以及交流故障的最长清除时间相配合。

（5）判据及定值设置原则：

50Hz 谐波电流滤波带宽为 40～60Hz，100Hz 谐波电流滤波带宽为 80～120Hz。

IDNC 中的 50Hz 分量为 IDNC_50Hz，100Hz 分量为 IDNC_100Hz。

50Hz 保护：IDNC_50Hz$>\Delta 1$，延时 T_1 切换系统，延时 T_{11} 闭锁。

100Hz 保护：IDNC_50Hz$>\Delta 2$，延时 T_2 切换系统，延时 T_{21} 闭锁。

本保护定值可以按带比例制动的方式设定，但新工程多采用描点法，从功率 0.1（p.u.）到 1.0（p.u.），每个功率点设置一个定值，中间部分以相邻两个点为基准进行线性插值求取，谐波保护描点法定值曲线如图 11-43 所示，保护定值设置考虑设备谐波耐受能力、直流电流断续临界值，取其中的最小值并考虑一定的裕度。

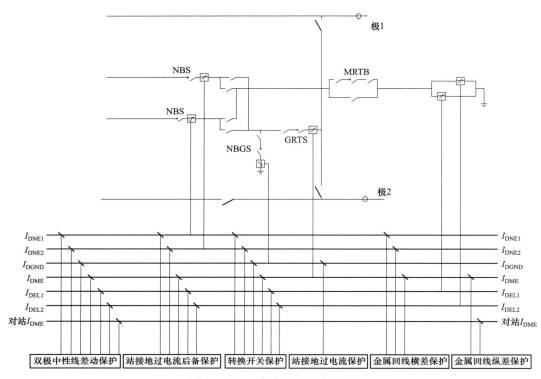

图 11-41　双极保护区功能配置

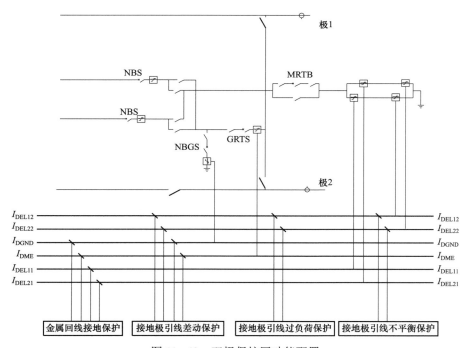

图 11-42　双极保护区功能配置

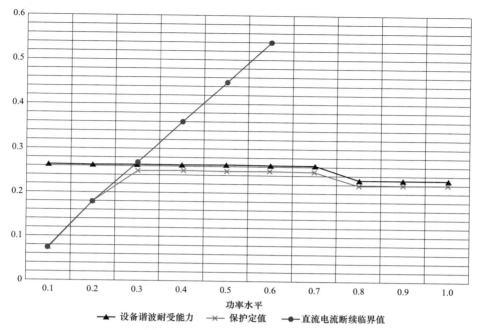

图 11-43　谐波保护描点法定值曲线

2. 直流极母线差动保护

（1）保护范围和目的。用于检测直流高压母线区的接地故障。

（2）保护的工作原理和策略。测量直流线路电流（IDL）、直流滤波器高压侧电流（IZT1）、极电流（IDCP）。这里的 IDCP 实际上是根据高低阀组解锁情况由 IDC1P 或 IDC2P 选择而来的，并以适当极性进行相加，如果差值超过预设值则保护动作。

（3）保护配合。与暂态电流（动态性能试验中确定）和最小负荷电流相配合。

（4）判据及定值设置原则：

差动电流：I_PBDP_DIFF ＝ ［Max（-IDCP、0）＋Max（IDL、0）＋Max（IZT1、0）］＋［Min（-IDCP、0）＋Min（IDL、0）＋Min（IZ1、0）］。

告警段：|I_PBDP_DIFF|＞Δ0，延时 T_0，告警。

1 段：|I_PBDP_DIFF|＞Δ1，延时 T_1，闭锁，跳交流断路器，极隔离。

2 段：|I_PBDP_DIFF|＞Δ2，延时 T_2，闭锁，跳交流断路器，极隔离。

1 段保护为慢速段，2 段保护为快速段，考虑躲过最严重故障时对设备损坏，需要快速动作。

（5）后备保护。直流极差动保护。

3. 直流中性母线差动保护

（1）保护范围和目的。用于检测直流中性母线区的接地故障。

（2）保护的工作原理和策略。测量中性母线电流（IDNE）、中性母线电容器电流（ICN）、中性母线避雷器电流（IAN）、直流滤波器电流（IZT2）和换流器低压端电流（IDCN）。这里的 IDCN 实际上是根据高低阀组解锁情况由 IDC1N 或 IDC2N 选择而来的，并以适当极性进行相加，如果差值超过预设值，则保护动作。

（3）保护配合。与直流极差动保护和接地极线路开路保护相配合。

（4）判据及定值设置原则：

差动电流：I_NBDP_DIFF ＝［MAX（IDCN、0）＋MAX（－IDNE、0）＋MAX（ICN、0）＋MAX（－IZT2、0）＋MAX（IAN、0）］＋［MIN（IDCN、0）＋MIN（－IDNE、0）＋MIN（ICN、0）＋MIN（－IZT2、0）＋MIN（IAN、0）］。

告警段：$|I\_NBDP|>\Delta 0$，延时 T_0，告警。

1 段：$|I\_NBDP|>\Delta 1$，延时 T_1，闭锁，跳交流断路器，极隔离。

2 段：$|I\_NBDP|>\Delta 2$，延时 T_2，闭锁，跳交流断路器，极隔离。

（5）后备保护。直流极差动保护。

4. 直流极差动保护

（1）保护范围和目的。检测保护区域内的接地故障并将故障极退出运行，保护区域包括换流变压器阀侧到极母线与中性母线出口的区域。

（2）保护的工作原理和策略。测量直流线路电流（IDL）、极中性线电流（IDNE）、极中性线电容器电流（ICN）和极中性线避雷器电流（IAN）、直流滤波器避雷器电流（IAZ），并以适当极性进行相加，如果差值超过预设值则保护动作。

（3）保护配合。与换流器差动保护、极母线差动保护、中性母线差动保护配合。

（4）判据及定值设置原则：

保护判据：I_PDP_DIFF ＝［MAX（－IDNE、0）＋MAX（IDL、0）＋MAX（ICN、0）＋MAX（IAZ、0）＋MAX（IAN、0）］＋［MIN（－IDNE、0）＋MIN（IDL、0）＋MIN（ICN、0）＋MIN（IAZ、0）＋MIN（IAN、0）］。

告警段：$|I\_PDP\_DIFF|>\Delta 0$，延时 T_0，告警。

1 段：$|I\_PDP\_DIFF|>\Delta 1$，延时 T_1，闭锁，跳交流断路器，极隔离。

2 段：$|I\_PDP\_DIFF|>\Delta 2$，延时 T_2，闭锁，跳交流断路器，极隔离。

5. 接地极引线开路保护

（1）保护的范围和目的。用于检测接地极引线开路故障。

（2）保护的工作原理和策略。检测中性母线电压是否大于整定值，如果大于整定值，在双极运行时，合站内 NBGS 开关；在单极运行时，将发出闭锁命令。

（3）保护配合。此保护与中性母线区设备过电压能力以及避雷器的动作值相配合。

判据及定值设置原则。依据系统运行状态有不同的定值。通常情况下有两套定值，一套是整流站且在金属回线运行时的定值，其余情况下及逆变站合用另外一套定值，保护会依据当前的系统运行状态自动选择其中一套定值。

1 段：$|UDN|>\Delta 1$，延时 T_1，切换控制系统；延时 T_{11}，重合 NBGS；延时 T_{12}，闭锁，极隔离。

2 段：$|UDN|>\Delta 2$，延时 T_2，切换控制系统；延时 T_{21}，重合 NBGS；延时 T_{22}，闭锁，极隔离。

3 段：|UDN|>Δ3 且 IDNE<100A，延时 T_3，闭锁，极隔离。

6. 直流行波保护

（1）保护的范围和目的。用于检测两站平抗之间的直流线路接地故障，通过控制系统移相清除故障电流，如果条件允许，在故障清除后恢复运行。

（2）保护的工作原理和策略。线路接地故障将导致线路突然放电，这使得线路电压和电流发生巨大的突变，保护依据电压的跌落、电流的增大判断出直流线路接地故障。

（3）保护配合。本极保护在另一极直流线路故障或交流系统故障时、直流场接地故障时不误动，本极的启停及逆变侧换相失败时保护也不能误动。

（4）判据及定值设置原则：

极波：P_WA =（IDL＋IZT1）×XR_P−UDL　XR_P 是线路波阻抗。

地波：COM_WA =（0.5×IDEL＋ICN）×XR_G−0.5×UDN　XR_G 是接地极线路的波阻抗。

1）电压判据：UDL<Δ1。

2）电流判据：IDL−IDL（1.4ms 前）>Δ2。

3）极波判据：|P_WA−P_WA（0.2ms、0.6ms、1ms、2ms 前）|>Δ3。

4）地波判据：|COM_WA−COM_WA（1.5625ms 前）|>Δ4。

单极运行时满足 1）、2）、3），发线路故障重启命令；双极运行时满足 1）、2）、3）、4），发线路故障重启命令。

保护动作顺序：线路重启。

（5）后备保护：电压突变量保护、直流线路纵差保护、直流低电压保护。

7. 电压突变量保护

（1）保护范围和目的。用于检测两站平抗之间的直流线路接地故障，通过控制系统移相清除故障电流，如果条件允许，在故障清除后恢复运行。

（2）保护的工作原理和策略。保护检测直流电压和直流电流。直流线路接地故障的一个特征是直流电压以相对较高的速率下降到一个较低值，这就是电压的突变量，这个检测也是非常快速的。为了区分站内故障和直流线路故障，电压突变量的检测也要考虑直流线路中的电流变化方向，以整流站为例，电流的突然增加表明故障位于线路侧，而电流的突然减小表明故障在直流场内。为防止保护误动，故障后还必须检测直流电压是否处于较低状态，以避免仅仅是电压电流剧烈变化导致的误动作。

（3）保护配合。保护应在交流系统故障、直流场接地故障时不误动，本极启停及逆变侧换相失败时不误动。

（4）判据及定值设置原则。直流线路电压突变量 DeltU 是某个采样周期前的直流线路电压减去当前的线路电压。

1）电压突变量判据：DeltU<Δ1。

2）电压低判据：UDL<Δ2。

3）电流变化方向表明故障在保护区内。

以上 3 个条件都满足，电压突变量保护动作。

保护动作顺序：线路重启。

（5）后备保护：直流线路低电压保护。

8. 直流线路低压保护

（1）保护范围和目的。用于检测两站平抗之间的直流线路的故障，通过控制系统移相清除故障电流后，如果条件允许，在故障清除后恢复运行。

（2）保护的工作原理和策略。此保护的原理相对简单，仅是检测直流线路电压值。考虑站间通信正常与不正常两种情况进行保护定值延时的整定，因为是后备保护，所以延时较长。

（3）保护配合。保护应在交流系统故障时不误动，本极启停及逆变侧换相失败时不误动。

（4）判据及定值设置原则：

判据是：$|UdL| < \Delta 1$，$\Delta 1$ 的值需要通过仿真试验确定，降压运行时此定值应能根据当前电压自动调整。

动作延时：$T = 80ms$（通信正常），$T = 700ms$（通信故障）。

保护动作：线路重启。

9. 直流线路纵差保护

（1）保护的范围和目的。用于检测直流线路接地故障，主要是检测高阻接地故障。

（2）保护原理。保护原理为比较本站及对站的线路电流，如果二者差值大于整定值，则保护动作。保护在站间通信正常时有效，因为需要站间通信传输对站的线路电流。

（3）保护配合。保护延时要考虑站间通信时延的影响，并与其他直流线路保护配合。当一端的直流线路电流互感器自检故障时，能及时退出本端和对端的本保护。

（4）判据及定值设置原则：

$|IDL - IDLOS| > \Delta 0$，延时 T_0，保护告警。

$|IDL - IDLOS| > \Delta 1$ 时，延时 T_1，线路重启。

IDLOS 是对站电流。

10. 交直流碰线保护

（1）保护的范围和目的。检测交直流碰线故障。

（2）保护的工作原理和策略。检测直流电压的基波含量，如果该值超过定值，经过设定的延时后，确定发生交直流碰线故障，保护动作。

（3）保护配合。保护与换相失败和交流线路故障配合。

（4）判据及定值设置原则。保护判据：$UDL\_50Hz > \Delta$，且极保护站间通信正常的情况下，延时 100ms，保护向对站发交直流碰线信号；同时，保护如果收到来自对站的交直流碰线指示，保护闭锁再启动逻辑。

11. 中性母线转换开关保护

（1）保护的范围和目的。中性母线开关的作用是在保护使极退出运行后，通过断开中性母线开关将直流电流转换到接地极线路，起到隔离停运极的作用。本保护主要是中性母线开关的失灵保护，对于大容量的直流工程，因为额定电流较大，开关采用并联方式；单开关运行时因电流过大，因此增加过负荷的检测功能。

（2）保护的工作原理和策略。检测流过中性母线上的电流和 NBS 开关内部的电流，当

NBS 开关触电已经打开而检测到的电流大于定值时，重合 NBS 开关。

（3）保护配合。保护需要与转换开关特性配合，这部分的数据是由开关生产厂家提供的。

（4）判据及定值设置原则。

采用单开关：

1 段：$|INBS|>\Delta 1$，延时 T_1，重合 NBS。

2 段：$|IDNE|>\Delta 2$，延时 T_2，重合 NBS。

采用并联方式的开关：

1 段：$|INBS|>\Delta 1$，延时 T_1，重合 NBS_Q1，200ms 后重合 NBS_Q2。

2 段：$|IDNE|>\Delta 2$，延时 T_2，重合 NBS_Q1，200ms 后重合 NBS_Q2。

3 段：$|IDNE|-|INBS|>\Delta 3$，延时 T_3，重合 NBS_Q2。

对于并联方式的开关，还加过负荷的监视功能，过负荷后会有降电流的命令。

12. 直流低电压保护

（1）保护的范围和目的。在异常运行工况下保护直流设备，本保护只在整流侧有效。

（2）保护的工作原理和策略。检测直流极母线上的直流电压。

（3）保护配合。一方面作为直流接地故障的后备保护，另一方面与控制中的低压限流功能配合，作为低压限流的后备保护。本保护应避免在直流系统启停和运行方式转换时保护误动。

（4）判据及定值设置原则。直流线路额定电压 UDL_NOM＝1 标幺值（两个换流器全压运行）；UDL_NOM＝0.7 标幺值（两个换流器降压运行）；UDL_NOM＝0.5 标幺值（仅一个换流器运行）。

保护判据：$|UDL|<0.3\times UDL\_NOM$；满足判据后，延时 T_1，控制系统切换；延时 T_2，Y 闭锁。

13. 直流过电压保护

（1）保护范围和目的。保护直流设备免受直流过电压的损坏。

（2）保护设置原则。该保护配置在极保护功能中，且仅在整流站有效。

（3）保护的工作原理和策略。保护检测极对地电压（UDL）、检测整个极的阳极和阴极间的电压（UDL－UDN）。直流线路额定电压 UDL_NOM＝1 标幺（两个换流器全压运行）；UDL_NOM＝0.7 标幺（两个换流器降压运行）；UDL_NOM＝0.5 标幺（仅一个换流器运行）。

（4）保护配合。与换流阀设备参数和电压调节器的电压最大值配合。

（5）判据及典型定值设置原则：

$|UDL|>\Delta 1$，延时 T_0，切换控制系统。

1 段：$|UDL-UDN|>\Delta 2$，且 UDL_FIL$>\Delta 3$，延时 T_1，闭锁，跳交流断路器。

2 段：$|UDL\_FIL|>\Delta 4$，且 IDNC 为零；延时 T_2，切换系统；延时 T_{21}，闭锁，跳交流断路器。

3 段：$|UDL\_FIL|>\Delta 5$，且 IDNC 为零，延时 T_3，切换控制系统；延时 T_{31}，闭锁，跳交流断路器。

4 段：$|UDL\_FIL|>\Delta 6$，且 IDNC 为零，延时 T_5，闭锁，跳交流断路器。

14. 阀组连接线差动保护

（1）保护的范围和目的。此保护用于检测高低压阀组连接母线区域的接地故障。

保护的工作原理和策略。保护的工作原理是比较高压换流器的低压侧电流和低压换流器的高压侧电流的差值。如果两电流的差值大于整定值，保护动作；当有一个换流器退出运行时，闭锁本保护。

（2）判据及定值设置原则：

报警段：$|IDC1N-IDC2P|>\Delta 0$，延时 T_0，告警。

1 段：$|IDC1N-IDC2P|>\Delta 1$，延时 T_1，闭锁、跳闸、极隔离。

2 段：$|IDC1N-IDC2P|>\Delta 2$，延时 T_2，闭锁、跳闸、极隔离。

15. 中性母线电容器过电流保护

（1）保护的范围和目的。此保护用于检测中性母线电容器是否有过电流情况，防止电容器的损坏。

（2）保护的工作原理和策略。保护的工作原理是测量中性母线电容器上流过的电流 ICN，电流超过定值，保护动作。

（3）判据及定值设置原则：

告警段：$|ICN|>\Delta 0$，延时 T_0，告警。

动作段：$|ICN|>\Delta 1$，延时 T_1，Y 闭锁。

16. 双极中性线差动保护

（1）保护的范围和目的。用于检测从双极中性母线到接地极引线之间的故障。

（2）保护的工作原理和策略。流入该区域的所有电流（IDNE_P1、IDNE_P2、IDEL1、IDEL2、IDGND、IDME）以适当极性进行相加，若不为零，则表明存在接地故障。

（3）保护配合。与最小负荷电流相配合。

（4）判据及定值设置原则：保护判据：$I\_DIFF=|IDNE\_P1-IDNE\_P2+IDME+IDEL1+IDEL2+IDGND|$。

告警段：$I\_DIFF>\Delta 0$，延时 T_0，告警。

单极运行：$I\_DIFF>\Delta 1$，延时 T_1，移相重启；延时 T_{11}，闭锁。

双极运行：$I\_DIFF>\Delta 2$，延时 T_2，平衡双极运行；延时 T_{21}，闭锁。

（5）后备保护。站接地过电流保护。

17. 站接地过电流保护

（1）保护的范围和目的。用于保护站内接地网，避免过高的接地电流流入站内接地网。

（2）保护的工作原理和策略。检测流过站内接地网的电流是否大于定值。

（3）保护配合。此保护与站内接地网过电流能力相配合。

（4）判据及定值设置原则：

$|IDGND|>\Delta$。

双极运行：延时 T_1，发双极平衡命令；延时 T_{11}，闭锁。

单极运行：延时 T_2，闭锁。

（5）后备保护。站接地过电流后备保护。

18. 站接地过电流后备保护

（1）保护的范围和目的。用于保护站内接地网，避免过高的接地电流流入站内接地网。

（2）保护的工作原理和策略。测量两条接地极线（IDEL1、IDEL2）、金属回线（IDME）、中性母线（IDNE_P1、IDNE_P2）的直流电流，计算电流的差值作为流入站内接地网的电流，该电流是由于中性母线接地故障或通过 NBGS 的正常路径流入接地网的。

（3）保护配合。此保护与站内接地网过电流能力相配合。

（4）判据及定值设置原则：

保护判据：差动电流 $I\_DIFF = |IDNE1 - IDNE2 + IDME + IDEL1 + IDEL2|$。

告警段：$I\_DIFF > \Delta 0$，延时 T_0，告警。

单极运行：$I\_DIFF > \Delta 1$，延时 T_1，Y 闭锁。

双极运行：$I\_DIFF > \Delta 1$，延时 T_2，平衡双极运行；延时 T_{21}，闭锁。

19. 站内接地开关保护

（1）保护的范围和目的。站内接地开关的失灵保护。

（2）保护的工作原理和策略。检测 NBGS 开关内部的测点 I_NBGS 和开关外部测点 IDGND 进行判断，如果接地开关断开时不能将电流转换到接地极线路，保护会将接地开关重合。

（3）保护配合。保护需要与开关特性配合。

判据及定值设置原则：

1 段：$|IDGND| > \Delta 1$，延时 T_1，重合 NBGS。

2 段：$|I\_NBGS| > \Delta 2$，延时 T_2，重合 NBGS。

20. 大地回线转换开关保护

（1）保护的范围和目的。检测金属回线运行方式向大地回线运行方式转换是否失败。

（2）保护的工作原理和策略。检测流过 GRTS 上的电流，当 GRTS 已经打开而检测到的电流不为零时，重合 GRTS 开关。

（3）保护配合。保护需要与转换开关特性配合。

单开关：

1 段：$|IGRTS| > \Delta 1$，延时 T_1，重合 GRTS。

2 段：$|IDME| > \Delta 2$，延时 T_2，重合 GRTS。

采用并联方式的开关：

1 段：$|IGRTS| > \Delta 1$，延时 T_1，重合 GRTS_Q1，200ms 后重合 GRTS_Q2。

2 段：$|IDME| > \Delta 2$，延时 T_2，重合 GRTS_Q1，200ms 后重合 GRTS_Q2。

3 段：$||IGRTS| - |IDME|| > \Delta 3$，延时 T_3，重合 GRTS_Q2。

对于并联触点的开关，还加有过负荷的监视功能，过负荷后会有降电流的命令。

21. 金属回线转换开关保护

（1）保护的范围和目的。检测大地回线运行方式向金属回线运行方式转换是否失败。

（2）保护的工作原理和策略。检测流过 MRTB 上的电流，当 MRTB 已经打开而检测到的电流不为零时，重合 MRTB 开关。

（3）保护配合。

单开关：

1 段：$|IMRTB|>\Delta$，延时 T_1，重合 MRTB。

2 段：$|IDEL1+IDEL2|>\Delta$，延时 T_2，重合 MRTB。

采用并联方式的开关：

1 段：$|IMRTB|>\Delta1$，延时 T_1，重合 MRTB_Q1，200ms 后重合 MRTB_Q2。

2 段：$|IDEL1+IDEL2|>\Delta2$，延时 T_2，重合 MRTB_Q1，200ms 后重合 MRTB_Q2。

3 段：$||IDEL1+IDEL2|-|IMRTB||>\Delta3$，延时 T_3，重合 MRTB_Q2。

对于并联触点的开关，还加有过负荷的监视功能，过负荷后会有降电流的命令。

22. 金属回线接地保护

（1）保护的范围和目的。检测金属回线方式下的接地故障。

（2）保护的工作原理和策略。根据站接地电流和接地极电流来判断金属回线接地故障。

（3）保护配合。本保护只在金属回线运行方式下的接地站有效，需要与金属回线横差保护、金属回线纵差保护相配合。

（4）判据及定值设置原则。保护判据：$|IDEL1+IDEL2+IDGND|>\Delta$，延时 T_1，移相重启一次；延时 T_2，Y 闭锁。

23. 金属回线横差保护

（1）保护的范围和目的。检测金属回线站内连线上的接地故障。

（2）保护的工作原理和策略。根据运行极中性线电流 IDNE 以及金属回线电流 IDME，并以适当极性进行相加来计算差流。

（3）保护配合。本保护只在金属回线运行方式下有效，需要与保护区内的其他保护相配合。

（4）判据及定值设置原则：

告警段：$|IDNE+IDME|>\Delta0$，延时 T_0，告警。

动作段：$|IDNE+IDME|>\Delta1$，延时 T_1，闭锁。

24. 金属回线纵差保护

（1）保护的范围和目的。检测金属回线线路上的接地故障。

（2）保护的工作原理和策略。根据两站的 IDME 来计算差流。

（3）保护配合。本保护只在金属回线运行方式下有效，需要与金属回线横差保护、金属回线接地保护相配合，同时需要补偿站间通信的时延。

（4）判据及定值设置原则：

告警段：$|IDME-IDME\_os|>\Delta0$，延时 T_0，告警。

动作段：$|IDME-IDME\_os|>\Delta1$，延时 T_1，移相重启；延时 T_{11}，闭锁。

（5）后备保护。金属回线横差保护，金属回线接地保护。

25. 接地极引线过负荷保护

（1）保护的范围和目的。判断接地极线路上是否发生过负荷。

（2）保护的工作原理和策略。检测接地极引线电流，电流大于定值保护动作。

（3）保护配合。此保护与接地极引线过电流能力相配合。

（4）判据及定值设置原则。

告警段：$|IDEL1|>\Delta0$ 或者$|IDEL2|>\Delta0$，延时 T_0，报警。

动作段：$|IDEL1|>\Delta1$ 或者$|IDEL2|>\Delta1$，延时 T_1，单极运行时发功率回降命令；双极运行时发极平衡运行命令。

26. 接地极引线不平衡保护

（1）保护的范围和目的。判断两条接地极线路上电流分配是否不平衡。

（2）保护的工作原理和策略。测量并计算两条接地极线路上电流的差，当一根接地极线路发生接地或开路时会有比较大的差流。

（3）判据及定值设置原则。

保护判据：接地极线路差动电流 $IDEL\_DIFF=|IDEL1-IDEL2|$。

典型定值：

告警段：$IDEL\_DIFF>\Delta0$，延时 T_0，告警。

动作段：

单极运行时：$IDEL\_DIFF>\Delta1$，延时 T_1，移相重启一次，重启不成功就闭锁。

双极运行时：$IDEL\_DIFF>\Delta2$，延时 T_2，双极平衡。

27. 接地极引线差动保护

（1）保护的范围和目的。判断接地极线路上的接地故障。

（2）保护的工作原理和策略。测量接地极线路上站内测点和接地极址测点电流的差，当接地极线路发生接地或开路时，会有比较大的差流。

（3）判据及定值设置原则。

典型定值：

报警段：$|\,IDEL1-IDEL12\,|>\Delta0$ 或$|\,IDEL2-IDEL22\,|>\Delta0$，延时 T_0，告警。

动作段：$|\,IDEL1-IDEL12\,|>\Delta1$ 或$|\,IDEL2-IDEL22\,|>\Delta1$。

单极运行时：延时 T_1，移相重启一次；延时 T_{11}，Y 闭锁。

双极运行时：延时 T_2，发双极平衡运行请求。

11.2.2　换流器保护

特高压直流工程通常都是通过两个换流器串联来提高电压等级的，每一个阀组都有自己相对独立的测量和控制、保护系统，可以单独运行，因此给每一个换流器都单独配置换流器保护，保护 12 脉动换流器。以低压换流器为例，12 脉动换流器保护区功能配置如图 11-44 所示。

12 脉动换流器区保护包括阀短路保护、换相失败保护、换流器过电流保护、换流器差动保护、换流阀侧中性点偏移保护、旁通断路器保护、旁通对过载保护、换流器过电压保护。

在分层接入的换流站，还配置阀组过电压保护、50Hz 保护和 100Hz 保护，这三个保护的原理和极保护中的基本相同。

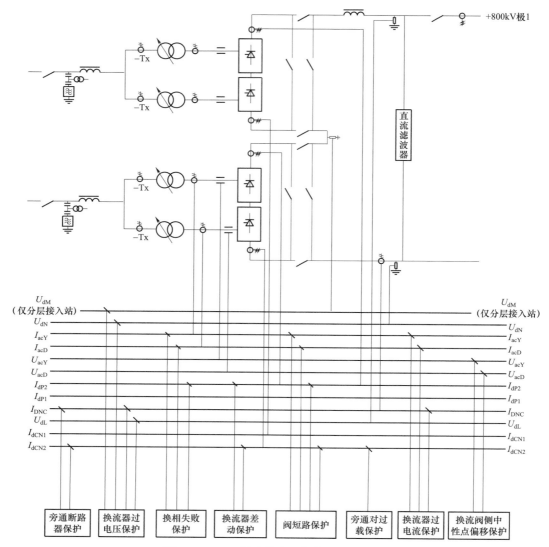

图 11-44 12 脉动换流器保护区功能配置

直流极控系统提供的保护及监测措施包括换相失败预测、晶闸管结温监测、大角度监测、晶闸管器件异常监视、空载加压试验监视、电压应力保护、交流欠电压监测、阀丢失脉冲保护。

1. 阀短路保护

（1）保护的范围和目的。保护整个换流阀。检测阀短路故障和换流变压器阀侧相间短路故障，避免发生短路时换流阀遭受过应力。

（2）保护的工作原理和策略。保护功能检测换流变压器阀侧 Y 绕组和 D 绕组的电流、阀高低压侧出口电流，取阀侧电流最大值与直流电流最大值进行比较，在正常运行工况下，差动电流很小。如果阀侧电流明显高于直流电流，则表明发生了故障，保护立即动作。

当发生阀短路故障时，与故障阀处于同一半桥的健全阀在换相导通后会流过很高的短路电流。应在同一半桥的第 2 个健全阀导通之前迅速检出故障，并且不带旁通对闭锁阀，闭合相应的高速旁路开关，同时尽快跳开换流变压器网侧交流断路器。

（3）保护配合。无配合要求，只要检测到故障保护就动作。

（4）判据及定值设置原则：

1 段：MAX（IacY、IacD）−MAX（IDCP、IDCN）＞Δ1，延时 T_1，后闭锁、跳交流断路器。

2 段：MAX（IacY、IacD）−MAX（IDCP、IDCN）＞Δ2，仅在逆变站有效，延时 T_2，后闭锁、跳交流断路器。

（5）后备保护。过电流保护。

2. 换相失败保护

（1）保护的范围和目的。检测交流系统故障或其他异常换相条件引起的阀组换相失败。

（2）保护的工作原理和策略。保护功能测量换流变压器阀侧 Y 绕组和 D 绕组的电流，以及换流器高压侧出口电流 IDCP 和中性母线中间电流 IDNC。换相失败的明显特征是交流电流降低，而直流电流升高。换相失败可能是由一种或多种故障引起的，如控制脉冲发送错误、交流系统故障等。阀的误触发或触发脉冲丢失会导致其中一个 6 脉动桥的连续换相失败；交流系统干扰会导致双极四个 6 脉动换流桥的连续换相失败。单个 6 脉动桥发生连续换相失败，一般是由于触发脉冲出现问题导致的。对于一个 6 脉动阀组的持续换相失败和 12 脉动阀组的持续换相失败，保护分别经过不同的延时才会出口。

换相失败保护在整流运行时应自动退出，在检测到交流电压低时需闭锁单桥换相失败保护。

（3）保护配合。应避免正常情况下投旁通对时保护误动，12 脉动桥连续换相失败的保护要与交流故障清除的最长时间相配合。

（4）判据及定值设置原则。

ID_MAX＝MAX（IDCP、IDCN）

换相失败保护判据：

Y 桥检测换相失败的判据：ID_MAX−IacY＞Δ 且 0.65ID_MAX＞IacY。

D 桥检测换相失败的判据：ID_MAX−IacD＞Δ 且 0.65ID_MAX＞IacD。

单桥换相失败：Y 桥或者 D 桥满足判据，且二者不同时发生，延时 T_1，切换系统，延时 T_{11}，闭锁。

任一桥换相失败保护：

慢速段：Y 桥或者 D 桥满足判据，延时 T_2，切换控制系统；延时 T_{21}，闭锁，跳交流断路器。

快速段：Y 桥或者 D 桥满足判据，延时 T_3，切换控制系统；延时 T_{31}，闭锁，跳交流断路器。

换相失败对交流系统来说也是一种巨大的扰动，但换相失败动作闭锁系统的时间较长，为避免这种扰动持续对交流系统稳定造成的不良影响，在大容量工程中还加有双极换相失败快速段，在系统发生双极换相失败的时候，依据系统当前运行功率的大小，及时地闭锁双极，避免对交流系统的持续影响。

双极换相失败加速段以计次的方式决定保护是否出口。以计数 3 次的计次方法举例如下：检测任一桥换相失败计数器计 1 并自保持 200ms，在 200ms 之内的换相失败不计数；之后的 200～400ms 期间又检测到任一桥换相失败，计数器计 2 并自动保持 200ms，在 200ms 之内的换相失败不计数；计数器计 2 后 200～500ms 期间再次检测任一桥换相失败，计数器计 3。上述任一条件不满足，计数器清 0；计数器达到 3，保护动作，发双极换相失败加速段动作给控制，如果控制收到了所有在运阀组的动作信号，则立即闭锁系统，否则继续运行。通常情况下，系统运行功率越大，计次越少，保护动作越快，运行功率和计次之间的对应关系是用户设定的。

（5）后备保护。50Hz、100Hz 保护。

3. 换流器过电流保护

（1）保护的范围和目的。检测换流设备特别是阀的过电流。

（2）保护的工作原理和策略。该保护测量阀组低压侧直流电流（IDCN）和换流变压器阀侧电流（IacY、IacD），并取三者的最大值 Imax＝Max（IacY、IacD、IDCN），超过定值，保护动作。

（3）保护配合。保护应能快速检测出过电流情况，保护在换相失败时不能动作。

（4）判据及典型定值设置原则：

1 段：Imax＞$\Delta 1$，延时 T_1，极控系统切换，延时 T_{11} 降功率。

2 段：Imax＞$\Delta 2$，延时 T_2，极控系统切换，延时 T_{21} 降功率。

3 段：Imax＞$\Delta 3$，延时 T_3，闭锁，跳交流断路器。

4 段：Imax＞$\Delta 4$，延时 T_4，闭锁，跳交流断路器。

4. 换流器差动保护

（1）保护的范围和目的。检测阀组内部的接地故障，包括换流变压器阀侧绕组的接地故障。

（2）保护的工作原理和策略。正常情况下，阀组高压端电流与低压端电流的差值很小，一旦中间发生接地故障，差动电流超过定值，保护就应该动作。

（3）保护配合。在最小负荷下也能够检测到故障，并与直流极差动保护配合。

（4）判据及定值设置原则：

告警段：|IDCP−IDCN|＞$\Delta 0$，延时 T_0，告警；

1 段：|IDCP−IDCN|＞$\Delta 1$，延时 T_1，闭锁，跳交流断路器。

2 段：|IDCP−IDCN|＞$\Delta 2$，延时 T_2，闭锁，跳交流断路器。

5. 换流阀侧中性点偏移保护

（1）保护的范围和目的。保护用于检测换流变压器在投入状态但系统还未解锁时阀侧的接地故障。

（2）保护的工作原理和策略。测量换流变压器二次侧电压，正常状态下三相电压的零序分量为零，如果发生接地故障，三相电压零序分量不为零，超过预定参考值，保护动作，发禁止解锁命令，因为此时解锁，阀组差动保护就会动作。

（3）保护配合。保护在阀解锁状态下无效，阀组解锁状态下，阀侧三相电压的零序分量很大。解锁状态下若阀侧有接地故障，换流器差动保护会动作。

（4）判据及定值设置原则。三相电压矢量和（零序电压）$>\Delta$，延时 T，禁止解锁，跳闸交流断路器。

6. 旁通断路器保护

（1）保护的范围和目的。本保护是旁通断路器的失灵保护。

（2）保护的工作原理和策略。断路器断开后，检测流过断路器的电流，若电流不为零，保护动作。

（3）判据及定值设置原则。$|IDNC-IDCN|>\Delta$ 且旁通断路器不在合位，延时 T，重合旁通断路器且闭锁。

7. 旁通对过载保护

（1）保护的范围和目的。防止投入旁通对的换流阀处于过负荷运行状态。

（2）保护的工作原理和策略。在投旁通对的情况下，换流阀晶闸管在一段时间内持续通过较大电流。为了防止晶闸管过热，需要尽快合上旁通断路器，以便使电流从旁通断路器流过。保护通过监测流过换流阀的电流判断旁通断路器是否闭合，若没有闭合则会重新合上旁通断路器。

（3）保护配合。与晶闸管的过负荷能力相配合。

（4）判据及定值设置原则。

保护判据：$|IDCN|>\Delta$，并且阀的脉冲使能信号消失，满足判据后：延时 T_1，闭锁，重合旁通断路器；延时 T_2，则重合旁通接地开关；延时 T_3，闭锁极。

后备保护：晶闸管结温监测（在控制中实现）。

8. 换流器过电压保护

（1）保护的工作原理和策略。检测阀组两端直流电压，求其差值的绝对值后与定值进行比较，经过一定的延时后发控制系统切换、移相闭锁、跳交流断路器等出口策略，保护换流阀免受直流过电压的损坏。

（2）保护设置原则。该保护仅在分层接入的换流站有配置，其原理类似极保护中的直流过电压保护。

（3）保护判据及保护定值。保护定值设置需要与换流阀设备参数和电压平衡控制功能相配合，保护定值在仿真试验阶段最终确定。现以某工程为例列出保护的具体定值：

$|UdL-UdM|>\Delta$ 或 $|UdM-UdN|>\Delta$；

1 段保护：$\Delta=1.04$（p.u.），$T=20$s，切系统；$\Delta=1.05$（p.u.），$T=50$s（整流侧）或60s（逆变侧），闭锁。

2 段保护：$\Delta=1.06$（p.u.）且 IDNC<0.05（p.u.），$T=4$s，切系统；$\Delta=1.06$（p.u.）且 IDNC<0.05（p.u.），$T=5$s，闭锁。

3 段保护：$\Delta=1.1$（p.u.）且 IDNC<0.05（p.u.），$T=400$ms，切系统；$\Delta=1.1$（p.u.）且 IDNC<0.05（p.u.），$T=700$ms，闭锁。

4 段保护：$\Delta = 1.3$（p.u.）且 IDNC<0.05（p.u.），$T = 500$ms，闭锁。

11.2.3 换流变压器保护

换流变压器保护原理属于交流保护，在直流输电工程中，因其和阀组连接紧密，某些工程中把换流变压器保护和阀组保护集成在一起，统称为换流器保护；没有集成在一起的工程中，换流变压器保护按阀组单独组屏。换流变压器保护区功能配置如图 11-45 所示。

1. 引线差动保护

（1）保护的范围和目的。保护范围包括换流变压器引线电流互感器到换流变压器一次电流互感器之间的区域，保护用于检测换流变压器引线接地故障。

（2）保护的工作原理和策略。逐相比较电流，差动电流大于定值保护动作。保护只采用工频电流，并且考虑穿越电流的制动特性。

（3）保护配合。定值的选择应保证换流变压器引线能得到正确的保护。

（4）判据及定值设置原则。

快速段：IDIFF$>\Delta 1$，延时 T_1，退出相应换流器跳交流断路器。

比例差动段：IDIFF$>\Delta 2$ 延时 T_2，跳交流断路器。

比例差动段的定值带有制动特性，依据电流的大小而改变，定值有最大、最小限制。后续所述的各种保护中的比例差动段是类似的原理，仅定值不同。

（5）后备保护。换流变压器引线和换流变压器差动保护，换流变压器引线和换流变压器过电流保护。

2. 换流变压器的引线和过电流保护

（1）保护的范围和目的。保护范围包括换流变压器引线和换流变压器，保护用于检测换流变压器引线或换流变压器的过电流。

（2）保护的工作原理和策略。保护测量换流变压器引线上的电流，大于定值和延时，保护动作。

（3）保护配合。定值的选择应保证保护区域内的设备得到正确的保护，并能够躲开最小短路容量和最大短路容量水平下交流系统故障切除后的励磁涌流。

（4）判据及定值设置原则。保护定值设置采用定时限特性，保护与最小短路容量、最大短路容量水平下交流故障清除后可能的励磁涌流相配合；同时，保护还与其他过电流保护相配合，以便最快地清除严重故障，并且在合理的延时内对不严重故障和低短路容量水平的系统故障敏感。

$I>\Delta 1$，延时 T，跳交流断路器。

（5）后备保护。换流变压器本体保护（如油、压力、瓦斯和温度继电器）、换流变压器零序电流保护。

3. 换流变压器引线和差动保护

（1）保护的范围和目的。保护范围包括换流变压器引线和换流变压器，保护用于检测换流变压器引线或换流变压器的故障。

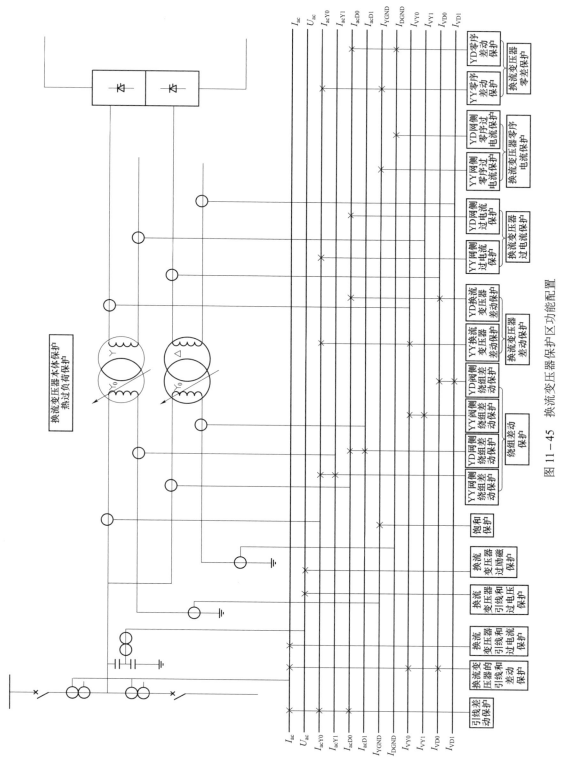

图 11-45　换流变压器保护区功能配置

261

（2）保护的工作原理和策略。测量换流变压器引线和换流变压器阀侧的电流，逐相比较电流，差动电流大于定值时动作。保护只对工频敏感，并且具有穿越电流、涌流和过励磁的制动特性。

（3）保护配合。定值的选择应保证保护区域内的设备得到正确的保护，并且要同本保护区域内的其他保护相配合。

（4）判据及定值设置原则：

快速段：$IDIFF > \Delta 1$，延时 T_1，跳交流断路器。

比例差动段：$IDIFF > \Delta 2$，延时 T_2，跳交流断路器。

二次谐波制动水平：$> 0.15 I_N$。

五次谐波制动水平：$> 0.2 I_N$。

其中，I_N 是流入换流变压器原边的额定电流。

（5）后备保护。换流变压器引线和换流变压器过电流保护，换流变压器本体瓦斯保护。

4. 换流变压器差动保护

（1）保护的范围和目的。保护范围包括换流变压器网侧和阀侧的电流互感器之间的区域，保护用于检测保护范围的接地和匝间短路故障。

（2）保护的工作原理和策略。保护根据变比和分接头位置比较变压器一次、二次的安匝数。内部接地故障时电流产生差值，两侧安匝数不等；线圈发生匝间短路时，实际匝数与理论匝数不等。保护设置 2 次谐波分量和 5 次谐波分量的制动特性，防止励磁涌流引起保护误动。保护具有穿越电流制动特性，特别是在丢失分接头信息的时候尤其重要。在差动电流很高的情况下，保护快速跳闸。

（3）保护配合。定值的选择应保证换流变压器能得到正确的保护。

（4）判据及定值设置原则。保护已对实际变比（例如分接头位置）进行补偿，因而不需要根据变比的变化再设置额外的定值裕度。

快速段：$IDIFF > \Delta 1$，延时 T_1，跳交流断路器。

比例差动段：$IDIFF > \Delta 2$，延时 T_2，跳交流断路器。

二次谐波制动水平：$> 0.15 I_N$。

五次谐波制动水平：$> 0.2 I_N$。

其中，I_N 是流入换流变压器一次侧的额定电流。

（5）后备保护。换流变压器引线和换流变压器差动保护、换流变压器引线和换流变压器过电流保护、零序电流保护、换流变压器本体保护（如油温、压力、瓦斯和温度继电器）。

5. 换流变压器过电流保护

（1）保护的范围和目的。保护用于检测换流变压器的短路故障。

（2）保护的工作原理。测量换流变压器初级的电流，电流大于定值保护动作，采用的是定时限特性。

（3）保护配合。定值的选择应保证换流变压器能得到正确的保护。

（4）判据及定值设置原则。定值应与最低短路水平以及高短路水平侧交流故障清除后的励磁涌流相配合。而且定值还应与其他过电流保护功能相配合，以便快速清除严重故障，并且在一定短的延时内对较低短路水平侧的故障或不严重故障敏感。

定值设置原则：$I>6.0I_N$，延时 T 后跳闸。

（5）后备保护。换流变压器本体保护（如油温、压力、气体检测和温度继电器），零序电流保护，换流变压器引线和换流变压器过电流保护。

6. 换流变压器引线和过电压保护

（1）保护的范围和目的。此保护功能用于避免对换流变压器和换流桥造成损坏的严重的交流持续过电压。

（2）保护的工作原理和策略。测量换流变压器引线上每相的电压，把相对地间的电压与电压定值比较来判断是否发生非正常过电压。

（3）保护配合。定值的选择应能躲过交流系统操作过电压的影响。

（4）判据及定值设置原则：

$U_{ac}>\Delta$，保护定值取额定电压的 1.3～1.5 倍，动作时限可取 0.5s，出口跳交流断路器。

5）后备保护。已经是其他保护的后备保护。

7. 热过负荷保护

（1）保护的范围和目的。此保护功能用于检测换流变压器的过负荷。

（2）保护的工作原理和策略。测量换流变压器阀侧绕组的电流，计算绕组温度。

（3）保护配合。定值的选择应保证换流变压器能得到正确的保护。

（4）判据及定值设置原则。换流变压器承包商应提供绕组温度的报警水平和绕组温度常数。

8. 绕组差动保护

（1）保护的范围和目的。保护用于检测换流变压器绕组接地故障，防止绕组损坏。

（2）保护的工作原理和策略。一次绕组测量每相绕组两端的电流，差动电流超过参考值，定时限动作。这里的每相绕组包括一次绕组、阀侧 Y 绕组、阀侧 D 绕组。

（3）判据及定值设置原则。

比例差动段：$IDIFF>\Delta2$，延时 T，跳交流断路器。

（4）后备保护。换流变压器的引线和差动保护、零序电流保护、直流差动保护。

9. 换流变压器零序电流保护

（1）保护的范围和目的。用于检测换流变压器单相或相间短路故障，保护换流变压器。

（2）保护的工作原理和策略。测量换流变压器一次 Y 绕组中性线上的电流，保护对电流的零序分量敏感，并且考虑涌流的影响。

（3）保护配合。定值的选择应保证区外故障时保护不能误动。

（4）判据及定值设置原则：

二次谐波的制动水平典型值为 0.2（二次谐波与基波的比值），保护出口闭锁时间 10ms。

报警段：$I_0>\Delta0$，时延 T_0，告警。

动作段：$I_0>\Delta1$，时延 T_1，跳交流断路器。

保护定值在跳闸时间上与区外故障零序电流配合。

（5）后备保护。是换流变压器差动保护的后备。

10. 换流变压器过励磁保护

（1）保护的范围和目的。检测换流变压器的过励磁。

（2）保护的工作原理和策略。电压和频率的比值增加，会导致励磁电流增加，从而使铁心发热。根据电压和频率的比值来反映变压器的过励磁。

（3）保护配合。定值的选择应保证换流变压器得到正确的保护，保护分报警、跳闸两个动作水平。

（4）判据及定值设置原则。依据换流变压器供应商提供换流变压器的过励磁曲线设置定值。

（5）后备保护。电压应力保护。

11. 换流变压器零差保护

（1）保护的范围和目的。用于检测换流变压器一次绕组的内部接地故障和绕组故障。

（2）保护的工作原理和策略。比较换流变压器一次三相的零序电流和中性线上的零序电流，如果差动电流超过预定参考值，保护动作。

（3）保护配合。与换流变压器差动保护相配合。

（4）判据及定值设置原则。IDIFF$>\Delta$，延时 T，跳交流断路器。

（5）后备保护。零序电流保护。

12. 饱和保护

（1）保护范围和目的。保护换流变压器由于直流电流通过中性点进入变压器而引起的直流饱和。

（2）保护的工作原理和策略。本保护监测变压器网侧中性线电流。当运行不平衡时，就会有直流电流通过变压器中性线流入。换流变压器中性线直流电流及其引起的变压器铁心饱和导致变压器励磁电流畸变。

（3）保护配合。应选择能够对换流变压器正确保护的定值。保护分为报警和跳闸两个阶段。

（4）判据及定值设置原则。双绕组 Y/Y 换流变压器配置饱和保护，双绕组 Y/D 换流变压器不配置饱和保护。根据换流变压器的连续、1h、10min、1min、10s、6s 所能承受的直流电流值/磁化峰值来确定保护定值。

（5）后备保护。直流谐波保护。

11.2.4　交流滤波器保护

交流滤波器保护属于交流保护的范围，工程中，交流滤波器是以小组为单位进行投退的。小组分为不同的类型，几个小组接在一条母线上形成一个大组，再接到换流站的交流母线上。交流滤波器保护既可以按大组配置，也可以按小组配置。

交流滤波器小组有双调谐滤波器、高通交流滤波器和并联电容器几大类。小组的结构类型较多，所以不同的小组要根据结构和测点配置不同的保护，虽然小组结构变化多样，但保护的原理是不变的。下面以最为典型、配置保护最多的双调谐滤波器为例进行说明，双调谐交流滤波器小组保护功能配置如图 11-46 所示。

1. 滤波器母线差动保护

（1）保护对象。滤波器大组及母线区域内的母线。

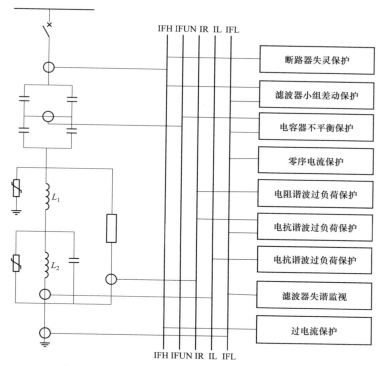

图 11-46　双调谐交流滤波器小组保护功能配置

（2）保护原理。保护分相检测流入保护区域内的电流的差值，当差值大于保护定值，保护动作。该保护只对基波电流敏感，对于穿越电流是稳定的。

（3）动作顺序。跳本组滤波器大组断路器及本组所有小组滤波器。

2.　滤波器母线过电压保护

（1）保护对象。滤波器大组的所有设备。

（2）保护原理。保护检测滤波器大组母线上的电压，与设定值比较。该保护中只对从基波到 7 次谐波的含量敏感。

（3）保护判据及动作顺序：

告警段：基波电压 $>\Delta 0$，延时 T_0，之后发告警。

1 段：总谐波电压 $>\Delta 1$，延时 T_1，跳所有大组进线断路器及所有小组断路器。

2 段：总谐波电压 $>\Delta 2$，延时 T_2，跳所有大组进线断路器及所有小组断路器。

3.　滤波器小组差动保护

（1）保护对象。滤波器小组内接地、相间故障。

（2）保护原理。保护分相检测流入保护区域内的电流的矢量和，与设定值比较。该保护只对基波电流敏感。由于 TA 特性不一致，容易导致误动，保护采用比率制动式差动保护，制动电流取接地侧电流为参考。

（3）保护判据及动作顺序。

快速段：|IFH−IFL|＞Δ1，延时 T_1，跳小组断路器。

比例差动段：|IFH−IFL|＞Δ2，延时 T_2，跳小组断路器。

4. 电容器不平衡保护

（1）保护对象。滤波器小组高压和低压电容器。

（2）保护原理。电容器组中一个电容元器件的损坏会引起电容器组 H 桥上不平衡电流的明显变化。保护以入地电流为参考电流，采用比值法衡量不平衡电流的大小。

（3）保护判据及动作顺序。

告警段：IFUN/IFL＞Δ0，延时 T_0，发告警。

1 段：IFUN/IFL＞Δ1，延时 T_1，跳小组断路器。

2 段：IFUN/IFL＞Δ2，延时 T_2，跳小组断路器。

5. 零序电流保护

（1）保护对象。滤波器小组内的短路故障（通常发生在低压侧，差动保护检测不到）。

（2）保护原理。保护检测小组低压侧三相电流矢量和（零序电流），与设定值比较。该保护只对计算基波电流。

（3）保护判据及动作顺序。

告警段：零序电流大于Δ0，延时 T_0，发告警。

动作段：零序电流大于Δ1，延时 T_1，跳小组断路器。

6. 滤波器失谐监视

（1）保护对象。滤波器小组内的元器件。

（2）保护原理。保护检测滤波器接地侧零序谐波电流，保护有一相失谐造成不对称而给正常的滤波器带来过应力，保护只计算谐波零序。

（3）保护判据及动作顺序。告警段：$I_{harm}/I_{max}＞Δ$，I_{harm} 为零序谐波电流，I_{max} 为三相最大相电流。

7. 过电流保护

（1）保护对象。滤波器小组。

（2）保护原理。保护检测流入小组高压侧的电流，与设定值比较。该保护只计算基波电流。

（3）保护判据及动作顺序。

告警段：电流大于Δ0，延时 T_0，发告警。

1 段：电流大于Δ1，延时 T_1，跳小组断路器。

2 段：电流大于Δ2，延时 T_2，跳小组断路器。

8. 断路器失灵保护

（1）保护对象。滤波器小组。

（2）保护原理。该保护是由小组其他保护发出跳小组断路器动作后触发的。保护检测小组高压侧电流，如果在小组其他保护发出动作后，小组电流仍大于给定值，则跳开上一级断路器，该保护只计算基波电流。

（3）保护判据及动作顺序。

重跳小组断路器段：电流＞Δ1，T_1 之后再跳本小组断路器。

跳大组断路器段：电流>Δ2，T_2 之后跳大组断路器。

9. 电阻/电抗谐波过负荷保护

（1）保护对象。滤波器小组内的电阻、电抗，避免它们遭受过大的热应力。

（2）保护原理。通过对电阻、电抗器上功率消耗进行一个与其热时间常数有关的积分（这个积分值代表了被保护对象的热特性），来模拟它的温升。

电阻的阻值为常数，电抗器的绕组损耗特性与频率有关。频率增大时，电抗器的损耗会随之增大，这就是电抗器的趋肤效应。保护中建立了一个模型用以模拟电抗器的这个特性。根据厂家提供的热时间常数，采用反时限特性曲线实现保护功能。

（3）保护判据及动作顺序。

告警段：等效热电流大于Δ0，根据 IEC 60255-8 反时限曲线得出时间 T_0，超过 T_0 之后发告警。

动作段：等效热电流大于Δ1，根据 IEC 60255-8 反时限曲线得出时间 T_1，超过 T_1 之后跳小组断路器。

11.2.5　直流滤波器保护

对于直流滤波器的电容器、电抗器及电阻器等元器件，根据所供元器件的类型配置必要的保护。这些保护能保护所有元器件免遭由于谐波电流超标或者由于过电压而产生的过应力。提供对直流滤波器状态的监视保护，即对电容器不平衡电流、滤波器失谐状态以及可能产生的谐振等进行保护。

直流滤波器保护区的保护配置如图 11-47 所示，功能包括电阻过负荷保护、电抗过负荷保护、差动保护、高压电容器接地保护、失谐保护、高压电容器不平衡保护。

1. 电阻过负荷保护

（1）保护的范围和目的。监测直流滤波器电阻的过负荷，避免直流滤波器电阻过应力。

（2）保护的工作原理和策略。检测直流滤波器中电阻的总谐波电流，如果超过定值，保护动作。保护动作延时应能躲过暂态过负荷的影响，以免误动。

（3）保护配合。定值的设定应考虑滤波器器件的热承受能力。

（4）判据及定值设置原则：

报警段：IR>(k1×I_XR)^2，延时 T_0 告警。

动作段：IR>(k2×I_XR)^2，延时 T_1 打开直流滤波器高压侧隔离开关。

（5）后备保护。直流滤波器差动保护。

2. 电抗过负荷保护

（1）保护的范围和目的。监测直流滤波器电抗的过负荷，避免直流滤波器电抗过应力。

（2）保护的工作原理和策略。检测直流滤波器中电抗器的总谐波电流，如果超过定值，保护动作。保护动作延时应能躲过暂态过负荷的影响，以免误动。

（3）保护配合。定值的设定应考虑滤波器器件的热承受能力。

（4）判据及定值设置原则。

报警段：IL>(k1×I_XL)^2，延时 T_0 告警。

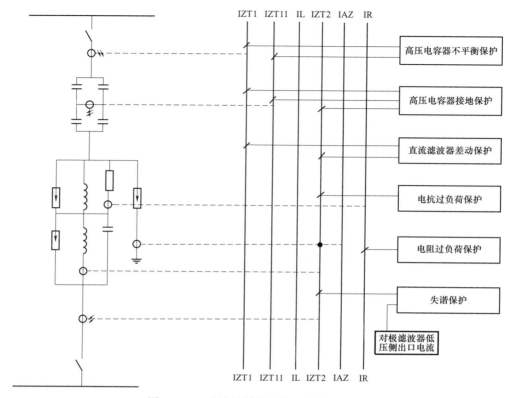

图 11-47 直流滤波器保护区的保护配置

动作段：IL＞(k2×I_XL)²，延时 T_1 打开直流滤波器高压侧隔离开关。

（5）后备保护。直流滤波器差动保护。

3. 直流滤波器差动保护

（1）保护的范围和目的。监测直流滤波器保护区的接地故障。

（2）保护的工作原理和策略。检测直流滤波器高压侧和低压侧电流差，如果超过定值，保护动作。

（3）保护配合。直流极差动保护。

（4）判据及定值设置原则：I_DIFF =｜|IZT2|−|IZT1|｜，I_DIFF＞Δ1，IZT2 是直流滤波器低压侧电流，IZT1 是直流滤波器高压侧电流。

典型定值：

I 段：I_DIFF＞Δ1，延时 200ms，若 IZT1＜180A，打开高压侧隔离开关；IZT1＞180A，闭锁。

II 段：I_DIFF＞Δ2，延时 20ms，闭锁。

（5）后备保护。直流极差动保护。

4. 失谐保护

（1）保护的范围和目的。监视直流滤波器的失谐情况。

（2）保护的工作原理和策略。通过比较两个极的直流滤波器电流进行监视，在双极对称运行期间，流过两个直流滤波器的电流应该大致相等。如果两个极的滤波器电流差值超过了预设值，则发出报警。

（3）判据及定值设置原则。

$IZ\_DIF = |IZT2 - IZT2\_OP|$，$IDELSUM = |IDEL1 + IDEL2|$。

保护判据：$IDELSUM < \Delta1$ 且 $IZ\_DIF > \Delta2$，延时 T，发告警信息。

5. 高压电容器不平衡保护

（1）保护的范围和目的。检测直流滤波器高压电容器组的故障，主要是电容器单元击穿后造成的整个高压电容器不平衡。

（2）保护的原理和策略。直流滤波器电容器组由电容器单元组成，每一电容器单元由大量独立的带熔丝保护的电容器元器件组成，当一个元器件被短路时，储存在剩余单元的能量应能足够烧断熔丝并隔离故障元器件，这会导致小的不平衡电流流过；当故障电容器元器件的数量增加时，一个较大的不平衡电流就产生。由于不平衡电流主要随负载而变化，不平衡电流应该与流过滤波器的电流相比较。

本保护计算不平衡电流（IZT11）和低压侧电流（IZT2）的比值，应大于定值保护告警。

（3）保护判据。$IZT11/IZT2 > \Delta0$ 时，延时 T_0，报警。

6. 高压电容器接地保护

（1）保护的范围和目的。检测直流滤波器高压电容器组的接地故障。

（2）保护原理。

1）电容器内部自高压侧向下 0～60%范围内发生接地故障时，由快速段动作。快速段同时判直流滤波器差动电流和不平衡电流两个条件，防止区外故障时保护误动。故障发生时，首先差动电流要满足条件，差动条件满足后，开放一个较长时间的窗口，在此窗口期内判断不平衡电流是否满足条件，若不平衡电流满足条件且持续时间满足动作延时，则保护动作。保护动作出口之前有一个条件，即判断直流滤波器高压侧电流，若电流小于隔离开关的断流能力，则切除滤波器；否则闭锁直流。

2）电容器内部自高压侧向下 60%～80%范围内发生接地故障时，由慢速段动作，慢速段同时判断直流滤波器差动电流、不平衡电流以及不平衡比率。与快速段类似，故障发生时首先差动电流要满足条件，差动条件满足后，开放一个较长时间的窗口，在此窗口期内判断不平衡电流和不平衡比率是否满足条件，若满足条件且达到保护延时，保护动作，保护出口同快速段。

3）电容器内部自高压侧向下 80%～100%范围内发生接地故障时，电容器接地保护同时判断不平衡电流及不平衡比率，二者同时满足条件且达到延时，发报警信息。

11.3　运行人员控制系统

运行人员控制系统（OWS）是换流站控制保护设备上层的运行人员控制层级的监控系统。运行人员控制系统完成对交流站控、直流控制保护系统（包括换流器控制保护系统、极控制保护系统、站控制系统)、辅助系统等的监视和控制,也实现整个换流站事件报警系统的集成等功能。

运行人员控制系统主要包括局域网、SCADA 系统、远动系统、就地控制系统以及远程诊断系统等部分。

11.3.1　局域网

局域网是全站控制保护系统与运行人员控制系统的连接枢纽。局域网将 SCADA 服务器、工作站与所有相关的站级二次系统如站控、极控、远动系统、规约转换系统等连接在一起,实现人机对话和所有运行人员监控功能的网络接口和通信。

局域网系统一般包括站 LAN 网、就地控制 LAN 网、培训 LAN 网、保信子网、WAN 网桥等。交流控制系统(包含站用电控制)、换流器控制保护系统、极控制保护系统、直流站控系统、交流滤波器保护等,直接通过站 LAN 网与运行人员控制系统进行信息交互,实现对其监视和控制功能。阀冷却控制保护系统、阀控、空调系统等辅助系统及电量计量系统等,通过规约转换装置接入到站 LAN 网与运行人员控制系统进行信息交互。分布式就地控制 LAN 网用于就地控制工作站及其所辖控制系统之间的连接和通信。培训 LAN 网用于培训工作站及其培训模拟装置的连接和通信。保信子网是全站保护装置与保护信息采集系统的连接纽带。远动系统通过站 LAN 网实现与交直流控制系统的信息交互。WAN 网桥实现两换流站之间的数据交互。

11.3.2　SCADA 系统

换流站 SCADA 系统是运行人员控制层级的系统,监视换流站内的状态信号与模拟量信号,同时能够发送运行人员的控制指令到控制保护系统。

SCADA 系统能够适应直流控制保护功能的分布式结构,以及直流控制保护系统的冗余结构。SCADA 系统按照冗余结构进行配置,单一元器件或硬件故障不会导致整个系统故障。

为了保证直流控制保护系统的高可靠性,即使在 SCADA 系统发生故障时,控制保护系统也可以脱离 SCADA 系统运行。

11.3.3　远动系统

远动系统主要用于换流站与远方调度中心之间的信息传输。远动系统收集换流站控制保护系统的数据,再经 IEC 60870-5-104 规约,通过数据网向调度端传送,同时接收调度主站的遥控、遥调命令向换流站设备下发。

远动信息采用"直采直送"的方式,远动系统是一套冗余的系统,两台远动工作站都安装远动系统的所有通信协议。远动系统相当于一个 RTU,即时响应远方 SCADA 系统的控制请求,并将站内的状态量/模拟量发送到远方调度中心。远动系统的运行独立于后台监控系统,双方互不影响,其中状态信号(遥信)与 SOE 信息、模拟量信号(遥测)直接取自控制保护系统,而控制请求(包括遥控、遥调)直接发送到控制保护系统,中间传输不经后台系统。

图 11-48 为远动系统与远方调度中心通信系统结构示意图。

2

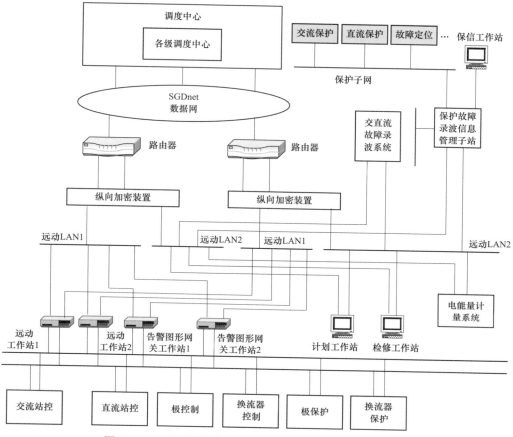

图 11-48　远动系统与远方调度中心通信系统结构示意图

11.3.4　就地控制系统

就地控制系统作为直流控制保护系统的一部分，供运检人员在交流继电小室和直流控制保护小室内监视操作相关设备。就地控制系统涵盖了交直流场中基本的运行人员控制功能、监视功能和带设备标示的人机界面。

就地控制系统采用分布式结构，各就地控制工作站只能控制和监视其管辖范围内的相关设备和系统。

就地控制工作站中安装与换流站运行人员控制系统相同的软件平台，并配置与运行人员控制系统相同的数据库和人机界面，同时也安装与换流站运行人员控制系统相同的事件报警系统，显示相应控制保护系统的事件报警信息。

11.3.5　远程诊断系统

在远方监视主站、管理处或检修公司分别配置一套远程诊断系统。其中，远方监视主站远程诊断系统采用 KVM 远程监视模式，利用基于 IP 的数字式 KVM，通过专用数据网络，实现对换流站全站设备运行状态的监视功能。管理处或检修公司远程诊断系统采用站 LAN 网延伸模式，通过专线通道将换流站 LAN 网扩展至管理处或检修公司，在管理处或检修公司配置与换流站相同的运行人员工作站接入站 LAN 网，如同换流站的运行人员工作站一样实现对换流站的监视。远方监视系统结构示意图如图 11-49 所示。

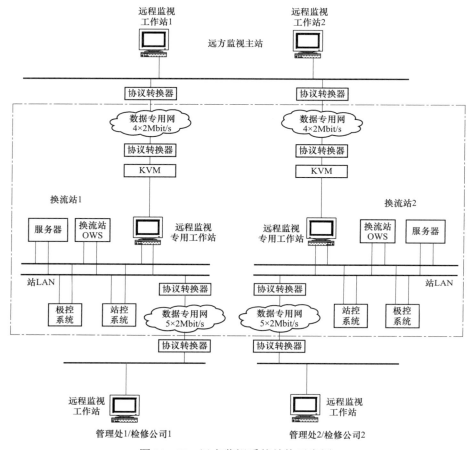

图 11-49　远方监视系统结构示意图

11.4　接地极线路监视系统

在实际直流输电工程中，直流电流持续、长时间地流过接地极会产生电磁效应、热力效应和电化效应。为避免接地极系统的不利因素，常会选择合适的路径，通过接地极引线将接地极安装在距离换流站较远的地点，距离常为数十千米至数百千米之间。在单极大地运行时，接地极引线作为一条输电导线，是电流经大地流回的重要直流线路。双极运行时接地极引线起固定地电位及流通双极不平衡电流的作用。接地极引线故障会对直流输电系统的安全可靠运行造成很大影响，一方面直流系统在单极运行时，接地极引线发生故障，将引起输电的中断；另一方面如果接地极引线存在故障或接地极引线工作状况不明确，则双极系统无法安全可靠的进行对称运行模式向不对称运行模式的转换；再者，接地极引线故障可能会对临近的通信设施造成通信干扰，在故障处可能还会造成人身伤害或者金属设备的腐蚀。

目前，直流输电工程接地极引线故障监视系统采用阻抗法和时域脉冲法两种技术路线的监视系统。如果能准确判断故障类型，及时检修，不但可以降低接地极线路故障导致直流停运的概率，对维护直流输电系统稳定性，保证电力系统正常运行，并免于遭受更大的破坏很有益处。

11.4.1　阻抗法接地极监视系统

接地极引线阻抗法监视实现对接地极引线状态的动态监控。其原理是向接地极引线注入高频交流电流，接地极引线阻抗法监视示意图如图 11-50 所示，并测量注入点处的对地电压，通过该电流和电压值计算出阻抗值。该阻抗值反映了接地极引线的状况，其幅值的突然变化可以作为接地极引线开路或者接地故障的判据，但该方法存在无法确定故障类型，整定值难以计算，故障测距误差大，且需要在接地极两端安装阻波器设备，以防止测量信号进入换流设备。

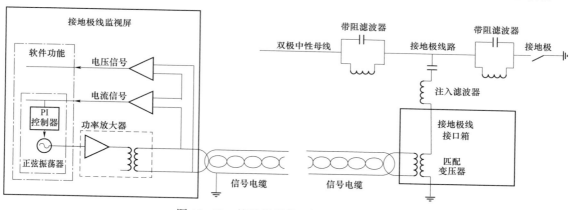

图 11-50　接地极引线阻抗法监视示意图

接地极引线复阻抗无故障时的典型值为 $Z=(280-j20)\ \Omega$，将其作为参考阻抗。如果出现线路故障，其值将会改变。图 11-51 为不同位置时极引线发生 1000Ω 接地故障时复阻抗示意图。

在该曲线图中，每隔一定距离有一个标记，中心点即为参考阻抗值，即正常阻抗值。临近点标记为靠近极址处接地故障时的阻抗值，而螺旋曲线的最外面的点为离换流站近处故障时的阻抗值。主机实时采集电压和电流值，计算出正序和负序分量，并由这些包含幅度和相位信息的采样值，计算出极引线复合阻抗的实部和虚部，见

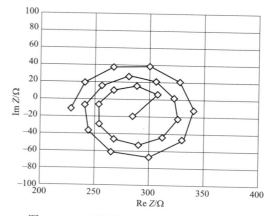

图 11-51　不同位置时极引线发生 1000Ω
接地故障时复阻抗示意图

式（11-13）～式（11-17）。

$$\dot{U} = U_实 + \mathrm{j}U_虚 \tag{11-13}$$

$$\dot{I} = I_实 + \mathrm{j}I_虚 \tag{11-14}$$

$$\dot{Z} = \frac{\dot{U}}{\dot{I}} = Z_实 + \mathrm{j}Z_虚 \tag{11-15}$$

$$Z_实 = \frac{U_实 I_实 + U_虚 I_虚}{I_实^2 + I_虚^2} \tag{11-16}$$

$$Z_虚 = \frac{U_虚 I_实 - U_实 I_虚}{I_实^2 + I_虚^2} \tag{11-17}$$

在参考阻抗的周围有一个圆形的死区，如果经过特定时延后，测量的阻抗值处于死区之外，则极引线监视系统会发出报警信号。这表示极引线的某处发生了接地或者开路故障。可以通过阻抗值实部和虚部的大小反应故障发生的位置。

极引线的阻抗值会受到导线温度的影响。由于直流电流的变化和周围环境温度的变化，导线的温度也会发生变化。当温度上升时，导线变长，增大导线的下垂，从而减小导线与大地的距离，使线路电容发生改变。

由于热效应引起阻抗变化是一种常见现象，与线路故障相比，热效应引起的阻抗变化要缓慢得多。为了防止由于这种现象导致阻抗监视系统发出错误报警信号，应该允许参考阻抗在特定的时间常数内跟踪测量阻抗的变化。

如果阻抗值变化非常快，其原因不可能是热效应。因此，如果变化超出了预设的死区，阻抗跟踪应该被锁止。如果阻抗的改变是由于瞬时扰动引起的，当它返回死区时，阻抗跟踪应重新启动。而当阻抗位于死区之外超过报警时延时，极引线监视系统应发出极引线故障报警。

在不同的工作方式下（大地回线、金属回线），中性线连接到直流场的位置也不同。而处于中性线和极引线之间的阻断滤波器有特定的带宽，不能实现完全解耦，这就导致了不同的工作方式有不同的极引线阻抗。因此针对不同的工作方式，极引线监视系统应该有一套预设的参考阻抗值可供选择。

由于不同工作方式引起的阻抗变化难以进行理论计算，因此需要进行现场调整。在出厂时，参考阻抗应该设置为与所有定义的工作方式下的阻抗值相等。如果在试运行过程中发现针对不同的运行方式，阻抗值出现比较明显的改变，则需输入与该工作方式匹配的参考阻抗值。

11.4.2 时域脉冲反射法接地极监视系统

时域脉冲反射法是采用高压耦合原理，向接地极引线注入幅值 100～500V，脉宽 1～3μs 的脉冲，时域脉冲反射法测距系统示意图如图 11-52 所示，利用故障点波阻抗不匹配点产生发射波原理，进行故障点定位的方法。

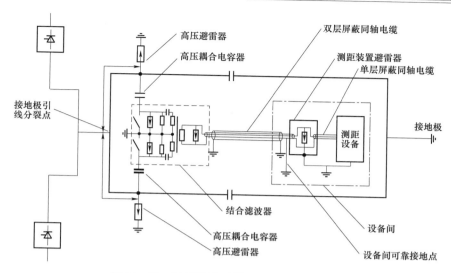

图 11-52 时域脉冲反射法测距系统示意图

由于接地极线路在双极平衡运行时,接地极引线上无电流和电压,即使出现接地或开路故障,保护装置也检测不出来。必须采集励磁方式,主动注入脉冲进行故障定位。主动脉冲法定位如图 11-53 所示,当接地极线路正常运行时,线路末端为波阻抗不连续点;当接地极线路发生金属接地、高阻接地、开路等故障情况下,不同故障类型接地极的电压、电流波形如图 11-54 所示,故障点为波阻抗不连续点;相对正常情况下,反射波的到达时刻,极性、幅值均会发生变化,根据入射波及反射波时间差即可完成定位。

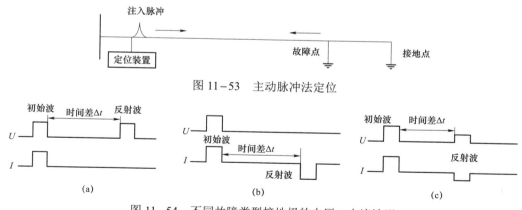

图 11-53 主动脉冲法定位

图 11-54 不同故障类型接地极的电压、电流波形
(a) 正常运行;(b) 末端开路;(c) 经过渡电阻接地

由于高频信号在线路中波传播速度 v 是不变的,准确标定发射脉冲时刻和接收到第一个发射波到达时刻,即可计算故障点距离 L,见式(11-18)。

$$L = \frac{1}{2} v \Delta t \tag{11-18}$$

该原理简单、直观，不受线路参数的影响，且无需在接地极两端增加阻波器等一次设备，相比阻抗原理在技术和经济性上具有明显优势，克服了阻抗原理无法确定故障类型和定位故障等缺点。

11.5 谐波监视系统

11.5.1 谐波监视系统功能

由于电力负荷急剧变化，特别是冲击性和非线性负荷容量的不断增长，使得电网发生波形畸变、电压波动与闪变和三相不平衡等电能质量问题。换流站借助谐波监视系统，用来测量和监视换流站交直流系统的谐波状态，对重要的模拟量信号进行监视和计算分析。以 DZ300C 谐波监视系统为例，谐波监视系统采用 32 位 DSP 处理器与 32 位双 CPU 内核、16 位 AD 三通道并行数据总线高速采集、512 点每周波，采用小波分析算法计算更加精确。可测量三相电压、三相电流的谐波（2～50 次）、序分量、电压偏差、功率因数、有功功率、无功功率和频率。

11.5.2 谐波监视系统应用场景

（1）测量分析公用电网供到用户端的交流电能质量，测量分析频率偏差、电压偏差、电压波动和闪变、三相电压允许不平衡度、电网谐波。

（2）应用小波变换测量分析非平稳时变信号的谐波。

（3）测量分析各种用电设备在不同运行状态下对公用电网电能质量。

（4）负荷波动监视，定时记录和存储电压、电流、有功功率、无功功率、频率、相位等电力参数的变化趋势。

（5）电力设备调整及运行过程动态监视，帮助用户解决电力设备调整及投运过程中出现的问题。

（6）测试分析电力系统中断路器动作、变压器过热、电机烧毁、自动装置误动作等故障原因。

（7）测试分析电力系统中无功补偿及滤波装置动态参数，并对其功能和技术指标做出定量评价。

（8）根据多参数、大容量、高精度及近代信号分析理论的应用等特点，使 LZ-DZ300C 可广泛地应用于输变电、电力电子、电机拖动等领域。

11.6 对时系统

11.6.1 对时系统基本功能

换流站通常采用 GPS 系统和北斗系统两站对时系统。GPS 系统是美国全球卫星导航系统，由 24 颗在空间运行的 GPS 卫星和地面控制站组成，在地球表面任一地点、任意时刻，

GPS 卫星信号接收器在收到足够多的卫星信号后，能精确地计算接收器所在空间的位置和时间，其时间精确度可达纳秒级。北斗授时时钟是基于我国"北斗一号"系统，依靠观测现有一代系统的三颗卫星，实现无源方式定位、授时功能，时间精度优于 100ns。

对时装置一般能提供多种对时功能模块：脉冲空接点和有源脉冲对时模块、RS422/485、RS232 串行口对时模块、直流和交流 IRIG−B 码对时模块、DCF77 对时模块、基于 NTP/SNTP 协议的网络时间服务器模块、恒温守时模块等，满足换流站各种设备不同对时需求。换流站对时系统如图 11−55 所示。

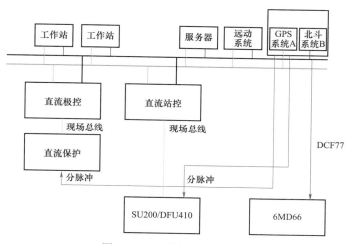

图 11−55　换流站对时系统

11.6.2　对时系统配置原则

目前大部分的对时方案采用分布式对时方案，对需要对时的设备由厂家自行配置卫星时钟，给所需的设备提供对时信号，这种方案配置简单，费用低，只需考虑各自所需的对时信号，尤其在需要对时的设备不多的情况下通常采用此方案。但这种方案在一个厂、站可能因不同设备厂家不同时间安装，会有若干台卫星时钟，虽然时钟生产厂家不同，但如果时钟技术指标和对时精度满足要求也能实现时钟统一。存在的缺点是时钟系统整体可靠性不高，如果某台时钟不正常，就不能真正达到时钟统一，而且不便于今后设备的维护、管理、扩展及统一的技术升级。

根据实际情况，对于较为重要的厂、站建议采用统一的一套时钟系统完成全部的对时任务。通常采用互备型时钟系统的方案，它由两套独立的卫星同步时钟组成双机互备主时钟系统，再根据对时信号的分布和数量配置若干台二级时钟，组成全厂、站的对时系统。为了进一步增加可靠性，还可以在主钟上增加高精度守时时钟（恒温晶振或原子钟），在收不到卫星信号时，仍能提供高精度对时信号输出。由于全厂、站采用一套卫星同步时钟系统，因此可以采用较高端的配置，成本增加不多。也可以将双机互备中的一台接收机改为北斗接收机或其他非 GPS 接收机，以进一步提高运行可靠性。尤其对全厂、站所需对时设备分布范围较广的情况，只需增加二级时钟即可解决对时问题，而不必为时钟与对时设备过远造成的对时钟的可靠性问题而担心，省去了增加驱动电路的麻烦。采用互备分级时钟系统方案不但能满足目前的对时要求，而且有利于今后新设备增加后对时信号的扩展。由于每台二级时钟都从两台主时钟分别引光纤信号，因此只要有一台主时钟工作，二级时钟就能正常对时，使得可靠性比单机方案要高。

接受 GPS 时钟系统与接受北斗时钟系统互为备用，对时系统可提供多种对时方式，如运行人员及控制系统可采用 NTP 或 SNTP 网络对时；保护设备、就地控制单元 SU200 等可采用分脉冲或 B 码对时；特殊设备，如 6MD66，可采用 DCF77 对时。

11.7 实时仿真系统

11.7.1 试验系统组成

以许继集团特高压直流实时仿真系统为例，实时仿真试验系统基于 DPS3000 控制保护平台所搭建的多用途仿真系统，该系统还包含数字实时仿真设备（RTDS）、现场层设备仿真（DCSIM）、对时系统等电力系统仿真设备。

11.7.2 仿真系统配置方案

（1）控制保护屏柜配置按紧凑化、单重化设计，控制和保护主机共用屏柜。

（2）控制保护功能分层设计，实现与特高压工程一致的分层结构，其中，双极控制功能集成到直流站控系统，双极保护功能集成到极保护系统，换流变压器保护集成到阀组保护系统。

（3）控制保护按阀组模块化设计，阀组的控制保护系统相对独立，能够适应不同直流输电应用场景。

（4）控制保护系统采用 HSMD 装置与 RT−LAB 光纤通信实现数据交互。

（5）监控系统采用 Linux 服务器和 Windows 工作站，性能稳定，安全可靠，界面可视化好，SER 信息全，操作维护方便。

（6）现场层测控装置由 DCSIM 装置实现，通过现场总线与控制系统通信。

（7）故障录波系统配置外置故障录波及内置故障录波，实现连续稳态录波和故障暂态录波，波形存储为 COMTRADE 格式，故障暂态录波采用率不低于 10kHz。

11.7.3 仿真系统结构

双极直流控制保护系统采用分层分布式结构，包括运行人员控制层、控制层、现场层三个层次。各分层之间以及同一分层的不同设备之间通过网络、总线以及其他接口相互连接，构成完整的换流站直流控制保护系统。换流站之间的控制保护系统之间，通过站间通信通道互联。按照上述设计和配置原则，特高压直流控制保护实时仿真系统整体结构图如图 11−56 所示。

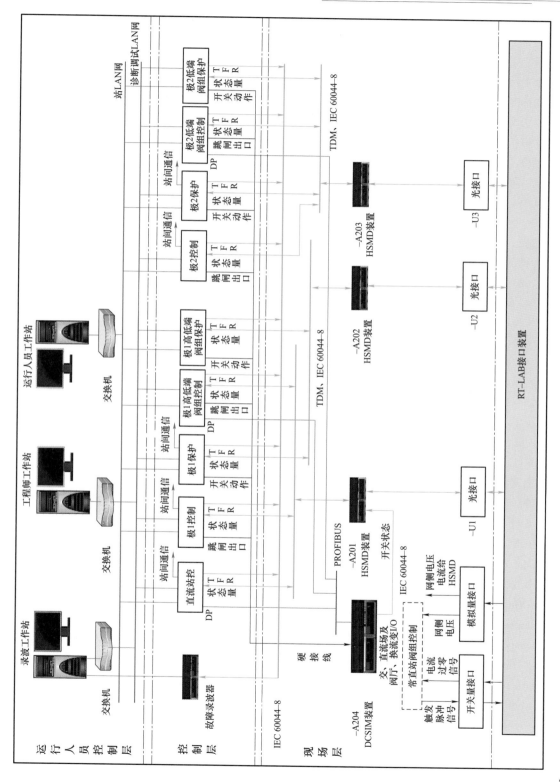

图 11－56　特高压直流控制保护实时仿真系统整体结构图

参 考 文 献

[1] 李斌. 柔性直流系统故障分析与保护 [M]. 北京：科学出版社，2020.

[2] 国家电网公司. Q/GDW 607—2011 变电站直流系统状态评价导则 [S]. 北京：中国电力出版社，2011.

[3] 中国标准化委员会. GB/T 35711—2017 高压直流输电系统直流侧谐波分析、抑制与测量导则 [S]. 北京：中国标准出版社，2018.

[4] 宋文南，刘宝仁. 电力系统谐波分析 [M]. 北京：中国电力出版社，1995.

[5] 张艳霞，姜惠兰. 电力系统保护与控制 [M]. 北京：科学出版社，2019.

[6] 沈鑫，曹敏. 谐波状态下高精度电能计量技术 [M]. 北京：机械工业出版社，2019.

[7] 罗隆福，陈跃辉，周冠东，等. 谐波和负序治理理论与新技术应用 [M]. 北京：中国电力出版社，2017.

[8] 王兆安. 谐波抑制和无功功率补偿 [M]. 2 版. 北京：机械工业出版社，2006.

[9] 马为民，吴方劼，杨一鸣，等. 柔性直流输电技术的现状及应用前景分析 [J]. 高电压技术，2014，40（08）：2429-2439.

[10] 刘剑，邰能灵，范春菊，等. 柔性直流输电线路故障处理与保护技术评述 [J]. 电力系统自动化，2015，39（20）：158-167.

[11] 汤广福，庞辉，贺之渊. 先进交直流输电技术在中国的发展与应用 [J]. 中国电机工程学报，2016，36（07）：1760-1771.

[12] 李兴源，曾琦，王渝红，等. 柔性直流输电系统控制研究综述 [J]. 高电压技术，2016，42（10）：3025-3037.

[13] 梁少华，田杰，曹冬明，等. 柔性直流输电系统控制保护方案 [J]. 电力系统自动化，2013，37（15）：59-65.

[14] 孙东旺. 基于雅中—江西±800kV 特高压直流输电线路依托工程的江西省输电线路樟树跨越自然生长高度调研分析 [C]. 2019 年江西省电机工程学会年会论文集，2019：283-284.

[15] 周静，马为民，石岩，等. ±800kV 直流输电系统的可靠性及其提高措施 [J]. 电网技术，2007，31（3）：7-12.

[16] MRBM Saifuddin，TN Ramasamy，Q Tong，et al. Design and Control of a DC Collection System for Modular-Based Direct Electromechanical Drive Turbines in High Voltage Direct Current Transmission [J]. Electronics，2020，9（3），493.

[17] WeiXing Lin，Dragan Jovcic. Reconfigurable multiphase multi GW LCL DC hub with high security and redundancy [J]. Electric Power Systems Research，2014，110：104-112.

[18] M Marzinotto，G Mazzanti，M Nervi. Ground/sea return with electrode systems for HVDC transmission [J]. International Journal of Electrical Power and Energy Systems，2018，100：222-230.

[19] Martin Andreasson，Mohammad Nazari，DV Dimarogonas，et al. Distributed Voltage and Current Control of Multi-Terminal High-Voltage Direct Current Transmission Systems [J]. IFAC Proceedings Volumes，2014，47（3）：11910-11916.

[20] Z Jiang，L Zhou，Z Zhang，et al. An Equivalent-Input-Disturbance-based sliding mode control approach

for DC – DC buck converter system with mismatched disturbances ［C］. 2019 Chinese Control Conference （CCC），2019：631 – 636.

［21］ Gao Yang. Discussion on Network Management and Condition – Based Maintenance of Dc Power Supply System ［C］. Proceedings of 2019 International Conference on Information Science，Medical and Health Informatics （ISMHI 2019），2019：59 – 61.

第 12 章　直流输电控制保护系统通信

12.1　现场控制总线

12.1.1　ProfiBus 现场总线

　　ProfiBus 现场总线作为目前国际上通用的现场总线标准之一，在工业控制自动化领域得到了广泛的应用。ProfiBus 以 ISO/OSI 的网络参考模型为基础，提供了三种兼容的通信协议类型：ProfiBus–DP（工厂自动化）、ProfiBus–FMS（通用自动化）和 ProfiBus–PA（过程自动化）。前两者使用同样的传输技术和统一的总线访问协议，因此这两种类型的总线系统可以同时挂在同一根电缆上运行操作；后者专为过程自动化设计，用于安全性要求较高的场合以及由总线供电的站点，采用扩展的 ProfiBus–DP 协议。

　　ProfiBus–DP 协议主要用于现场级的高速数据传输，换流站现场总线一般采用 ProfiBus–DP 协议。如果无特殊说明，所指的现场总线站点均采用 ProfiBus–DP（简称 DP）协议。

　　DP 总线的网络结构有总线型、树形、星形、环形等，换流站一般采用的网络结构均为冗余的光纤环网。DP 总线的传输距离最长可达 10km，其中的每分段最大 1200m，若分段内需大于 1200m 的传输距离，必须使用中继器（repeater）或使用光纤连接。如果每分段不使用中继器，可带 32 个站；如果使用中继器，则最大可带 126 个站。在电磁干扰很大的环境下，可使用光纤以增大传输距离，降低干扰。DP 总线的传输速率与传输距离的对照关系见表 12–1。

表 12–1　　　　　　　　　　DP 总线的传输速率与传输距离的关系

传输速率/（bit/s）	9.6k	19.2k	93.75k	187.5k	500k	1.5M	12M
传输距离/m	1200	1200	1200	1000	400	200	100

　　采用 ProfiBus–DP 协议时，主站和从站通过快速的串行总线连接到分布式的现场设备，主站和从站交换数据是通过主循环的方式进行的。主站控制器循环地读取从站的输入信息并循环地写入输出信息到从站。现场总线的循环时间比主站控制器的主循环时间要短，具体取决于从站的数目与任务量的多少，大多数的应用时间为 10ms 内。现场总线的循环时间与从站数目的关系如图 12–1 所示，当以 12Mbit/s 的传输速率通信时，大约在 1ms 的时间内，主站能够接收 512 个位输入信息和传送 512 个位信息到 32 个从站。

　　由图 12–1 中可以看出，在配置相同数目的从站时，采用的通信传输速率越高，则总线循环时间越短；在相同的总线循环时间下，采用的通信传输速率越高，则能够访问的从站数

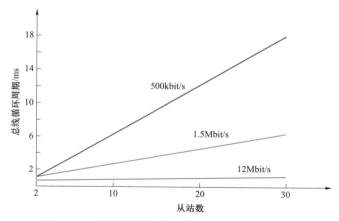

图 12-1　现场总线的循环时间与从站数目的关系

目越多。但是通信传输速率太高时，现场总线易受干扰，会降低稳定性。从工程实用性的角度考虑，目前的工程尤其是特高压直流工程，需要控制的信号点越来越多，相应地从站数目也相应增加，把通信传输速率设置为 1.5Mbit/s 就能很好地兼顾以上要求。

现场总线可以采用电或光传输介质的方式相连。以交流站控的现场总线的光纤环网为例，主站位于主控楼里，冗余的两套现场总线通过光电转换模块（OLM）把光信号经过光纤接口屏送到各就地继电器小室中的光纤接口屏，再通过该屏上的光电转换模块（OLM）转换为电信号，各就地 I/O 单元通过电接口与之依次相连。所以一段总线网络中电或光传输介质往往是混合使用的，ProfiBus-DP 总线结构图如图 12-2 所示。

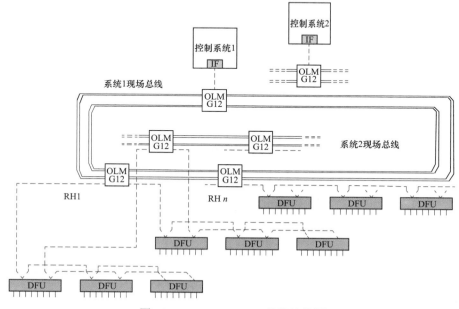

图 12-2　ProfiBus-DP 总线结构图

IF—接口；OLM/G12—光电转换模块；RH—继电器室；DFU—就地控制单元

12.1.2 LAN 现场总线

极控系统、换流器控制系统、站控系统等均由主控单元与分布式 I/O 组成。主控单元与分布式 I/O 之间通过光纤介质的现场控制 LAN 网实现实时通信，传递状态、信号以及操作命令等信息。

各 I/O 屏柜直接接入光纤以太网交换机，而主机也接入交换机，形成光纤网络结构，相互通信。通信功能强、结构清晰、中间环节少，系统的可靠性高。

交流控制主机和 I/O 屏柜采用单网连接，交流站控主机与 I/O 现场总线通信结构示意图如图 12-3 所示。直流控制主机和现场控制 LAN 网交换机双网连接，I/O 屏柜则采用单网连接的方式，换流器控制主机与 I/O 现场总线通信结构示意图如图 12-4 所示。直流保护主机和 I/O 采用点对点的连接方式。

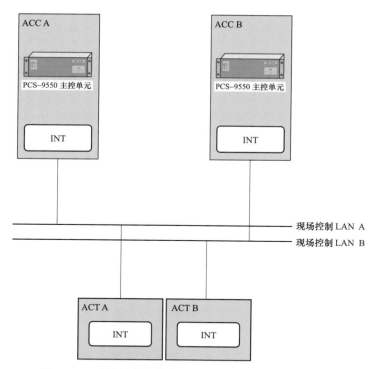

图 12-3　交流站控主机与 I/O 现场总线通信结构示意图

冗余的现场总线彼此间完全隔离。这种配置中，分布式 I/O 系统被连接到各自控制柜。切换只在主计算机层产生，分布式 I/O 系统总处于运行状态。

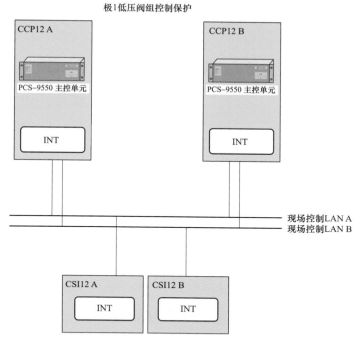

图 12-4　换流器控制主机与 I/O 现场总线通信结构示意图

12.2　快速控制总线

12.2.1　IFC 总线

快速控制总线用于冗余控制系统之间、极层控制与阀组控制之间的通信和直流保护系统与控制系统之间数据传送。

快速控制总线提供高速点对点通信功能，通信传输速率 50Mbit/s，全双工双向串行通信总线，抗电磁干扰能力强；采用多模光纤，波长 1300nm，传输距离远，光功率衰减小，通道和链路都有自检功能。

快速控制总线每帧报文能够传输 128 个 HEX 字，采用光触发的交流信号元器件，数据连续不断地发送，如果没有数据则发送空闲报文，当检测不到数据和空闲报文时，认为光纤通道出现问题；数据发送和接收都采用 CRC 校验码，以确保传输报文的正确性。

特高压直流工程控制保护系统采用分层结构，分层结构能提高运行操作和维护的方便性和灵活性。特高压换流站按分层控制保护技术，一般配置站控、极控、阀组控制、极保护、阀组保护。快速控制总线具有高实时性、高可靠性等优点，并具备丰富的故障诊断功能，可实现控制系统之间、控制系统与保护系统之间需要快速数据交互。特高压控制保护系统控制总线总图如图 12-5 所示。

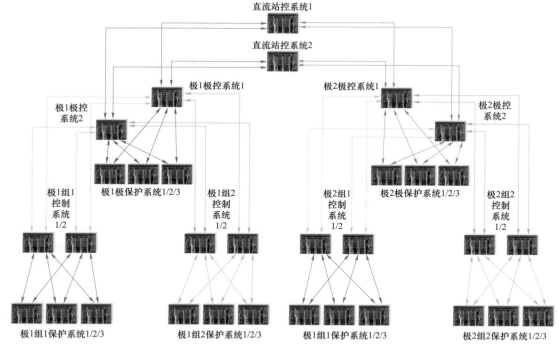

图 12-5　特高压控制保护系统控制总线总图

12.2.2　LAN 网高速总线

直流控制保护系统中，通过光纤实时 LAN 网高速总线连接控制与保护主机。根据系统分层原理，主机间实时通信网络也分为双极/极层通信网和换流器层通信网，极层控制 LAN 是 DCC、PCP、PPR 主机在极层之间的实时通信网，换流器层控制 LAN 是 PCP、CCP、CPR 主机在换流器层之间的实时通信网。

PCP 主机既连接双极/极层通信网，又连接本极的两个换流器层通信网，实现极层与换流器层的信息交互。双极/极层通信网和换流器层通信网均双重化配置，保护主机与本层"三取二"装置采用点对点的冗余直连光纤通信，实时控制 LAN 网结构如图 12-6 所示。

12.3　测量总线 TDM

控制保护系统模拟量采集传输将采用 TDM 总线通信方式，TDM 总线通信支持 32bit 数据带宽的 PCI 总线，时钟频率 33MHz，通信传输速率为 32Mbit/s。采用插入式 TDM 总线，每块 TDM 采集板块作为一个节点形式存在于数据结构中，每个节点最多可采集 25 个模拟量，最多 10 个节点，每个节点数据都加入了 CRC 校验信息，保证数据的正确性，同步采用时钟同步方式。

TDM 控制总线具有输送数据容量大、延时小、无失真运行等特点，在高压直流控制保护系统中，TDM 每桢抽样传输速度为 10～100kbit/s 个样本，对于输送高带宽的测量信号是非

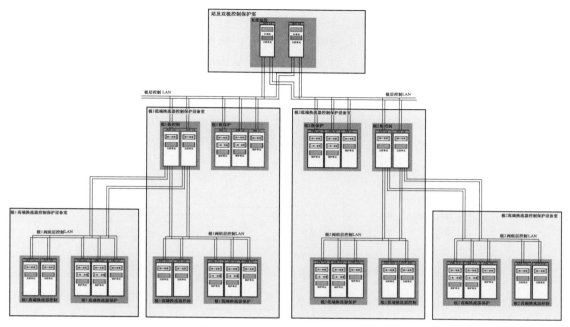

图 12-6　实时控制 LAN 网结构

常必要的。

　　控制保护系统中，模拟量采样后通过 IEC 60044-8 总线传送到直流控制保护设备中。IEC 60044-8 总线均为单向总线类型，用于高速传输测量信号，采用点对点通信，不分层。

12.3.1　特高压测量采集回路

　　特高压换流站测量回路示意图如图 12-7 所示，测量信号一般分为电磁式信号、光信号和零磁通信号。电磁式信号直接接入测量接口屏柜，光信号和零磁通信号首先接入合并单元，合并单元采样频率一般为 10kHz 或 50kHz。合并单元采集多路模拟量后通过 IEC 60044-8 标

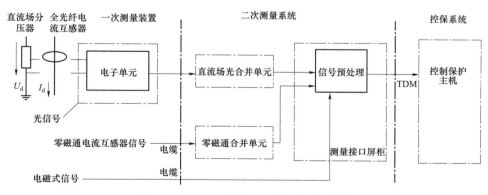

图 12-7　特高压换流站测量回路示意图

准报文发送至测量接口屏。测量接口屏收集所有的模拟量，并进行滤波等预处理，然后通过 TDM 测量总线发送给控制保护系统。

特高压控制保护及测量系统一般按照极独立配置，每个极的控制系统为双重化配置，分为极控和高、低阀组控制；保护系统为三重化配置，分为极保护和高、低端阀组保护。测量系统的设计原则为：各重控制保护系统对应的测量回路独立，避免任一回路故障影响其他系统。特高压单极单重控制保护系统整体测量回路示意图如图 12-8 所示，双极区零磁通合并单元和直流场合并单元输出独立的光纤至极测量、高低端阀组测量屏，测量屏同时接入本系统需要的电磁式信号，然后由独立的 TDM 链路分别发送至对应的控制保护系统。

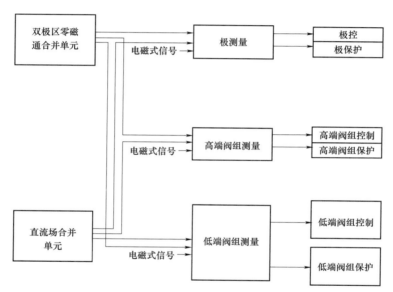

图 12-8　特高压单极单重控制保护系统整体测量回路示意图

12.3.2　TDM 总线结构

直流控制保护系统模拟量测量与处理过程如下：

（1）模拟量采集。

（2）A/D 转换。

（3）电气信号转换光纤信号，并以 IEC 60044-8 方式发送。

（4）接收 IEC 60044-8 数据，光纤信号转换电气信号。

（5）DSP 进行逻辑运行或通过 HTM 总线送至其他 DSP 板卡。

在直流控制保护系统中，I/O 机箱内有 IEC 60044-8 总线用于传送模拟量测量信号，将采集到的模拟量 A/D 转换并以 IEC 60044-8 方式发送到控制（保护）主机，图 12-9 为 IEC 60044-8 网络配置示意图。

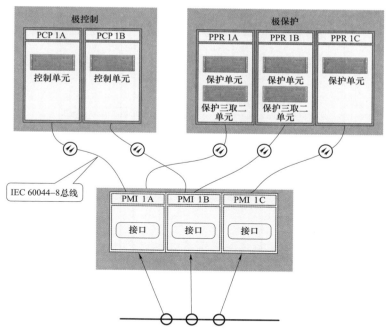

图 12-9　IEC 60044-8 网络配置示意图

12.4　LAN 网

12.4.1　站级 LAN 网

以特高压直流工程为例,站级 LAN 网通信主要包括运行人员控制层与控制保护层设备之间的通信、远动工作站与网络传输设备之间的通信、保护及故障录波设备与保护及故障录波子站之间的通信三个部分,均采用基于通用以太网技术的局域网实现。

其中,运行人员控制层与控制保护层设备之间通信的局域网包括连接运行人员控制层设备的 SCADA LAN 和连接控制保护层设备的控制系统的控制 LAN 两部分,两者之间经防火墙及路由设备连接在一起;远动工作站与网络传输设备之间的通信采用单独组网的远动 LAN 网;保护及故障录波设备与保护及故障录波子站之间的通信同样采用独立的保护 LAN 网。站级 SCADA LAN 和控制 LAN 网采用双网冗余设计(星形拓扑结构),LAN1 和 LAN2 完全独立,而保护 LAN 采用单网设计。图 12-10 是换流站控制保护系统 LAN 网结构拓扑图。

12.4.2　站间 LAN 网

以特高压直流工程为例,站间 LAN 网通信采用分区集约化结构,可以在简化通道数量的情况下保证通信的快速性。通道数量共需 12×2Mbit/s,分为 6 对,根据以往工程实际情况,将 12 个通道设计为两个数据平面网,每个网 6 个通道,相互备用。通道包括站 LAN 网通信通道、站 LAN 网快速通道、极 1 极控通信通道、极 2 极控通信通道、极 1 保护通信通道、极 2

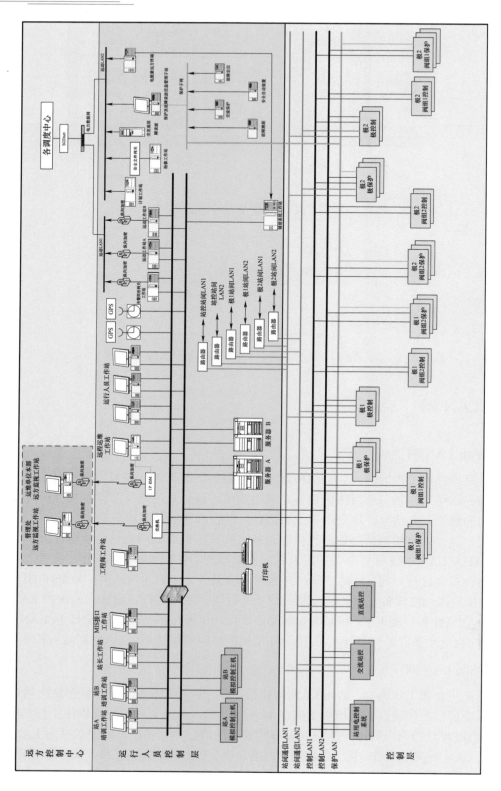

图 12－10　换流站控制保护系统 LAN 网结构拓扑图

保护通信通道。

　　站间通信在控制主机层采用 LAN 网传输模式，从控制保护机箱网络板卡直接输出，经过路由器将 LAN 网转换为 G.703 网，与对站进行通信；每个控制主机同时接收对站两套系统数据，根据报文确定对端的主系统。主机接受对站主系统传输的信息作为控制的参考值，备用系统的数据仅作为参考。保护主机优先选择第一通道作为参考对象。第一路通道故障时，第二个通道数据作为参考。

　　控制保护系统各站之间交换数据采用快速站间 LAN（少量重要数据）网通信和慢速 LAN（大量数据）网通信两种方式，各站之间的快速 LAN 网通信采用双重化的通信通道。交换的数据主要是各站之间的一些重要的模拟量或运行状态，其中模拟量包括电流参考值、稳定控制功能产生的功率调制量、电流限制值、交流频率、直流电压等，重要的二进制控制量包括对站阀组的解闭锁状态、保护闭锁和跳闸请求、直流线路故障重启请求、平衡接地极请求等。慢速 LAN 网通信交换的数据主要是一些与运行人员有关的命令、参考值或开关的位置状态。

参 考 文 献

[1]　鲜继清. 通信技术基础［M］. 2 版. 北京：机械工业出版社，2015.

[2]　樊留群. 实时以太网及运动控制总线技术［M］. 上海：同济大学出版社，2009.

[3]　张淑娥，孔英会，高强. 电力系统通信技术［M］. 3 版. 北京：中国电力出版社，2015.

[4]　唐飞，刘涤尘. 电力系统通信工程［M］. 2 版. 湖北：武汉大学出版社，2017.

[5]　国家能源局. DL/T 5447—2012 电力系统通信系统设计内容深度规定［S］. 北京：中国计划出版社，2012.

[6]　国家能源局. DL/T 548—2012 电力系统通信站过电压防护规程［S］. 北京：中国电力出版社，2012.

[7]　郭其一，黄世泽. 现场总线与工业以太网应用［M］. 北京：科学出版社，2019.

[8]　张萍. 数字通信技术［M］. 西安：西安电子科技大学出版社，2018.

[9]　马晨昱，罗绍才. 云—广Ⅲ回高压直流输电工程控制系统通信结构［J］. 广东科技，2014，23（22）：82 – 83.

[10]　金鑫. 高压直流输电系统极控信号通信网络可靠性分析［J］. 电力系统保护与控制，2015，43（12）：110 – 116.

[11]　毕璐. 高压直流输电系统通信通道研究［J］. 科技传播，2016，8（6）：98 – 99.

[12]　张琳琳，马根坡，罗永金. 高压直流输电换流阀冷却系统内外冷通信优化方案［J］. 自动化仪表，2019，40（9）：66 – 69.

[13]　杨万开，印永华，班连庚，等. ±1100kV 特高压直流系统试验方案研究［J］. 电网技术，2015，39（10）：2815 – 2821.

[14]　周春红，蒋利军，吴维柏，等. 特高压直流输电工程用直流滤波器高压电容器 H 型接线不平衡保护方案研究［J］. 电力电容器与无功补偿，2020，41（1）：1 – 7.

[15]　Shuang Hu Wang, Shun Liang, Hong Xu Yin. The Design and Research of Energy Interconnected LAN for New – Type Urban［J］. Procedia Computer Science，2020，166：423 – 427.

[16]　Georgiou Stefanos, Spinellis Diomidis. Energy – Delay investigation of Remote Inter – Process communication

technologies [J]. Journal of Systems and Software, 2020, 162: 110506.

[17] Jumin Zhao, Ji Li, Dengao Li, et al. Optimal Data Transmission in Backscatter Communication for Passive Sensing Systems [J]. Tsinghua Science and Technology, 2020, 25 (05): 647−658.

[18] V. G. Agelidis, G. D. Demetriades, N. Flourentzou, Recent Advances in High−Voltage Direct−Current Power Transmission Systems [C]. 2006 IEEE International Conference on Industrial Technology, Mumbai, 2006: 206−213.

[19] M. Sh. Misrikhanov, V. F. Sitnikov. Automatic control of high−voltage DC power transmission on the basis of self−organizing regulators with extrapolation [J]. Russian Electrical Engineering, 2007, 78 (10): 519−524.

[20] N. B. Kutuzova. Ecological benefits of dc power transmission [J]. Power Technology and Engineering, 2011, 45 (1): 62−68.

[21] Zhao Lu. Technical exploration of new high voltage DC converter [C]. Proceedings of 2019 18th International Symposium on Distributed Computing and Applications for Business Engineering and Science (DCABES 2019), 2019: 241−244.

第 13 章 直流输电控制保护系统关键技术

13.1 冗余控制保护技术

根据高压直流输电控制保护系统的可靠性要求，基于不可修复系统串并联结构的可靠性原理，换流站直流控制保护系统采用冗余控制技术，能提升设备可用率。直流控制系统一般配置完全冗余的双重化设备，直流保护系统一般配置三套相同软硬件设备与两套"三取二"设备；交流保护一般配置完全冗余的双重化设备，采用"启动＋动作"保护冗余策略。每套控制保护系统硬件配置、软件配置、模拟量采集通道、通信拓扑结构、开入开出回路，均采用独立设计原理。

13.1.1 直流控制系统冗余技术

直流控制系统之间通过快速通信网络实现关键数据同步，保证其一致性和有效性，当系统切换时或单重控制系统故障时，既不影响系统功率的传输，也不会造成系统扰动。冗余控制系统各配置一个切换逻辑模块，两个切换逻辑模块相互备用，冗余控制系统可自动切换，也可手动切换。在自动控制模式，冗余系统根据故障等级比较自动切换；在手动控制模式，冗余系统故障等级必须一致，才能手动切换。极控系统冗余配置如图 13-1 所示。

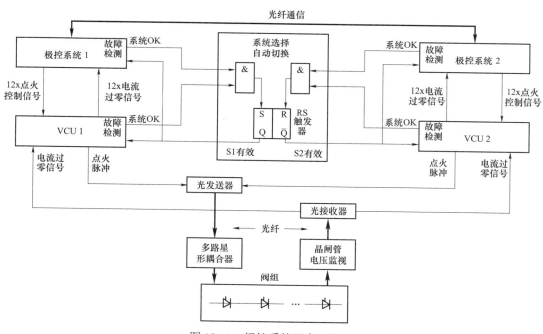

图 13-1 极控系统冗余配置图

13.1.2 直流保护系统冗余技术

直流极保护、双极保护、换流器保护、换流变压器保护及直流滤波器保护均采用三重化冗余配置，采用"三取二"出口策略，任意一重保护系统的保护范围都覆盖整个需要保护的范围，在一套保护不"OK"情况下，"三取二"自动转化成"二取一"进行逻辑判断；在两套保护不"OK"情况下，转化成"一取一"进行逻辑判断，以保证在任何运行工况下所保护的设备或区域均能得到正确的保护。每一重保护系统从测量回路到保护主机完全独立，在三套系统都"OK"时至少有两套保护系统动作，保护才能最终动作出口。

保护出口回路采用"三取二"逻辑，"三取二"逻辑通过独立的"三取二"硬件装置实现，利用可编程序逻辑灵活配置出口矩阵。实际应用中配置冗余的"三取二"装置，分别安装在系统 A、B 中，能有效平衡保护误动和拒动。三套保护系统分别将保护功能信号通过控制总线送至两套"三取二"装置，经逻辑判断后保护动作信号通过控制总线（图 13-2 中虚线部分所示）传至双重化的极控系统，快速清除区域内的故障或不正常工况，保证直流系统的安全运行，直流保护系统冗余配置如图 13-2 所示。

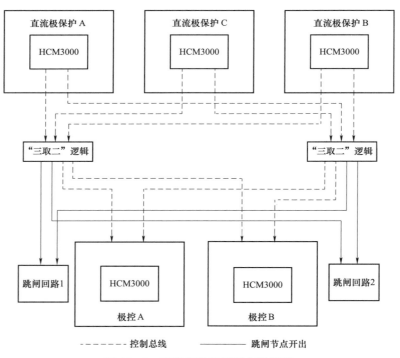

图 13-2 直流保护系统冗余配置图

13.1.3 交流保护系统冗余技术

换流站交流保护系配置两套保护装置，采用"完全双重化"冗余方式，每一个保护装置有两个保护运算单元，每个运算单元使用独立的测量数据，采用"启动＋动作"逻辑，当一个保护装置中两个运算单元都有保护动作信号后，这套保护装置才会出口，任意一套保护出口即可跳闸出口。

"完全双重化"配置逻辑中，每一套保护采用了"启动＋动作"的方式实现，防止单一元器件故障造成的保护误动，两套保护系统同时运行，任意一套保护动作即可出口。

交流保护系统"完全双重化"冗余方案示意图如图 13-3 所示。

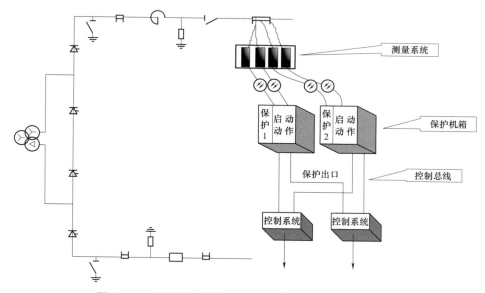

图 13-3　交流保护系统"完全双重化"冗余方案示意图

"完全双重化"冗余配置，由两套保护屏柜组成，每一套保护采用"启动＋动作"的方式实现。每一套保护屏柜具有独立、完整的硬件配置和软件配置，每一套保护具有完整的保护功能，能独立运行并完成所有的保护功能，能覆盖所保护的区域，并能独立地对所保护设备或区域进行全面、正确的保护。两套保护之间在物理上和电气上完全独立。两重保护的输出按"或"逻辑出口，任意一重保护退出不影响另一重保护正确动作，保证在任何运行工况下所保护的设备或区域得到正确保护。任意一套保护因故障、检修或其他原因而完全退出时，不会影响另外的一套保护，并对整个直流系统的正常运行没有影响，另外的一套保护可以正确动作，且不会失去准确性和灵敏度。

特高压直流控制保护系统按功能划分，主要包括直流站控系统、极控制系统、换流器控制、极保护系统、换流器保护系统、交流站控系统、交流滤波器控制系统等子系统。在直流控制保护中，这些系统都按冗余原则进行配置。其中直流保护采用三套系统配置，其余采用双重化结构配置。

控制系统的冗余设计可确保直流系统不会因为任一控制系统的单重故障（$N-1$）而发生停运，也不会因为单重故障而失去对换流站的监视。其中，当双套直流站控均失去时，直流可继续维持运行一定时间，换流站人员应尽快排除故障使直流站控恢复正常状态，若预定时间后直流站控仍未恢复正常，直流极控将执行闭锁时序停运直流。

直流保护采用三重化冗余配置，直流保护输出采取功能"三取二"方式，并且可允许任意一套直流保护退出运行而不影响直流系统功率输送。每重保护采用不同测量器件、通道、电源、出口的配置原则。当保护监测到某个测点故障时，仅退出该测点相关的保护功能；当直流保护监测到装置本身故障时，闭锁全部保护功能。

对于双极共用的测点，极一和极二的控制保护具备完全独立的二次测量通道，可以实现双极测量系统的完全解耦，当其中一个极的二次测量系统检修时，并不影响另一个极的正常运行。

13.2 可视化编程技术

13.2.1 ViGET 图形化编程工具

许继集团 ViGET 图形化编程工具，可以帮助应用开发人员快速、简便、可靠地进行二次应用的可视化开发及调试。

ViGET 图形化编程工具是一个高度集成的、具有丰富开发及调试功能的高端、通用可视化图形化编程环境，它支持符合 IEC 61131-3 标准的 5 种工控语言，同时支持用于复杂应用编程的增强型 CFC 图形化编程语言，可快速、高效地完成复杂应用的编程及调试，直流输电控制保护程序开发基于 CFC 图形化编程语言。

ViGET 图形化编程工具的引入实现了平台底层程序和控制保护应用程序开发的完全隔离。一方面，底层开发由具有专业技术的平台开发人员完成，平台开发人员用 C 语言、汇编语言等实现系统程序及功能块等底层软件的专业开发和测试，为二次应用开发人员提供非常可靠的软硬件平台系统；另一方面，控制保护应用的开发人员可以专注于专业的控制保护技术，不需要具备具体的软硬件开发技能，应用 ViGET 图形化编程工具，通过简单的可视化的功能块编程、任务分配、时序调整、在线下载调试等操作，来完成功能强大的二次控制保护应用开发。

1. ViGET 图形化编程工具特性

ViGET 图形化编程工具具备如下特性：

（1）集成化的工程应用开发环境，为用户应用软件开发提供全流程开发支持。

（2）优化及贴合实际的工作流程，符合应用人员开发习惯。

（3）支持多工程、多处理器的开发系统。

（4）支持符合 IEC 61131-3 标准的 5 种工控开发语言。

（5）提供增强型 CFC 图形化编程语言：支持单 CFC 的多任务编程；支持多 CFC 系统，满足复杂应用的需求；支持多 CFC 间的变量互联。

（6）支持系统的多任务结构。

（7）支持系统的多 CPU 结构。

（8）提供可靠、完整的 CPU 间的变量互联机制。

（9）支持在线调试、实时变量观测、实时变量修改等功能。

（10）提供程序信息统计、处理器负荷计算、故障诊断、应用程序输出等辅助功能。

2. ViGET 图形化应用开发流程

ViGET 图形化编程工具应用程序基本开发流程如下：

（1）建立工程项目。

（2）建立项目包含的机箱。

（3）建立机箱内的 CPU 板卡资源，并配置每块 CPU 板卡基本参数。

（4）建立 CPU 板卡的 CFC 文件。

（5）CFC 应用编程，利用功能块、连线、任务分配等基本功能，进行应用编程。

（6）编程完成，以 CPU 为单位进行编译。

（7）连接实际装置，进行应用程序下装。

（8）利用 ViGET 图形化编程工具提供的在线调试功能，进行应用程序的运行和调试。

3. CFC 编辑器

CFC 编辑器是用于创建控制保护程序的图形化编程工具，是 ViGET 图形化编程工具的重要组成部分。CFC 编辑器主界面如图 13-4 所示，CFC 编辑器由文件管理器、功能块管理器、运行任务及运行顺序管理器和 CFC 编辑区等部件组成。

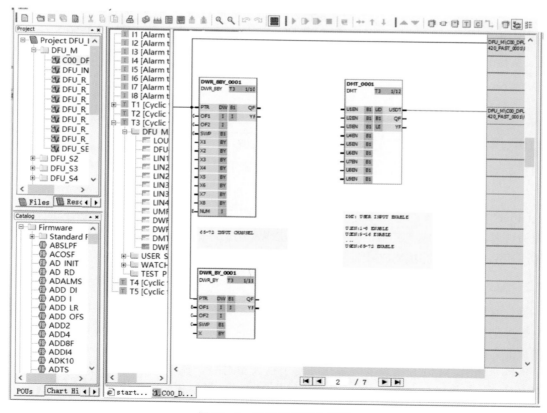

图 13-4　CFC 编辑器主界面

（1）文件管理器。文件管理器完成应用程序的管理功能，用户通过文件管理器，实现文件的创建、分组、拷贝、重命名、删除等基本功能，同时实现将对应的文件关联到具体的硬件资源的功能。文件管理器界面如图 13-5 所示。

（2）功能块管理器。功能块管理器实现功能块库的管理和显示，功能块管理器界面如图 13-6 所示。功能块管理器显示工程可用的功能块列表，用户通过选择需要用的功能块，用拖拽的方式就可以将功能块拖拽到 CFC 编辑区进行编辑。

（3）运行任务及运行顺序管理器。CFC 运行任务及运行顺序管理器用来管理单个 CFC 内部功能块的运行任务和执行顺序。在该管理器中，用户可以通过拖放功能块来分配或改变功能块的执行任务和执行顺序。运行任务及运行顺序管理器界面如图 13-7 所示。

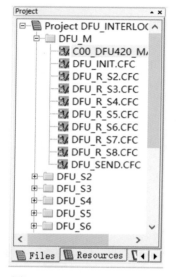

图 13-5　文件管理器界面

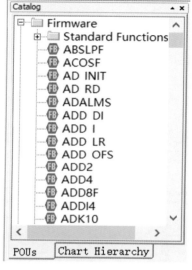

图 13-6　功能块管理器界面

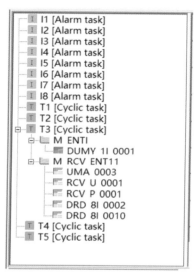

图 13-7　运行任务及运行顺序
管理器界面

（4）CFC 编辑区。CFC 编辑区界面如图 13-8 所示，它主要由 CFC 编辑区、页面管理器、页面拖拽器等部分组成。其中，CFC 编辑区实现应用程序的功能块放置、连线、参数设置、程序注释等功能，是完成 CFC 编程的最重要部分。

13.2.2　ACCEL 图形化编程工具

目前直流工程的软件开发和调试维护环境已实现完全图形化，通过拖拽库中已有功能模块并根据需要连线等方式即可完成功能开发。浏览程序类似浏览网页，通过单击即可在不同程序页面之间转换。图 13-9 为直流控制保护系统可视化编程界面示例图。

许继集团 HCM3000 平台的可视化开发工具为 ViGET，南瑞继保 PCS-9550 平台的可视化开发工具为 ACCEL，这些开发工具均可提供图形化、模块化、层次化、面向对象的编程方式，使开发人员能够直观地设计元器件的输入输出和插件之间数据流关系，清晰地组织整个装置的程序结构。

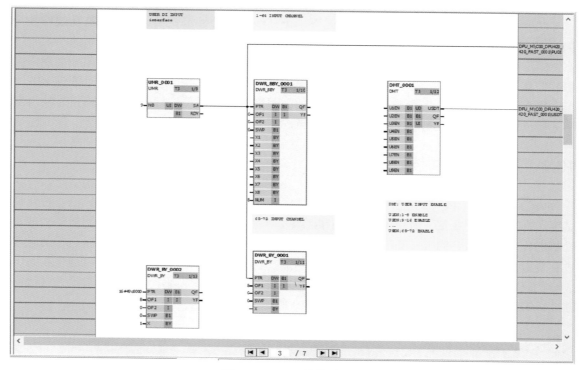

图 13-8 CFC 编辑区界面

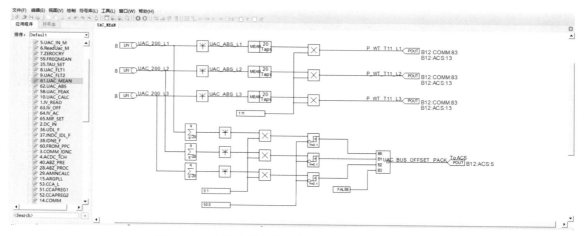

图 13-9 直流控制保护系统可视化编程界面示例图

（1）支持面向对象的设计方法。将面向对象的软件设计思想用可视化的方法引入到了实时控制系统的软件开发中，按元器件的概念来设计应用，将功能模块用元器件封装起来，结构清晰，支持重用和组合。

（2）支持层次化设计。支持自上而下、自下而上的交互式设计。

（3）可视化的调试手段。在调试模式下，可在线查询并显示变量值，并支持在线修改变量值。

（4）可扩充的元器件库和功能库函数。使用者可根据开发需要定义元器件库和功能函数库，扩充可重用的资源。基于源代码的程序模块可以通过符号库管理工具加入元器件库中。

（5）符号块的图形化管理。符号块按照插件类型、功能类型进行分类，并将符号块以图形（控件）的形式来组织，再显示给编程人员，便于编程人员使用。

13.3　可视化调试技术

ViGET 和 ACCEL 都支持可视化调试。以 ViGET 为例，ViGET 提供功能强大的可视化调试手段，在调试模式下，用户可以通过 CFC 编辑界面或 Watch List 工具在线观测所有功能块管脚的实时变量值，同时，ViGET 还提供了实时变量修改功能，方便用户在程序运行的时候进行变量值的修改，实现程序实时修改调试功能，也能在线监测程序逻辑、接口通信状态、故障代码等信息，便于程序设计人员优化程序逻辑，查找故障原因，快速定位故障并解决问题。ViGET 在线调试模式显示界面如图 13-10 所示。

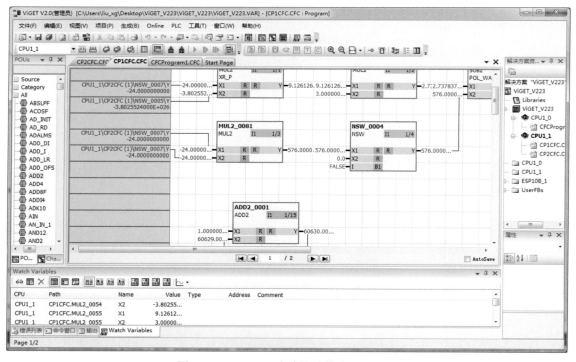

图 13-10　ViGET 在线调试模式显示界面

13.4 内置故障录波技术

控制保护装置具有内置的故障录波功能，程序预设置一定的触发条件，当出现保护跳闸、功率回降等情况时，会触发装置的内置故障录波。内置的故障录波功能有如下特性：

（1）采样传输速率高。

（2）故障前后时间可以灵活设置。

（3）预留多组可以在运行期间随意设置的通道，可以根据需要对其进行设置。

录波文件为电力系统暂态数据交换的通用的标准格式 COMTRADE 格式，通用的可读取 COMTRADE 格式的软件都可以用其进行故障分析。

内置的故障录波主要分为三部分：

（1）预先设计好的原始量采集部分，记录了所有保护使用到的原始量的采样值。

（2）保护逻辑内部使用的关键量。

（3）预留的可以在运行期间由用户根据需要进行设置的故障录波。

保护控制装置内置的故障录波功能完整、丰富，能够满足所有的故障分析、异常情况确认的要求。故障录波文件一般存储在服务器上，方便获得，易于传输。

13.5 特高压直流离散数字仿真技术

为了对控制保护功能进行研究，首先建立特高压直流输电系统离散数字模型，离散数字模型包括交流系统、换流变压器、换流阀、平波电抗器、直流线路、交流滤波器等。

以 ±1100kV 特高压直流输电系统串联双阀组的换流站控制保护系统建模为例，直流系统的参数如下：直流线路全长 1400km，直流额定电压 ±1100kV，直流电流 3000A，UHVDC 串联双阀组换流站原理图如图 13-11 所示，EMTDC 仿真模型结构框图如图 13-12 所示。直流系统共两个换流站，其中一个为整流站，另一个为逆变站，两站均采用串联型双极结构。

利用搭建的特高压直流输电系统仿真模型，对特高压直流控制保护关键技术进行研究，研究的主要内容包括：

1. 阀组投入/解锁过程

电流转移至旁路开关示意图如图 13-13 所示。解锁顺序过程如下：闭合 S2、S3，然后闭合 QF1；断开 S1，电流由 S1 换流至旁路断开关；70° 解锁整流站；70° 解锁逆变站，同时把直流电压升到额定电压。

不管是整流站还是逆变站，点火脉冲释放的瞬间的触发角必须在整流区域，而且触发角大小要适中，不能太大也不能过小。如果触发角过小，如 15°，将导致很大的过电流，以致旁路开关无法灭弧而打开失败；如果触发角太大，如接近 90°，尤其是电流较大时将导致旁路开关上的电流无法全部转移到换流阀。故此时的触发角度建议为 70° 左右为宜，电流转移至换流阀过程示意图如图 13-14 所示。

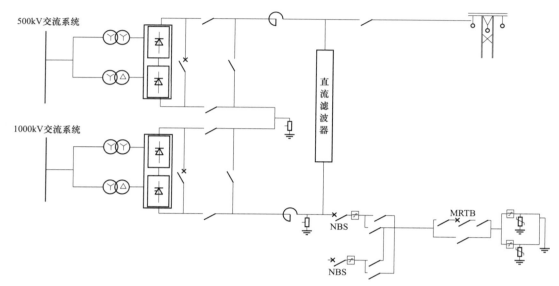

图 13-11　UHVDC 串联双阀组换流站原理图

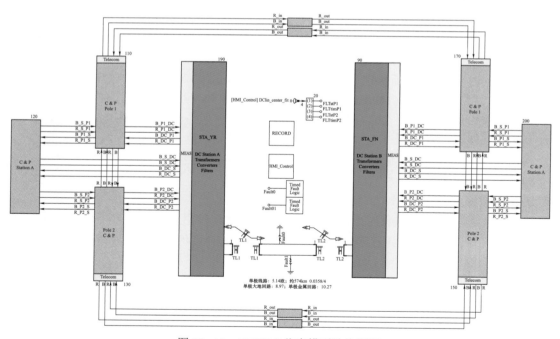

图 13-12　EMTDC 仿真模型结构框图

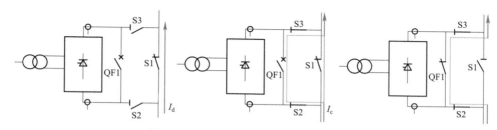

图 13－13　电流转移至旁路开关示意图

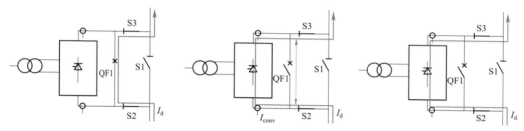

图 13－14　电流转移至换流阀过程示意图

2．阀组退出过程

换流器闭锁需要触发脉冲、阀旁通命令和旁路开关闭合命令的时序协调。双阀组运行时闭锁第一对阀组的时序协调同样十分重要，它与第二对阀组解锁时的情形刚好相反。当其中一个阀组因为某种原因闭锁，一个高速的联锁信号将送往逆变站去闭锁对应的阀组，以确保剩余阀组能正常工作。站间通信正常时，两站之间的协调自动完成，并尽量减少对两站交流系统的有功和无功冲击。阀组闭锁顺序过程示意图如图 13－15 所示，闭锁步骤如下：

（1）首先将逆变站触发角移到 110° 左右，降直流系统电压至额定电压。

（2）闭合 QF1。

（3）闭锁换流站。

（4）闭合 S1。

（5）打开 S3、S4。

（6）将整流站触发角移到约 80°，闭合 QF1，闭锁换流器等。

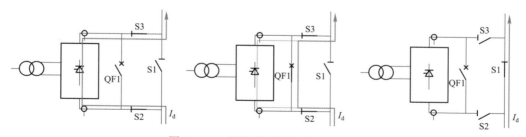

图 13－15　阀组闭锁顺序过程示意图

3．站间通信失败阀组解锁策略

站间通信故障时手动解锁第二个阀组相当困难。因为如果逆变站的第二个阀组首先解锁，由于整流站此时第二阀组并未解锁，故只有一个阀组解锁，这将导致整流站 α_{min} 运行，逆变站切换为电流控制方式，每个阀组承担约为 0.5（p.u.）的电压值，这时的触发角很大（约 120°）且消耗大量的无功功率。如果该过程持续足够长的时间（如 10s），则逆变站经大触发角保护跳闸，这个过程消耗的大量无功功率，对一个弱交流系统将产生巨大的负面影响；如果整流站的第二阀组首先解锁，情况与逆变站先解锁第二阀组相似，此时整流站将大触发角运行，同时也消耗大量的无功功率。

因此，如果站间通信故障的情形下解锁第二对阀组，即使逆变侧的交流系统比整流侧更强，也建议整流站换流站略先于逆变站解锁，这是因为短时间的整流站双阀组对逆变站单阀组运行情况具有如下优点：

（1）整流站保持电流控制，逆变站保持电压控制，因此没有电流裕度丢失，即使在低负荷情况下也可防止电流断续。

（2）逆变站（voltage dependent current limitation，VDCL）设置值更合理。

（3）整流站交流侧母线电压下降，形成负反馈。

（4）电压平衡控制器激活来平衡两换流站的触发角。

直流欠电压监视是为了防止长时间整流站与逆变侧"2 对 1"运行而设置的一个功能，它可有效地保护换流阀且能减小对交流系统的干扰。如果极双阀组运行，但是测量的直流电压又在单阀组电压范围内（如 320～480kV），则直流欠电压保护动作，该功能经延时后将闭锁一个阀组。

4. 站间通信故障时阀组闭锁控制策略

即使站间通信失败，仍然允许运行人员闭锁双阀组中的其中一对阀组，不过此时建议先闭锁逆变站的阀组。直流欠电压监视检测到整流站的直流电压在 0.4～0.6（p.u.）且持续时间达到 3s 后，闭锁整流站的对应阀组。这段时间内由于没有闭锁指示信号指示逆变站的其中一个阀组已闭锁，慢速的 P/U 单元最终导致直流输送功率下降，直到整流站的对应阀组也闭锁为止。

如果是保护闭锁，直流欠电压保护将停运对站的另一相应换流站阀组；如果是闭锁第 2 个阀组，这与两换流站双阀组同时闭锁的情形一致，由运行人员协调，首先整流站先闭锁，经适当延时后逆变站再闭锁。

当逆变站由于某种原因闭锁，整流站通过配置的直流低电压保护，经过一定时间的延时，本仿真中采用为 1s，相应地也闭锁一个整流站。

当整流站由于某种原因闭锁，逆变站通过配置的直流零电流保护，经过一定时间的延时，本仿真中采用为 2s，相应地也闭锁一整流站。但由于换流站一般都配置低电压保护，而且低电压保护的延时常较零电流短，故正常情形下低电压保护先动作。

5. 直流系统无站间通信的控制功能

研究无站间通信条件下多端系统的控制保护策略，就是分析这种条件下各站之间的耦合关系，合理设计相关功能，降低直流系统对通信的依赖，实现控制保护基本功能的安全稳定运行。

控制保护系统各站之间交换数据采用快速站间 LAN 网通信（数据量小）和慢速 LAN 网

通信（数据量大）两种方式，各站之间的 LAN 网通信采用双重化的通信通道。快速 LAN 网通信交换的数据主要是各站之间的一些重要的模拟量或运行状态，其中模拟量包括电流参考值、稳定控制功能产生的功率调制量、电流限制值、交流频率、直流电压等，重要的二进制控制量包括对站阀组的解闭锁状态、保护闭锁和跳闸请求、直流线路故障重启请求、平衡接地极请求等。慢速 LAN 网通信交换的数据主要是一些与运行人员有关的命令、参考值或开关刀闸的位置状态。

站间通信都配置为冗余通道，如果一个快速 LAN 网通信通道故障，整个直流系统依然能够正常运行。即使两站的通信通道完全中断，整个直流系统还能够运行，但考虑到运行的稳定性对极控的各种功能做出了限制。具体的限制主要有：

（1）在直流系统运行中，两站的运行人员必须协调各自的行动。

（2）稳定控制的相关功能会受到影响。在紧急情况下功率也可能减少，但逆变侧的电流裕度可能会暂时丢失。

（3）直流功率的变化速率可能被限制到逆变侧功率跟踪的最大速率。

（4）当整流侧没检测到直流故障时，直流线路故障恢复顺序不会被启动。

（5）功率控制使用的直流线路电阻为故障前的最后值。

（6）由于对站的直流电流值无法接收到，直流保护的线路差动保护功能被退出。

（7）低负荷无功优化功能被禁止。

（8）逆变侧的功率限制功能被闭锁。

（9）直流系统由系统级控制退回到站控级控制，站间数据将不再被更新。

当快速 LAN 网通信正常时（同步电流控制），在主站可以选择电流控制模式。在这种情况下，运行人员的电流指令对两个换流站均有效。当快速 LAN 网通信故障时（不同步/紧急电流控制），每个站的运行人员可以在每个站独立设定电流参考值。在逆变侧，最终起作用的参考值是运行人员设定的参考值和整流侧参考值的最小值。即使快速 LAN 网通信故障，逆变侧操作员设定的参考值也不会超过电流裕度，因为程序中还将运行人员参考值与电流跟踪功能产生的电流参考值做最小化比较。这些可以确保无论通信是否正常，整流侧与逆变侧的电流裕度一直存在。

在控制模式中还设置一种应急电流控制模式，以便当控制或直流远动设备或通信通道出了问题，在较长时间内电流参考值不能协调的情况下，还允许直流系统继续运行。这一控制模式在远动通信通道失效时自动投入。但是，如果两个极处于双极功率控制模式时，只有当两个极的通信都失去时才投入应急极电流控制。

在站间通信正常的情况下，逆变侧接收整流侧功率斜率发生器的输出值直接作为本站的功率参考值，使得整流侧和逆变侧的功率参考值完全相同。在站间通信故障情况下，逆变侧的功率参考值由测量的电压电流计算得到的实际双极功率替代，以保证与整流侧功率定值最大程度的一致，该功能称为功率定值跟踪。

当站间通信故障时，通常各个站都被切换到电流控制模式（紧急极电流控制），这样可以方便运行人员直接进行控制。

稳定控制功能是极控制系统提供的附加控制功能。当与直流系统相连接的交流系统受到干扰时，稳定控制功能通过调节直流系统的传输功率使之恢复稳定。稳定控制功能一般包括功率回降、功率提升、频率限制控制、双频调制和阻尼次同步振荡。

正常情况下，整流侧控制电流，逆变侧控制电压，逆变侧稳定控制产生的功率电流调制量必然送至整流侧起作用，因此在站间通信故障时，一些稳定控制功能会受到影响。具体情况是：

（1）当站间通信故障时，整流侧的频率限制控制不受影响，逆变侧的调制值由于要送到整流侧才起作用，虽然功能不受影响，但当通信故障时逆变侧的频率限制控制不起作用。

（2）当站间通信故障时，如果选择了由外部启动的功率调制 PSD 功能，则该功能不受影响。如果采用由频率差通过软件计算实现功率调制 PSD，当通信故障时，逆变侧的频率被冻结，并且双频调制功能退出。

每个站的操作员都有能力对稳定功能进行总使能/禁止。只有两站都有稳定功能总使能，HVDC 站间通信系统正常，每个独立的稳定功能才被使能。但是在整流侧当站间通信故障时，功率提升和功率回降也可以被使能。

（3）当通信故障时，整流侧的功率限制不受影响，当整流侧功率限制启动后逆变侧的电流跟踪功能能确保两站间的电流裕度。即使在紧急情况下，可能功率快速降低会引起电流裕度消失，但一般 100～200ms 以后会重新恢复电流裕度，为了交流系统的稳定，这样做也是有必要的。在逆变侧，当通信故障时，功率限制功能被闭锁。

（4）当接地极电流超过限制时，直流保护发送"接地极线电流降低请求"，极控系统接收后将所有极的最大电流限制到 50%。当逆变侧有该请求时，通过站间通信送到整流侧执行。因此站间通信故障时，逆变侧的此功能无效。

解锁顺序由运行人员在操作员控制层启动，当系统处于闭锁状态并且具备解锁条件时，运行人员启动解锁，顺序控制会将解锁命令下发到换流器控制层。极控系统要求逆变侧一定要比整流侧先解锁，当站间通信正常时，极控系统会自动检测。当站间通信故障时，要求解锁时由两站的运行人员通过电话进行协调。站间通信故障时解锁极的第二个阀组相当困难，因为如果逆变站的第二个阀组首先解锁，由于整流站此时第二阀组并未解锁，故只有一个阀组解锁，这将导致整流站 $\alpha_{\min}$ 运行，逆变站切换为电流控制方式，每个阀组承担约为 0.5（p.u.）的电压值，这时的触发角接近 120° 且消耗大量的无功功率。如果该过程持续足够长的时间（如10s），则逆变站经大触发角保护跳闸，这个过程消耗的大量无功功率，对一个弱交流系统将产生巨大的负面影响；如果整流站的第二阀组首先解锁，情况与逆变站先解锁第二阀组相似，此时整流站将大触发角运行，同时也消耗大量的无功功率。因此，一般不建议在无站间通信的情况下解锁第二个阀组。

如果站间通信失败，逆变侧在接收到停机顺序中的闭锁命令时，按斜率下降直流功率参考值，就像站间通信正常时的动作顺序一样。当最小直流功率参考值达到时，逆变侧等待直流电流小于 3%超过 5s 后（整流侧已经降下直流电流），不再继续等待整流侧闭锁信号而直接闭锁换流器的控制器和触发脉冲。

站间通信故障时，逆变侧发生了保护闭锁、跳闸等情况，整流侧一般由直流低电压保护动作来闭锁。具体包括以下几种情况：

（1）对于逆变侧，当通信正常时，逆变侧接收到保护闭锁以后，如果检测到整流侧已经闭锁，当直流电流小于 3%保持 100ms 以后，闭锁换流器的控制器和阀的触发脉冲。当通信故障时，如果逆变侧启动保护闭锁，并且直流保护没有发出投旁通对禁止时，逆变侧投旁通对，整流侧则由直流低电压保护动作来闭锁。

（2）当站间通信故障时，本站的 ESOF 信号只能启动本站的动作顺序。如果整流侧 ESOF 启动，逆变侧靠直流零电流保护闭锁；如果逆变侧 ESOF 启动，则整流侧靠直流低电压保护闭锁。

（3）当直流保护有禁止投旁通对信号时，在逆变侧 ESOF 时不能投入旁通对。此时逆变侧将自己的 ESOF 信号送往整流侧，等整流侧已经闭锁后，逆变侧检测到直流电流接近于零超过 500ms 时，闭锁换流器的控制器和阀的触发脉冲。如果通信故障，整流侧远方站故障检测功能将会闭锁整流侧。

（4）如果通信故障，在整流侧如果检测到直流线路故障，整流侧将直流电流降为最小后经过放电时间重启，此时的直流电压为正常直流电压值。如果重启次数达到了，则整流侧按闭锁顺序闭锁，逆变侧由直流低电压保护动作闭锁。

（5）如果通信故障，在逆变侧检测到直流线路故障，则不会启动直流线路故障重启，最后整流侧和逆变侧均由直流低电压保护闭锁。

参 考 文 献

［1］赵畹君. 高压直流输电工程技术［M］. 北京：中国电力出版社，2004.

［2］中国南方电网超高压输电公司. 高压直流输电系统继电保护原理与技术［M］. 北京：中国电力出版社，2013.

［3］张勇军. 高压直流输电原理与应用［M］. 北京：清华大学出版社，2012.

［4］王维俭. 电气主设备继电保护原理与应用［M］. 北京：中国电力出版社，1996.

［5］Rupam Debroy. HVDC: High Voltage Direct Current Transmission line［M］. Rupam Debroy，2014 – 12 – 09.

［6］Dragan Jovcic，Khaled Ahmed. High Voltage Direct Current Transmission: Converters，Systems and DC Grids［M］. John Wiley & Sons，Ltd：2015 – 7 – 25.

［7］D. Van Hertem，M. Delimar. High Voltage Direct Current（HVDC）electric power transmission systems［M］. Elsevier Inc.：2013 – 6 – 15.

［8］Ali Hadi Abdulwahid，Adnan A. Ateeq. Innovative Differential Protection Scheme for Microgrids Based on RC Current Sensor［M］. IntechOpen：2019 – 9 – 11.

［9］胡兆庆，董云龙，李钢，等. 城市多端柔性直流控制保护系统以及仿真研究［J］. 供用电，2016，33（08）：57 – 63 + 44.

［10］张庆武，潘卫明，张靖，等. ±1100kV 直流控制保护系统冗余设备故障处理的探讨［J］. 电力系统保护与控制，2015，43（21）：148 – 153.

［11］姚其新，张侃君，韩情涛，等. 龙泉换流站直流控制保护系统运行分析［J］. 电力系统保护与控制，2015，43（11）：142 – 147.

［12］孔祥平，李鹏，高磊，等. 基于深度学习的特高压直流控制保护系统可视化技术［J］. 电网与清洁能

源，2020，36（2）：29－37.

[13] 方苇，宁晗，付玉婷，等. 混合直流输电系统控制保护策略分析 [J]. 电工电气，2019（7）：27－30＋36.

[14] 刘晨，王鹏. 特高压直流输电控制保护特性对内过电压的影响 [J]. 通信世界，2019，26（3）：164－165.

[15] 张海强，林圣，刘磊，等. 基于直流差动保护动作的送端换流器接地故障定位方案 [J]. 电网技术，2018，42（8）：2382－2392.

[16] 王伟. 特高压直流输电控制保护系统实时仿真技术的研究及应用 [J]. 电力系统保护与控制，2019，47（15）：142－147.

[17] IEEE. IEEE Guide for Establishing Basic Requirements for High－Voltage Direct－Current Transmission Protection and Control Equipment [S]. IEEE Std 1899－2017，2017：1－47.

[18] Y. Xu，D. Shi，S. Qiu. Protection coordination of meshed MMC－MTDC transmission systems under DC faults [C]. 2013 IEEE International Conference of IEEE Region 10（TENCON 2013），Xian，2013，1－5.

[19] X. Yang，C. Zhao，J. Hu，et al. Key technologies of three－terminal DC transmission system based on modular multilevel converter [C]. 2011 4th International Conference on Electric Utility Deregulation and Restructuring and Power Technologies（DRPT），Weihai，Shandong，2011，499－503.

[20] L. Schwalt，J. Plesch，S. Pack，et al. Transient measurements in the Austrian high voltage transmission system [C]. 2017 International Symposium on Lightning Protection（XIV SIPDA），Natal，2017，208－211.

第 14 章 直流输变电设备的典型故障分析案例

14.1 直流控制保护设备故障诊断

以 EPU20 系列板卡自检与监视为例，主要涉及的诊断信息有 Acfail 掉电故障、VME 总线故障、处理器运行异常、任务管理类故障、内部错误、运行时错误等。故障异常时 EPU20 系列板卡 LED 显示对应状态描述见表 14-1。

表 14-1   **EPU20 系列板卡 LED 显示对应状态描述表**

CPU 状态	EPU20 显示	代表的状态信息
初始化状态	显示 "="	正在初始化
	显示 "0"	初始化故障 ◆ 用户程序没有运行 ◆ 硬件自检故障 ◆ 硬件配置故障
	不显示，表明 CPU 崩溃	
运行状态	显示 CPU 序号: "1-9,a,b,c,d,e,f,g,h,i,j,k,l"	运行正常
	显示 "A" 注 1	用户自定义故障 ◆ 诊断故障，通过 USF 功能块的用户自定义故障
	显示 "D" 注 1	任务管理故障 ◆ 周期任务超时故障 ◆ 其他
	显示 "C" 注 1	通信故障 ◆ 用户程序运行故障 ◆ 通信配置或连接故障
	显示 "B" 注 1	监视故障 ◆ 备用电池故障 ◆ 程序存储故障 ◆ 风扇故障
停运状态	显示 "U"	用户停机 ◆ 下载程序 ◆ 停止程序运行
	显示 "R"	运行时故障 ◆ 主机内部故障 ◆ 任务管理致命故障
	显示 "H"	硬件故障 ◆ 硬件自检故障 ◆ RAM 故障
	显示 "E"	系统故障和异常 （自身产生异常时灯的状态）
	显示 "S"	系统故障

注：当程序正常运行时显示 A，B，C 或 D，说明系统发生非致命性错误，各个任务仍然正常运行。

14.2 直流输变电设备故障分析

直流系统在运行的过程中，会遇到各种问题，一次、二次设备的故障，自然条件的变化，维护的不当等都是导致故障发生的原因。轻的故障仅发告警信号，或导致系统降功率运行；严重的故障会导致跳闸并停运；最严重的故障将会损坏设备，可能会长时间停运因而造成极大的损失。现场出现一次设备故障导致跳闸的事件比较少，二次设备出现问题、程序设计的纰漏等问题则更为突出。

14.2.1 MRTB 开关保护动作分析

在某工程现场调试中，进行大地运行向金属回线运行方式转换时，MRTB 开关保护动作，这里需要注意的是因工程容量大，主回路电流大，工程实际中 MRTB 开关采用双开关并联的模式，主开关为 Q1，副开关为 Q2。

MRTB 开关失灵保护逻辑如下：

Q1 开关保护：1 段：|IMRTB|＞75A，T=60ms，重合 MRTB_Q1，200ms。

2 段：|IDEL1+IDEL2|＞75A，T=340ms，后重合 MRTB_Q2。

Q2 开关保护：|IDEL1+IDEL2|−|IMRTB|＞50A，T=60ms，重合 MRTB_Q2。

现场大地运行向金属回线运行方式转换时，MRTB 保护动作波形如图 14−1 所示。

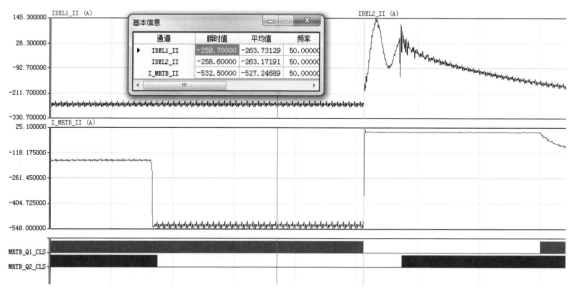

图 14−1　MRTB 开关保护动作波形

图 14−1 中，IDEL1、IDEL2 是两条接地极线路上的电流，I_MRTB 是 MRTB 开关 Q1 上的电流，MRTB_Q1_CLS 是 Q1 开关的合状态信号，MRTB_Q2_CLS 是 Q2 开关的合状态信号。

（1）MRTB_Q2 先分开，电流全部转移至 MRTB_Q1，I_MRTB 增大，因为方向的原因，其电流大小为负值。

（2）此时 Q2 开关保护投入，但|IDEL1＋IDEL2|－|IMRTB|＝0，保护不动作，这说明 Q2 成功断开，电流都转移到了 Q1 上。

（3）MRTB_Q1 成功断开 Q1 回路电流，I_MRTB 为 0，但接地极线路上有电流，这是接地极电流通过开关上的并联电容回路振荡形成的。

（4）因 Q2 开关保护已经投入，Q1 断开后满足|IDEL1＋IDEL2|－|IMRTB|＞50A，$T=60$ms，Q2 保护因此动作。

（5）Q2 闭合后，接地极电流回路接通，满足|IDEL1＋IDEL2|＞75A，$T=340$ms，Q1 保护动作。

分析可知，Q1 开关断开后，振荡电流导致 Q2 保护动作，Q2 闭合后又导致的 Q1 保护动作。

对于上述问题，综合分析后给出的解决方案是在 Q1 开关断开后，闭锁 Q2 开关保护 400ms，防止 Q1 断开后回路振荡电流引起 Q2 保护动作。修改后，该问题得到解决。这是一个程序逻辑设计存在缺陷导致的问题，事实证明理想状态和实际状态存在差异，工程中的很多问题也都是在实践检验中不断完善的。

14.2.2　换流器差动保护误动分析

某直流工程调试试验过程中，两站在进行 110V 直流电源丢失试验时，电源上电恢复的过程中，均出现换流器差动保护动作的情况。

110V 电源丢失后，会导致测量故障，保护检测到测量故障后退出相关保护，电源丢失后相关保护退出的 SER 事件如图 14－2 所示。需要说明一点，图 14－2 中都是保护投入信号消失的事件，投入消失表明保护退出。

2017－04－13，21:37:48:202	直流 SER 事件	主	215145	极 2 低端阀组保护系统 B	阀组过电流保护投入
2017－04－13，21:37:48:202	直流 SER 事件	主	215146	极 2 低端阀组保护系统 B	旁通开关保护投入
2017－04－13，21:37:48:202	直流 SER 事件	主	215147	极 2 低端阀组保护系统 B	换相失败保护投入
2017－04－13，21:37:48:202	直流 SER 事件	主	215148	极 2 低端阀组保护系统 B	旁通对过负荷保护投入
2017－04－13，21:37:48:202	直流 SER 事件	主	215150	极 2 低端阀组保护系统 B	阀组差动保护投入
2017－04－13，21:37:48:202	直流 SER 事件	主	215151	极 2 低端阀组保护系统 B	阀短路保护投入

图 14－2　电源丢失后相关保护退出的 SER 事件

随后 110V 电源上电恢复，测量系统恢复，测量故障信息消失，退出的相关保护重新投入，但此时阀组差动保护直接动作出口。电源上电恢复投入且阀组差动保护动作的 SER 事件如图 14－3 所示。

2017 – 04 – 13，21:37:48:766	直流 SER 事件	主	214130	极 2 低端阀组保护系统 A	阀组差动保护 S 闭锁
2017 – 04 – 13，21:37:48:766	直流 SER 事件	主	214131	极 2 低端阀组保护系统 A	阀组差动保护跳闸
2017 – 04 – 13，21:37:48:766	直流 SER 事件	主	214132	极 2 低端阀组保护系统 A	阀组差动保护闭锁极
2017 – 04 – 13，21:37:48:766	直流 SER 事件	主	214145	极 2 低端阀组保护系统 A	阀组过电流保护投入
2017 – 04 – 13，21:37:48:766	直流 SER 事件	主	214146	极 2 低端阀组保护系统 A	旁通开关保护投入
2017 – 04 – 13，21:37:48:766	直流 SER 事件	主	214147	极 2 低端阀组保护系统 A	换相失败保护投入
2017 – 04 – 13，21:37:48:766	直流 SER 事件	主	214148	极 2 低端阀组保护系统 A	旁通对过负荷保护投入
2017 – 04 – 13，21:37:48:766	直流 SER 事件	主	214150	极 2 低端阀组保护系统 A	阀组差动保护投入
2017 – 04 – 13，21:37:48:766	直流 SER 事件	主	214151	极 2 低端阀组保护系统 A	阀短路保护投入

图 14 – 3　电源上电恢复保护投入且阀组差动保护动作的 SER 事件

阀组保护动作时的波形如图 14 – 4 所示。

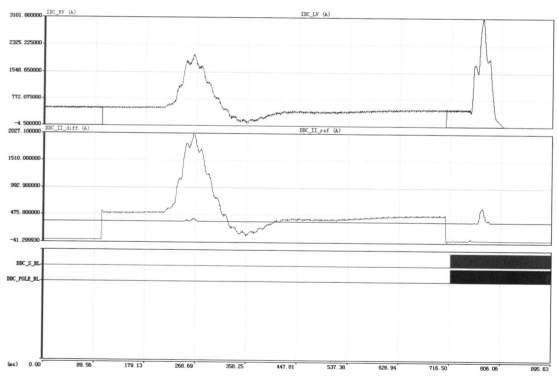

图 14 – 4　阀组保护动作波形

图 14 – 4 中各信号分别为：IDC_HV 为阀组高压侧出口电流；IDC_LV 为阀组低压侧出口电流；DDC_II_diff 为阀组差动保护差流；DDC_II_ref 为阀组差动保护 II 段动作定值；DDC_S_BL 为阀组差动保护 S 闭锁；DDC_POLE_BL 为阀组差动保护闭锁极。

从图 14-4 可以看出，110V 电源下电后，阀组低压侧出口电流为 0，保护判据满足，电源恢复之前一直有 DDC_II_diff＞DDC_II_ref，能够满足阀组差动保护 II 段出口条件，但是因为保护检测到测量故障而闭锁了保护最终出口，保护未动作。在保护重新投入后，保护判据因展宽 100ms 的原因仍然满足动作条件，阀组差动保护直接出口。阀组差动保护动作出口逻辑如图 14-5 所示。

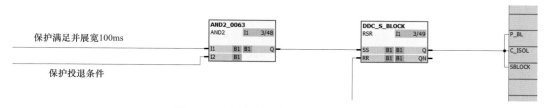

图 14-5　阀组差动保护动作出口逻辑

在极保护中原有的保护动作出口策略是：在保护动作判据满足之后、动作延时之前，判断保护的投退状态，这样在保护退出时，保护动作判据即使满足，待保护投入后也要进行重新计时，不会立即动作。极差保护投退逻辑如图 14-6 所示。

在换流器阀保护中的保护动作出口策略与极保护不同，判断保护的投退状态是在判据满足延时条件之后，没有考虑合并单元退出后还可能存在长时间的冲击电流的情况。因此，在保护因某个模拟量的测量故障等原因退出时，保护动作判据如果因为合并单元产生的长时间冲击电流而满足出口条件，则会进行动作延时的计时，在测量故障消失后，保护重新投入有可能会误动。

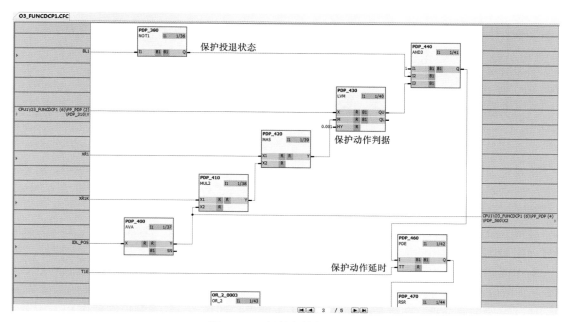

图 14-6　极差保护投退逻辑

经以上分析，对换流器差动保护出口策略参考极保护进行修改，在延时条件之前，先判断保护投退状态，只有保护投入时才进行保护延时的判断。

本次保护误动作也是因为软件设计不合理导致的，保护投入时过于简单化，应该保证保护投入时重新开始判断，避免保护在判据满足的情况下直流投入，这样投入即刻就会导致保护动作出口，这是不合理的。

14.2.3 交流滤波器不平衡保护跳闸分析

某工程在运行过程中，运行人员工作站报第 1 大组滤波器保护 A 系统某小组滤波器电容器不平衡保护 B 相跳闸，跳开小组滤波器进线开关。

随后检查发现该小组保护装置内置故障录波未启动，外置故障录波显示三相波形正常，B 相无明显故障电流。外置故障录波数据如图 14-7 所示。

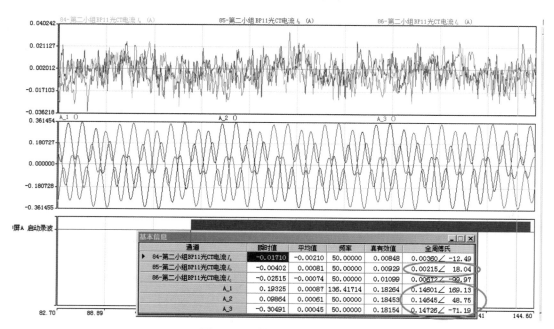

图 14-7 外置故障录波数据

在发生故障后，检修人员第一时间对现场交流滤波器 B 相电容器设备进行检查，外观检查未发现有明显放电痕迹。对 B 相电容器组桥臂电容值进行测量，桥臂不平衡度为 0.34%，满足要求，排除一次设备故障导致不平衡保护动作跳闸的可能。

运维人员对不平衡光 TA 电子单元运行参数进行检查发现，A、B、C 三相中 B 相零漂数据波动明显比其他两相的大。

本次跳闸事件，由于内置故障录波未启动，并且交流滤波器外置故障录波所录的是 B 套的数据，所以在 A 套保护动作的分析过程中，没有明确的依据，只能排查出可能的故障原因。

通过事件列表分析，在跳开开关时，只有 A 套保护动作（启动＋保护均动作），B 套保护未动作（启动＋保护均未动作）。在保护动作之前，A 套保护曾 8 次报出"电容器不平衡保护 B 相跳闸_启动"和 2 次报出"电容器不平衡保护 B 相跳闸_动作"，由于两者没有同时报出，所以保护没有出口。

根据保护动作情况，结合光 TA 异常参数，初步判断故障原因是小组滤波器分支光 TA 电子单元故障或 B 相一次本体光 TA 数据异常导致保护动作出口，即由于不平衡光 TA 所对应的电子单元内部个别模块故障，或者从光 TA 一次本体来的数据存在异常情况，导致启动测量接口屏及保护测量接口屏同时收到了异常数据保护，因此误动作。

建议处理措施：对小组滤波器分支进行一次注流试验，由光 TA 厂家实时监测，确定故障原因。如果为分支电子单元机箱故障则更换机箱，如果为一次本体光 TA 数据异常则更换一次本体。

本次故障由于没有录波，无法直接判断故障原因，只能对设备进行检查，进一步确定故障所在位置。

14.2.4　交流滤波器不平衡光 TA 电子机箱数据无效告警分析

某工程在运行过程中后台报"大组滤波器保护系统 A 第 4 小组不平衡光 TA 电子机箱数据无效"，紧接着相应的不平衡保护退出。

经检查发现 A 系统中的光 TA 数据中，LED Current（LED 驱动电流）、Peak Level（输入电压峰值）和 Second Harmonic（光的二次谐波电压）三项关键参数均与正常值发生较大偏差。现场对 A、B 两套保护系统电子单元机箱进行了光功率测试，测得 A 套 A 相光功率为 −11.37dBm，B 套 A 相光功率为 −6.68dBm，两套系统光功率均在正常范围内（标准为大于 −12dBm）。但在光 TA 接口屏处，用 OTDR 光时域反射仪对光 TA 本体侧光回路进行波形测试，并与调试波形进行对比发现，在光 TA 光纤端子箱至光 TA 本体调制罐之间光信号发生了严重衰耗，A 相 A 系统光 TA 时域波形测试结果如图 14−8 所示，A 相 B 系统光 TA 时域波形如图 14−9 所示。

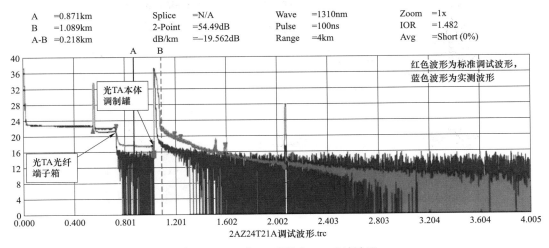

图 14−8　A 相 A 系统光 TA 时域波形

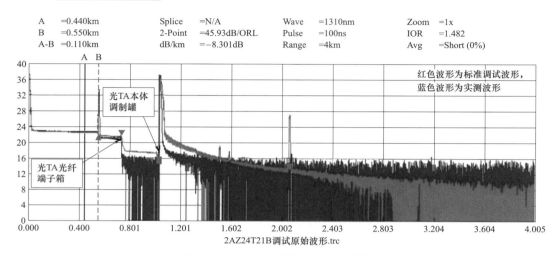

A	=0.440km	Splice	=N/A	Wave	=1310nm	Zoom	=1x
B	=0.550km	2-Point	=45.93dB/ORL	Pulse	=100ns	IOR	=1.482
A-B	=0.110km	dB/km	=-8.301dB	Range	=4km	Avg	=Short (0%)

2AZ24T21B调试原始波形.trc

图 14-9 A 相 B 系统光 TA 时域波形

现场检查光 TA 本体，发现光 TA 本体调制罐外部光缆入地钢护管密封不严，雨水沿蛇皮表面渗入钢护管内部。现场进一步使用钢丝对钢护管内部进行探查，发现在钢护管内部 60cm 处有硬物堵塞管路，而检查备用钢护管则未发现异常堵塞情况。初步分析认为故障原因可能为光缆外部钢护管由于密封不严内部进水结冰而发生冻胀，导致钢护管内光缆发生故障损坏，进而导致光信号发生严重衰减。

处理建议：经现场排查发现，交流滤波器场全部 60 台光 TA 罐体下部光缆钢护管均存在类似问题，需全部进行整改。依照标准工艺规范，该情况下入地光缆与钢护管之间应增加密封法兰帽，避免由于密封不严导致钢护管内进水，整改建议如图 14-10a 所示。经现场排查，另外有 4 台直流场极母线直流避雷器的在线监测电缆钢护管也存在类似进水隐患，需一并进行整改，有进水隐患的安装方式如图 14-10b 所示。

(a)   (b)

图 14-10 入地光缆与钢护管之间的安装图

（a）整改建议图；（b）有进水隐患的安装方式

本故障显然是由施工人员未严格按照施工要求执行导致的。由于现场设备众多，故障类型也多，从软件到硬件，从一次设备到二次设备，每一次故障都需要从 SER 事件、故障录波等入手，配合控制保护软件、图纸、设备说明书等资料进行仔细查找。

参 考 文 献

［1］　赵畹君. 高压直流输电工程技术［M］. 北京：中国电力出版社，2004.

［2］　徐政. 柔性直流输电系统［M］. 北京：机械工业出版社，2012.

［3］　刘振亚. 特高压直流输电技术研究成果专辑（2010 年）［M］. 北京：中国电力出版社，2009.

［4］　浙江大学发电教研组直流输电科研组. 直流输电［M］. 北京：电力工业出版社，1985.

［5］　Dirk Van Hertem，Dirk Van Hertem. DC fault phenomena and DC grid protection［M］. John Wiley & Sons，Inc.：2016 - 2 - 26.

［6］　Mohammad S. Obaidat. Study on Tracking Derivative Based Method for DC System Grounding Fault Detection［M］. Springer Berlin Heidelberg：2014 - 6 - 15.

［7］　Q. H. Wu，Z. Lu，T. Y. Ji. Protective Relaying of Power Systems Using Mathematical Morphology［M］. Springer London：2009 - 6 - 15.

［8］　Dragan Jovcic. DC Transmission Grids［M］. John Wiley & Sons，Ltd：2019 - 9 - 3.

［9］　黄义隆，周全，戴国安. 基于顺控逻辑的楚穗直流 MRTB 多次分合闸分析与对策［J］. 高压电器，2014，50（5）：115 - 119.

［10］　郑超，张晓宇，吕航，等. 直流输电换流变压器故障分析及保护改进［J］. 工业控制计算机，2020，33（1）：118 - 121.

［11］　田越宇，王荣超，卢雯兴，等. 传统高压直流输电换流阀及其常发故障分析［J］. 电工技术，2019（13）：72 - 74.

［12］　曾鑫辉，谭建成. 柔性直流输电线路故障分析与保护综述［J］. 浙江电力，2019，38（6）：21 - 28.

［13］　徐赛梅，赵兴攀，黄祖祥，等. 一种直流输电系统故障建模方法研究［J］. 云南电力技术，2018，46（6）：61 - 64.

［14］　雷霄，许自强，王华伟，等. ±800kV 特高压直流输电工程实际控制保护系统仿真建模方法与应用［J］. 电网技术，2013，37（5）：1359 - 1364.

［15］　王伟. 特高压直流输电控制保护系统实时仿真技术的研究及应用［J］. 电力系统保护与控制，2019，47（15）：142 - 147.

［16］　魏伟，杜松峰，南东亮，等. 变电站直流电源故障分析系统的研究与应用［J］. 机电信息，2020（9）：12 - 13 + 15.

［17］　Y. Wang，Ziguang Zhang，Y. Fu，et al. Pole - to - ground fault analysis in transmission line of DC grids based on VSC［C］. 2016 IEEE 8th International Power Electronics and Motion Control Conference（IPEMC - ECCE Asia），Hefei，2016：2028 - 2032.

［18］　Z. Jia，Z. Liu，C. Vong et al. Real - Time Response - Based Fault Analysis and Prognostics Techniques of Nonisolated DC - DC Converters［J］. IEEE Access，2019，7：67996 - 68009.

［19］　F. Bento，A. J. Marques Cardoso. Fault diagnosis in DC - DC converters using a time - domain analysis of the reference current error[C]. IEC ON 2017－43rd Annual Conference of the IEEE Industrial Electronics Society，Beijing，2017：5060－5065.

[20] H. Son，H. Kim. An Algorithm for Effective Mitigation of Commutation Failure in High－Voltage Direct－Current Systems ［J］. IEEE Transactions on Power Delivery，2016，31（4）：1437－1446.

缩略语及程序指令说明

缩 略 语

BOD（break over diode）：正向转折保护电压

CCOV（crest value of continuous operating voltage）：峰值持续运行电压

CCP（converter control protect）：换流器控制保护

CR（coupling ratio）：分光比

DOV（dynamic over voltage）：动态过电压

ECOV（equivalent continuous operating voltage）：等效持续运行电压

EL（excess loss）：附加损耗

ETT（electric trigger thyristor）：电触发晶闸管/电控晶闸管

FCS（fire control signal）：触发控制信号

FP（fire pulse）：触发脉冲

IGBT（insulated gate bipolar transistor）：绝缘栅双极晶体管

IL（insertin loss）：插入损耗

IP（indicator pulse）：指示脉冲

LIWL（lighting impulse withstand level）：雷电冲击耐受水平

LTT（light trigger thyristor）：光触发晶闸管/光控晶闸管

MSC（mulichannel star coupler）：多路星形耦合器

MVU（multiple valve units）：多重阀

OLT（open line tests）：空载加压试验

OWS（operator working station）：运行人员工作站

PCOV（peak continuous operating voltage）：最大峰值持续运行电压

PCP（pole control and protection）：控制保护系统

RPU（reverse recovery protection unit）：反向恢复保护单元

SIWL（switching impulse withstand level）：操作冲击耐受水平

TCE（thyristor control electronics）：晶闸管控制单元

TVM（thyristor voltage monitoring）：晶闸管电压监测板

VCCP（valve cooling control protect）：阀冷控制保护

VCE（valve control equipment）：阀控设备

VPOS（positive voltage）：正向电压

程 序 指 令 说 明

AC（alternating current）：交流电流

AMAX（alphamax inverter control）：逆变侧最大点火角控制

AMIN（remaining voltage-time area after commutation）：最小换相面积控制

BP（bipole）：双极

CBC（current balance control）：电流平衡控制

CEC（current error characteristic）：电流误差特性

CMC（current margin compensation）：电流裕度补偿

COCA（current order control of stability control system）：稳定控制电流指令计算

COCB（current order control of bipolar power mode）：双极功率模式电流指令计算

COL（changeover logic）：切换逻辑

DC（direct current）：直流电流

ESOF（emergency switch-off sequence）：紧急停运

FASOF（fast switch off sequence）：快速停运

Gamma kick（fast control of extinction angle）：瞬时熄弧角控制

GRTS（ground return transfer switch）：大地回线转换开关

Idref（calculated DC current order）：计算的直流电流指令

IdrefAC（DC current order from stability function）：稳定控制直流电流指令

IdrefDC（calculated DC current order from system）：直流电流计算指令

IdrefMAN（manually set current order from I&M system）：运行人员手动设定电流指令

Imarg（marginal current）：裕度电流

Imax（maximum DC current limit）：最大直流电流限制

Imode（current mode）：电流控制模式

INV（inverter）：逆变侧

Iref（DC current reference value）：直流电流整定值

MRTB（metallic return transfer breaker）：金属回线转换开关

NBS（neutral bus switch）：中性母线开关

OLT（open line test）：空载升压

PCL（pole current limitation function）：极电流限制功能

PCOC（pole current order coordination）：极电流指令配合

PmodBP（bipolar power control mode）：双极功率控制模式

POAC（power order calculator for modulation controls）：稳定控制功率指令计算

PODC（power order calculator for scheduled power）：设定功率指令计算

PPT（pole-pole power transfer）：极间功率转移

Pref（power reference value）：功率整定值

PSD（power swing damping）：功率摇摆阻尼

QPC（converter reactive power control）：换流器无功功率控制

Rdc（DC line resistance）：直流线路阻抗

REC（rectifier）：整流侧

RPC（reactor power control）：无功控制

RVC（rectifier voltage calculator）：整流侧电压计算

SER（sequence of events recording）：顺序事件记录

TDM（time division multiplex bus）：测量总线

Ud（DC converter voltage）：直流电压

Ud1（DC converter voltage of pole 1）：极 1 直流电压

Ud2（DC converter voltage of pole 2）：极 2 直流电压

Udi0（no-load DC voltage）：换流变阀侧理想空载直流电压

Uref（DC converter voltage reference value）：直流电压整定值

VCU/ VBE（valve base electronics）：阀基电子设备

VDCL（voltage dependent current limitation）：低压限流功能

索　引